BIM 应用工程师丛书
中国制造 2025 人才培养系列丛书

装饰 BIM 应用工程师教程

工业和信息化部教育与考试中心　编

U0378795

机 械 工 业 出 版 社

本书是建筑信息模型（BIM）专业技术技能培训考试（中级）的配套教材之一。全书共4部分，模块一包括建筑装饰装修工程概述、BIM技术在装饰装修工程中的应用价值，模块二包括BIM技术的应用要求及应用流程、设计阶段BIM应用、施工准备阶段BIM应用、施工阶段BIM应用、竣工与运维阶段BIM应用，模块三包括案例工程简介、创建项目模型、施工图、统计、可视化应用，模块四包括ArchiCAD装饰装修BIM解决方案、SketchUp装饰装修BIM解决方案、班筑装饰装修BIM解决方案、Rhino装饰装修BIM解决方案。

本书以Revit 2019为主要操作平台，并配合大量的实操案例，同时讲解了ArchiCAD、SketchUp、班筑、Rhino装饰装修BIM解决方案。本书穿插有大量的技术要点，旨在帮助广大装饰行业相关人员理解BIM的特点（可视化、协调性、模拟性、优化性、可出图性、参数化性、信息完备性等）。

本书不仅可以作为建筑信息模型（BIM）专业技术技能培训考试用书，还可作为初学者进阶学习扩展装饰应用知识点的用书，亦可作为装饰装修从业工程技术人员学习BIM技术，进阶"充电"的参考用书。

图书在版编目（CIP）数据

装饰BIM应用工程师教程／工业和信息化部教育与考试中心编. —北京：机械工业出版社，2019.3（2025.2重印）

（BIM应用工程师丛书. 中国制造2025人才培养系列丛书）

ISBN 978-7-111-62284-0

Ⅰ.①装…　Ⅱ.①工…　Ⅲ.①建筑装饰-建筑设计-计算机辅助设计-应用软件—教材　Ⅳ.①TU238-39

中国版本图书馆CIP数据核字（2019）第049957号

机械工业出版社（北京市百万庄大街22号　邮政编码100037）

策划编辑：李　莉　　　　　责任编辑：陈紫青　沈百琦
责任校对：郑　婕　　　　　封面设计：鞠　杨
责任印制：常天培
固安县铭成印刷有限公司印刷

2025年2月第1版第2次印刷
184mm×260mm·17.5印张·475千字
标准书号：ISBN 978-7-111-62284-0
定价：76.00元

凡购本书，如有缺页、倒页、脱页，由本社发行部调换

电话服务　　　　　　　　　　　网络服务

服务咨询热线：010-88361066　　机 工 官 网：www.cmpbook.com

读者购书热线：010-68326294　　机 工 官 博：weibo.com/cmp1952

封面无防伪标均为盗版　　　　金 书 网：www.golden-book.com

教育服务网：www.cmpedu.com

丛书编委会

主　　任　杨新新　上海益埃毕建筑科技有限公司
　　　　　顾　靖　上海国际旅游度假区工程建设有限公司

副 主 任　袁　帅　中铁十八局集团有限公司
　　　　　郑玉洁　广西建筑信息模型(BIM)技术发展联盟
　　　　　黄晓东　福建省建筑信息模型技术应用联盟
　　　　　向　敏　天津市BIM技术创新联盟
　　　　　车志军　四川省建设工程项目管理协会
　　　　　张连红　中国职工国际旅行社总社

委　　员　彭　明　深圳市斯维尔科技股份有限公司
　　　　　赵一中　北京中唐协同科技有限公司
　　　　　线登州　河北建工集团有限责任公司
　　　　　罗逸锋　广西建筑信息模型(BIM)技术发展联盟
　　　　　赵顺耐　BENTLEY软件(北京)有限公司
　　　　　丁东山　中建钢构有限公司
　　　　　廖益林　海南省海建科技股份有限公司
　　　　　成　月　广东天元建筑设计有限公司
　　　　　吴义苗　中国机电装备维修与改造技术协会
　　　　　胡定贵　天职工程咨询股份有限公司
　　　　　张　赛　上海城建建设实业集团
　　　　　虞国明　杭州三才工程管理咨询有限公司
　　　　　王　杰　浙江大学
　　　　　赵永生　聊城大学
　　　　　丁　晴　上海上咨建设工程咨询有限公司
　　　　　王　英　博源永正(天津)建筑科技有限公司
　　　　　王金城　上海益埃毕建筑科技有限公司
　　　　　侯佳伟　上海益埃毕建筑科技有限公司
　　　　　何朝霞　安徽鼎信必慕信息技术有限公司
　　　　　王大鹏　杭州金阁建筑设计咨询有限公司
　　　　　郝　斌　苏州金螳螂建筑装饰股份有限公司
　　　　　崔　满　上海建工集团股份有限公司
　　　　　完颜健飞　中建七局第二建筑有限公司
　　　　　王　耀　中建海峡建设发展有限公司

本书编委会

主　　任　刘　原　中国建筑装饰协会秘书长
　　　　　田　阳　上海亨冠装饰工程管理有限公司

副 主 任　郑开峰　深圳市亚泰国际建设股份有限公司
　　　　　欧安涛　南通智基建筑科技有限公司
　　　　　郝　斌　苏州金螳螂建筑装饰股份有限公司
　　　　　张雪梅　上海益埃毕建筑科技有限公司

委　　员　边　海　中核工(沈阳)建筑工程设计有限公司
　　　　　彭　诚　湖南工业职业技术学院
　　　　　高　瑞　重庆经贸职业学院
　　　　　赵一中　北京中唐协同科技有限公司
　　　　　乔元辉　北京市建筑装饰设计工程有限公司
　　　　　耿旭光　上海益埃毕建筑科技有限公司
　　　　　苏　杭　中建深圳装饰有限公司上海分公司
　　　　　刘火生　中建海峡建设发展有限公司
　　　　　李广绪　山东同圆数字科技有限公司
　　　　　刘健威　学尔森教育集团上海东方创意设计职业技能学校
　　　　　王　宏　湖南工业职业技术学院
　　　　　张洪军　上海鲁班软件股份有限公司
　　　　　周敏强　上海鲁班软件股份有限公司
　　　　　杨　巍　上海金瀚装饰工程有限公司
　　　　　白　梅　中建七局建筑装饰工程有限公司
　　　　　张　伟　石家庄常宏建筑装饰工程有限公司
　　　　　薛玲雅　台州职业技术学院
　　　　　陈　岭　苏州金螳螂建筑装饰股份有限公司
　　　　　钱灵杰　苏州金螳螂建筑装饰股份有限公司
　　　　　龚东晓　北京华文燕园文化有限公司
　　　　　董洪柱　济宁职业技术学院
　　　　　吕　威　广西机电职业技术学院
　　　　　粟兆莹　广西微比建筑科技有限公司
　　　　　吴志宏　中建海峡建设发展有限公司
　　　　　赵厚凯　深圳市亚泰国际建设股份有限公司
　　　　　林云峰　深圳市亚泰国际建设股份有限公司
　　　　　张　淼　深圳市亚泰国际建设股份有限公司
　　　　　孙玉林　深圳市亚泰国际建设股份有限公司

出版说明

　　为增强建筑业信息化发展能力，优化建筑信息化发展环境，加快推动信息技术与建筑工程管理发展深度融合，工业和信息化部教育与考试中心聘任 BIM 专业技术技能项目工作组专家（工信教〔2017〕84 号），成立了 BIM 项目中心（工信教〔2017〕85 号），承担 BIM 专业技术技能项目推广与技术服务工作，并且发布了《建筑信息模型（BIM）应用工程师专业技术技能人才培训标准》（工信教〔2018〕18 号）。该标准的发布为专业技术技能人才教育和培训提供了科学、规范的依据，其中对 BIM 人才岗位能力的具体要求标志着行业 BIM 人才专业技术技能评价标准的建立健全，这将有利于加快培养一支结构合理、素质优良的行业技术技能人才队伍。

　　基于以上工作，工业和信息化部教育与考试中心以《建筑信息模型（BIM）应用工程师专业技术技能人才培训标准》为依据，组织相关专家编写了本套 BIM 应用工程师丛书。本套丛书分初级、中级、高级。初级针对 BIM 入门人员，主要讲解 BIM 建模、BIM 基本理论；中级针对各行各业不同工作岗位的人员，主要培养运用 BIM 的技术技能；高级针对项目负责人、企业负责人，将BIM 技术融入管理。本套丛书具有以下特点：

1. 整套丛书围绕《建筑信息模型（BIM）应用工程师专业技术技能人才培训标准》编写，要求明确，体系统一。
2. 为突出广泛性和实用性，编写人员涵盖建设单位、咨询企业、施工企业、设计单位、高等院校等。
3. 根据读者的基础不同，分适用层次编写。
4. 将理论知识与实际操作融为一体，理论知识以够用、实用为原则，重点培养操作能力和思维方法。

　　希望本套丛书的出版能够提升相关从业人员对 BIM 的认知和掌握程度，为培养市场需要的BIM 技术人才、管理人才起到积极推动作用。

本丛书编委会

序

　　国务院办公厅在国办发〔2017〕19号文件中提出"加快推进建筑信息模型（BIM）技术在规划、勘察、设计、施工和运营维护全过程的集成应用，实现工程建设项目全生命周期数据共享和信息化管理，为项目方案优化和科学决策提供依据，促进建筑业提质增效。"国家发展和改革委员会（发改办高技〔2016〕1918号文件）提出支撑开展"三维空间模型（BIM）及时空仿真建模"。同时，住建部、水利部、交通运输部等部委，铁路、电力等行业，以及各地房管局、造价站、质监局等均在大力推进BIM技术应用。建筑业信息化是建筑业发展战略的重要组成部分，也是建筑业发展方式、提质增效、节能减排的必然要求。

　　工业和信息化部教育与考试中心依据当前建筑行业信息化发展的实际情况，组织有关专家，根据BIM人才培训标准，编写了本套BIM应用工程师丛书。希望本套丛书能为我国BIM技术的发展添砖加瓦，为广大建筑业的从业者和BIM技术相关人员带来实质性的帮助。在此，也诚挚地感谢各位BIM专家对此丛书的研发、充实和提炼。

　　这不仅是一套BIM技术应用丛书，更是一笔能启迪建筑人适应信息化进步的精神财富，值得每一个建筑人去好好读一读！

住房和城乡建设部原总工程师

姚兵

18/5/2018.

前 言

随着我国改革开放的推进和物质文化水平的提高，人们对建筑物的需求从传统的居住和使用功能开始向外观与内在环境质量并重的需求转变，因此作为建筑业三大支柱性产业之一的建筑装饰装修业的需求量得以迅速释放，逐步形成了一个庞大的消费市场。

本书是建筑信息模型（BIM）专业技术技能培训考试（中级）的配套教材之一，全书将装饰BIM 应用的内容分 4 个模块进行介绍讲解。模块一主要介绍建筑装饰装修的基本概念、BIM 技术在装饰装修工程中的应用价值。读者通过这一部分的学习可了解到什么是建筑装饰装修，如今装饰装修业的发展状况，建筑装饰装修 BIM 在未来的应用前景。模块二介绍装饰装修 BIM 的应用流程，主要讲解 BIM 技术在装饰项目的设计阶段、施工准备阶段、施工阶段、竣工阶段、运维阶段的应用方法与流程。通过这一部分内容读者可以学习到装饰 BIM 应用在各个阶段哪些方面的实施标准和目标以及如何实施。模块三介绍技能实操，带领读者结合 Revit 2019 软件用一个项目案例来讲解装饰装修 BIM 在建模、出图、算量、渲染、可视化表达中的应用。模块四介绍其他 BIM 软件在装饰装修项目中的应用以及各自的技术特点和优势。

希望通过本书，有更多装饰装修业的人士能够认识 BIM，了解 BIM 技术在建筑装饰装修项目中的价值，以及学习使用 BIM 技术、推进装饰 BIM 应用的发展。

本书除第 8 章外，其余每章后面都有对应的练习题可供读者检测自己的学习情况。本书为方便读者学习，还配套提供了书中需要用到的样板案例等，读者可使用样板案例随书进行操作。习题答案和样板案例文件可登录机械工业出版社教育服务网www.cmpedu.com 注册下载。

由于时间紧张，书中疏漏和不妥之处在所难免，还望各位读者不吝赐教，以期再版时改正。

编 者

目 录

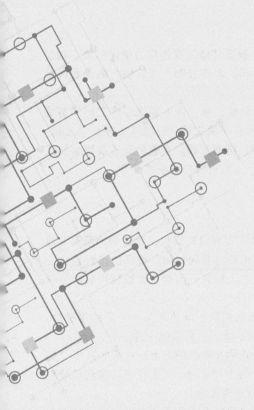

模块一

PART 01

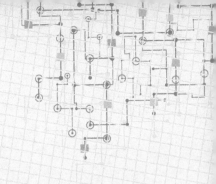

第1章 建筑装饰装修工程概述

1.1 建筑装饰装修工程概念、特性与实施程序

1.1.1 建筑装饰装修工程概念

1. 建筑装饰装修工程的概念

根据住建部第 46 号令《建筑装饰装修管理规定》，建筑装饰装修工程是指为使建筑物、构筑物的内、外空间达到一定的环境质量要求，使用装饰装修材料，对建筑物、构筑物外表面和内部进行装饰处理的工程建筑活动全部工作的总称。

建筑装饰装修工程按装饰对象不同分为：公共建筑装饰装修工程、住宅装饰装修工程和幕墙工程；按装饰内容不同分为：地面工程、抹灰工程、门窗工程、吊顶工程、轻质隔（断）墙工程、饰面板（砖）工程、幕墙工程、涂饰工程、裱糊与软包工程、细部工程。完整的建筑装饰装修工程过程包括：设计、施工、材料供应、工厂化部品部件加工、工程运营与维护等部分。

1.1.2 建筑装饰装修工程的特性

1）社会性。在特定的建筑物装饰装修活动中，为了保证双方利益的实现，建筑物的所有者或经营者有可能聘请工程监理、咨询机构等维护自身的权益；承建商要同材料、部品生产经营企业及劳务企业进行经济、技术、人员的交流，这些都与社会发生了联系。因此，建筑装饰装修工程是一项具有广泛社会性的工程服务事件。

2）唯一性。建筑物的所有者或经营者与设计、施工承包商共同指向的是某一特定的建筑物，所有者、经营者、承包商的不同都使得建筑装饰装修工程不同，因此，具有唯一性。

3）技术性。建筑装饰装修的设计施工本身就是建立在一定的技术基础之上。技术的进步（如材料施工工艺），则要求建筑装饰装修逐步由工厂化加工生产转向标准化、工业化生产和现场装配式施工，建筑装饰装修技术正在由传统技术向现代工业化技术方向发展。

4）人文性。建筑装饰装修既是社会生产力发展的结果，又是社会文化与文明发展的一种重要表现。建筑装饰装修反映并展现了人们的价值观、艺术观、人生观和传统文化印迹，即为建筑装饰装修的人文性。

1.1.3 建筑装饰装修工程实施程序

建筑装饰装修工程项目是按规划、设计、施工、竣工及交付使用的先后顺序进行的。一项装饰工程通常可以分为 4 个阶段：筹划阶段、设计阶段、施工阶段和运营维护阶段。根据工程项目的大小，整个工程所用的时间也不一样，少则几个月，多则几年。工程的圆满完成需要建设单位、

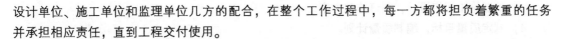

设计单位、施工单位和监理单位几方的配合，在整个工作过程中，每一方都将担负着繁重的任务并承担相应责任，直到工程交付使用。

1. 筹划阶段

筹划阶段是建设单位（即甲方）对该工程是否实施的一个决策期，是整个建筑装饰装修工程能否顺利完成的前提条件。

甲方应该清楚地明确整个工程的隶属关系、工程实施的目的及作用、工程的服务对象、建筑周边环境等，再根据自身的经济状况，制定工程的级别，选用材料的等级，选用设计、施工单位的级别等。例如，一栋旅游饭店的装饰装修，甲方应首先明确酒店是以接待内宾为主，还是以接待外宾为主；是几星级的标准；其建筑设计对建筑装饰装修是否有所要求；整个建筑的光线、照明、温度，该地区的民族风俗、生活习惯、交通、通信、供热、供暖，往来人员流动情况、容纳情况等因素是否在筹划阶段给予了周全的考虑。在必要时，甲方应请专家对该项目进行详细论证，以免在工程施工时产生不必要的损失或决策性的错误。

2. 设计阶段

该阶段主要是建设单位与设计单位的合作。在进行了前一阶段的工作且设计单位在较系统、全面地掌握了整个工程的内容和数据资料之后才能进入设计阶段。设计阶段是整个建筑装饰装修工程的灵魂，直接关系到装饰工程的效果。整个设计阶段分为方案设计阶段、扩初设计阶段、施工图设计阶段。

（1）方案设计阶段（又称方案概念设计阶段） 设计单位在和甲方签订了设计委托书后即可进行方案设计。设计师根据甲方在筹划阶段提出的要求和提供的建筑图纸，按照现场实际状况测量核实，提出设计方案。这一阶段所需要提供的图纸包括：平面布置图、彩色方案效果图、总体设计说明、主要设计说明等。同时还应编制初步的工程施工估算。

（2）扩初设计阶段（又称方案深化设计阶段） 在甲方对设计方案确认后方可进行方案深化设计，即扩初设计。扩初设计阶段需要的图纸通常包括：平面布置图、局部平面图、天花布置图、照明平面布置图、地面拼花图、立面图、设计说明等。

（3）施工图设计阶段 施工图设计阶段是设计阶段的最后一个环节，这一阶段需要的图、表、样板要尽可能的详细和准确，它通常包括：设计说明、材料表、门窗表、灯具表、家具表、平面布置图、地面拼花图、天花布置图、照明平面布置图、剖面图、主要施工节点大样图、照明线路平面布置图（或照明线路系统图）、插座线路图（或插座线路系统图）、空调平面布置图（或空调布置系统图）、给水排水平面布置图（或给水排水系统图）、主材料样板。对设计人员来讲，在这一阶段的设计中应运用广泛的施工管理和技术知识，尽可能多的掌握各种材料的品种、花色、价格、产地、供货等情况，使最初的方案能够达到施工的要求。

3. 施工阶段

建筑装饰装修工程的施工阶段最关键的一个阶段，也是花费时间最长的一个阶段，整个施工阶段必须按照工序有条不紊、按部就班地进行，这样才能保证工程的质量。它可分为 3 个阶段，即施工准备阶段、施工阶段和竣工移交阶段。

（1）施工准备阶段 装饰工程开工前必须完成的准备工作：

1）建筑装饰装修施工必须具备设计图纸，并严格按图施工。原有房屋装饰，涉及拆改主体结构或明显加大荷载的，必须经房屋鉴定设计单位做结构鉴定设计并对装饰方案的使用安全进行鉴定，合格后方可施工。

2）熟悉国家对装饰行业的有关施工规范、质量检验标准。

3）编制施工组织设计，制订施工方案。

4）制定质量目标，编制质量计划。

5）组织技术会审，施工方与设计单位、甲方需对图纸进行会审，设计单位要对图纸进行交底。

6）经施工单位技术负责人组织会审，对上述技术准备工作认证后，作为施工的依据，方可施工。

7）施工前，施工单位应与质监部门办理装饰装修工程前期工程的质量交换验收工作。

8）申办"施工许可证"。发包方主办，承包方协办。由发包单位向当地建设行政主管部门领取建筑工程施工许可申请表，逐项填写后再报批。

（2）产品施工阶段　当进入产品施工阶段后，发、承包双方工作就更加繁重。发包方一般均委托监理单位进行施工过程监督管理，所以整个运行过程是发包方、监理方与承包方之间的交道。

1）承包方必须提供施工组织设计（此时的施工组织设计已经不是投标时具有竞争性的内容，而是具有可操作性的内容：技术方案、质量标准、施工进度、材质检验）供监理方审核，施工组织设计必须符合工程实际，方案先进，质量标准有规范按规范执行，无规范要编写标准，应满足发包方工期要求，材质符合设计要求，选择封样，凭样验收。

2）承包方必须提请隐蔽工程检查，监理方进行隐蔽工程检查。

3）承包方必须编写施工日志，监理方审阅施工日志。

4）双方编写绘制洽商记录、会签洽商记录。

5）承包方提请分项工程检查，监理方进行分项工程检查。

6）承包方按月报进度计划并申请工程进度款，监理方审进度计划并报发包方申请进度款。

7）每周由发包方、监理方、承包方共同参加工程协调会，并执行会议决定。

这一流程贯彻整个施工全过程，直至工程竣工。

（3）产品竣工交付阶段：

1）承包方进行施工项目工程量复核，监理方进行工程量复核并签署意见。

2）承包方进行工程竣工质量自检，监理方进行竣工质量预验收并签署意见。

3）承包方进行竣工资料整理，监理方进行竣工资料复核并签署意见，同时承包方进行竣工图绘制，监理方进行竣工图复核并签署意见。

4）承包方整理洽商记录，监理方复核洽商记录。

5）承发方议定洽商部分的材料、设备市场价格，参与议论材料价格。

6）承包方做好增减账，监理方复核增减账。

7）承包方编制结算书并接受审计，审计部门进行审计并给出审计报告书，交发包方。

8）发包方向承包方支付工程结算款，承包方向发包单位领取工程结算款。

至此，一项装饰装修工程才算基本结束，但还留有一段期限的质量保修期。承包方应向发包方交付一定数量的保修金，在保修期到之后按合同结清。

4. 运营维护阶段

一般认为建筑物的运营维护管理是指整合人员、资金及技术等关键资源，通过对已投入使用建筑物的空间、资产、设施及环境进行设计、运行、评价和改进，满足人员在建筑中的基本使用及安全舒适的需求，充分提高建筑的使用率、降低其经营成本，增加投资效益。主要包括以下几个方面：

（1）空间管理　空间管理主要是通过对空间进行规划、分配、使用等方面的管理，满足企业在空间方面的各种需求，并计算空间相关成本，执行成本分摊等内部核算，增强企业各部门控制非经营性成本的意识,提高企业收益。空间管理包括空间分配、空间规划、租赁管理、统计分析等几个方面。

(2)　资产管理　资产管理主要是对建筑内的各种资产进行经营运作,降低资产的闲置浪费,减少和避免资产流失。资产管理主要包括日常管理、资产盘点、折旧管理、报表管理等几个方面。

(3)　维护管理　维护管理的任务主要包括建立设施设备基本信息库与台账化,定义设施设备保养周期等特殊信息,建立计划对设施设备进行周期维护;对设施设备各运行状态进行巡检管理并建立运行信息记录;对出现故障的设备从维修申请,到派工、维修、完工验收等实现全程管理。

(4)　公共安全管理　公共安全管理需要应对火灾、自然灾害、非法侵入、重大安全事故和公共卫生事故等危害人民生命财产安全的各种突发事件,建立起应急及长效的技术防范保障体系,包括火灾自动报警系统、安全技术防范系统和应急联动系统。

(5)　能耗管理　能耗管理主要是对建筑正常运行时消耗的电、气等能源和水资源等进行管理,采集统计各种能耗数据,通过分析找出现有能耗情况的不合理之处,实现能耗的优化。

1.2　建筑装饰装修业新技术

智能化技术是在计算机技术的基础上,按照程序系统技术实践分析实践项目,确保项目要素,能够运用计算机结构,实现综合处理。智能化技术的运用,将充分利用大数据库中的资源,开展建筑资源的运用借鉴窗口,并实行全面化的程序信息综合定位,构建多元化的程序资源解读视角。智能化技术是未来装饰装修业的发展方向。

1. 管理智能化

管理智能化是指从设计到施工,从行政到管理和分析,建立相应信息网络,并将信息网络作为信息交流和管理不可缺少的工具;项目管理涉及的设计方、施工方、核算方等多方参与,处理和协调项目成本、质量、进度、材料等多个方面,通过充分利用计算机技术、网络技术、数据库等科学方法对信息进行收集、存储、加工、处理、并辅助决策。这样的高度信息智能化,大大提高了管理水平、降低了管理成本、提高了管理效率。

2. 施工过程管理智能化

1)　施工资源管理智能化。利用智能化大数据资源的优势,实行装饰空间结构数字化调节。施工人员需要依据建筑装饰装修的实际需要,实行装饰施工技术的定位应用和装饰施工资源的整合管理。

2)　施工空间管理智能化。建筑装饰装修施工过程中,需要考虑到水、暖、电3部分的供应情况,因此,实行建筑装饰装修过程中,施工管理工作实行全面性的施工策略解析,借助虚拟智能程序,实行建筑装置情况的预先演示。

3)　装饰要素关联的智能化。智能化技术实行建筑装饰装修、装修分析的过程中,充分运用现代化分析模型,开展动态化数据信息整合分析策略。确保建筑装饰装修过程中,选择合适的颜色、花样等要素。

4)　施工组织与管理智能化。智能化技术在建筑装饰装修施工管理中的运用,也体现在构建全方位整合的装修环节、全面拓展资源结构、形成体系规划等装修施工管理中。

5)　监控施工质量智能化。施工管理人员借助智能化平台,开展施工环节的远程化监控、数字跟踪记录程序。借助智能化数字分析策略,开展工程施工质量检验的动态跟踪。一旦工程检验中,存在建筑装饰装修施工环节质量不合格的情况，智能化检测平台将第一时间给予信息提示，施工管理人员就可以针对其不合格部分，以及施工结构存在困难的区域进行调节。

3. 家居智能化

随着智能化技术的不断完善，人们逐渐实现家居智能化的目标。家居智能化系统主要是集计算机网络技术、通信网络技术和自动化控制技术为一体的家居控制系统，该系统主要以居民住宅为平台，通过合理利用计算机网络技术、通信技术、自动控制技术、音视频技术、安全防范技术等来实现室内环境设施自动化运行的目标，以提高家居的安全性和舒适性。

4. 节能智能化

建筑住宅内供暖系统、照明设施、温度调节以及防晒设施的使用等，通过信息化智能装饰的应用可以节省能源消耗，从而有效地发挥建筑工程的经济、社会及生态效应。

智能化住宅采用绿色环保材料以及智能材料运用到装饰当中，可以有效地减少环境污染、节约能耗、提高建筑工程的使用性能。

❖❖ 本章练习题 ❖❖

一、单项选择题

1. 建筑装饰装修工程主要包括（　　）、住宅装饰装修工程和幕墙工程 3 大组成部分。

  A. 墙饰面工程   B. 公共建筑装饰装修工程

  C. 图书馆装饰装修工程   D. 门窗工程

2. 完整的建筑装饰装修工程应包括：设计——施工——材料供应——工厂化部品部件加工——（　　）等部分。

  A. 工程交付使用   B. 部件安装

  C. 工程运营与维护   D. 工程管理

3. 下列不属于施工图设计阶段的内容是（　　）。

  A. 彩色方案效果图   B. 材料表

  C. 主材料样板   D. 剖面图

二、多项选择题

1. 下面属于建筑装饰装修工程实施程序的是（　　）。

  A. 筹划阶段   B. 设计阶段

  C. 施工阶段   D. 产品采购阶段

2. 目前建筑装饰装修业智能技术表现在（　　）。

  A. 施工过程管理智能化   B. 家居智能化

  C. 节能智能化   D. 控制智能化

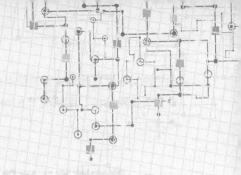

第2章　BIM 技术在装饰装修工程中的应用价值

2.1　BIM 技术的优势

　　建筑信息模型（BIM）技术是以实际建筑工程项目施工中的大量信息数据作为建立模型的基础，通过建立的建筑模型，使仿真建筑模型具有立体数字信息可视化等功能。新时代下的建筑强调的是在整个建筑生命周期中，在建设和使用流程上对环境负责和提高资源使用效率。BIM 技术的重要意义在于它重新整合了建筑设计的流程、建设项目全生命周期管理、后期建成后的运维以及建设各方信息互通共享，如图 2–1 所示。

图　2–1

　　1. BIM 对装饰专业的透明化管理

　　使用 BIM 技术可以使装饰专业在前期规划、设计（初步设计、技术设计、施工图设计）、招投标、施工建造、运维管理各个环节信息连贯一致，如设计、成本、进度、质量、安全等信息。其原理是尽可能将建设工程过程中的装饰专业修改提前到项目正式施工前期，同时使建设全过程（投资方案、技术设计、施工建造、运维管理）的各参建方共同管理，保持模型的唯一性，使各方对实际工程都能进行动态透明化管理。

　　2. BIM 对装饰产业的信息化整合

　　BIM 技术可以对装饰产业进行集成化信息整合，改善不完备的建造文档、设计变更、不准确的设计图纸导致的延误及投资成本增加、物资采购浪费、重要财务数据不合规等问题。这些全面的信息可以提高建筑运营过程中的收益与成本管理水平。BIM 不仅能使参建各方在实物建造完成前预先体验工程，而且能产生一个职能的数据库，提供贯穿于建筑物整个生命周期中的支持信息库。

2.2 装饰装修工程各流程 BIM 应用的必要性

1. 全专业关联出图

在传统的出图模式下，如果业主方需要改动图纸或者设计者进行图纸修正，若发生土建图纸变动，那么安装水暖电图纸也会变动，最后引起装饰设计图纸变动，这将会带来浩大的修改工作量。但如果在建好的 BIM 模型中，融合各专业各分部分项工程，只需修正模型，就可相应地改变各专业的图纸，做到图纸联动修改、及时更新、提高工作效率。同时，BIM 模型也可以方便地导出施工需要的各种图纸，如土建施工平面图、给水排水安装施工立面图、装饰楼地面细部构造图等。

2. 模型可视化动态管理

随着设计工作的进展，设计师在 Revit 软件的支持下实现 3D 可视化设计，形式可以多种多样，如简单的透视图和轴测图、最复杂的渲染图、360°全景视图及动画漫游全景等。BIM 实现了真正的"所见即所得"，对装饰装修设计的细节部分可以清晰、真实显现，包括室内空间配置、饰面、材质等。

3. 造价更精准

造价控制是业主或者施工单位管理的重要任务。据统计，工程造价出现"两层皮"的情况很大程度是施工中设计变更所导致的。基于 BIM 技术，应用 BIM 模型，通过碰撞检查、预留洞口精确定位、综合管线的优化排布、净高检测、成本动态对比等手段，可以节约项目成本，减少施工工程中变更，降低索赔事件，使各项目主体利益最大化。同时，将 BIM 技术运用到室内装修设计中，墙面、地面、吊顶的设计与施工都会有详细的工程量数据记录；完成部分主材、辅材、零星材料都能快速生成材料一览表格；机电工程、门窗、地板、装饰线条等工程量也能进行快速统计。在保证工程质量的前提下，能有追溯性地导出相应造价所需表格，BIM 技术的运用使整个工程项目的工程造价更加真实接近实际成本，造价更加准确且可利用。

4. 一模多用、信息共享

在前期装饰规划阶段，当设计师完成初步的设计方案后，业主将和建筑师共同决定采纳哪种方案。在制定决策时，则要考虑多种因素：空间利用率、面积要求、审美、材料成本、采光分析等。通过 BIM 模型，可以模拟完成本阶段业主将和建筑师关心的所有问题。

在装饰设计阶段，BIM 技术在建筑设计上能够极大地简化设计过程，能够直观形象地修改设计图纸上存在的问题，使设计趋向于 3D 化、模型化，也能够提供大量的信息。

在规划阶段的 BIM 模型上，帮助设计师在决策者提出的问题上快速准确地解决修改。

在装饰施工阶段，通过设计阶段的 BIM 模型，降低识图误差，进行碰撞检查，直观解决空间关系冲突，优化工程设计，减少施工阶段的错误和返工，三维可视化功能再加上时间、成本纬度，可以按进度模拟施工，随时直观快速地将施工计划与实际进展进行对比，同时对施工阶段不同资

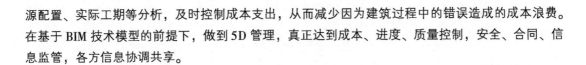

源配置、实际工期等分析，及时控制成本支出，从而减少因为建筑过程中的错误造成的成本浪费。在基于 BIM 技术模型的前提下，做到 5D 管理，真正达到成本、进度、质量控制，安全、合同、信息监管，各方信息协调共享。

2.3　装饰 BIM 应用工程师的职业发展

《国务院办公厅关于促进建筑业持续健康发展的意见》（国办发〔2017〕19 号）文件提出"加快推进 BIM 技术"。水利部、交通运输部、住建部均提出大力推进 BIM 技术应用。为进一步提高信息化领域专业技术技能人才技术、技能水平，落实好党中央、国务院对新时代全国职业教育改革发展的要求，推动职业教育改革发展迈上新台阶，加快打造信息化发展新高地，工业和信息化部教育与考试中心文件（工信教〔2017〕84 号）聘任 BIM 专业技术技能项目工作组专家，负责 BIM 专业技术技能人才培训标准的编制及更新。工信教〔2018〕18 号文件《建筑信息模型（BIM）应用工程师专业技术技能人才培训标准》（标准号 CEIAEC 002—2018），以下文简称《培训标准》指导 BIM 应用工程师培训有序开展工作。

1. 装饰 BIM 应用工程师介绍

根据《培训标准》要求，建筑信息模型（BIM）应用工程师系列岗位是指利用 BIM 技术为核心的信息化技术，在项目的规划、勘察、设计、施工、运营维护、改造和拆除各阶段，完成对工程物理特征和功能特性信息的数字化承载、可视化表达和信息化管控等工作的现场作业及管理岗位的统称。在《培训标准》中对装饰 BIM 应用工程师指出，能利用 BIM 软件搭建装饰装修工程的外装饰和内装饰的主要图元构件，精度达到 LOD400 级；能依据实际数据对图元属性进行参数化修改、调整、优化完善；能依据要求运用 BIM 技术对工程量进行预估供施工图预算；能运用 BIM 软件对装饰专业与其他专业的碰撞问题进行检测、纠偏，对施工工艺关键节点、工序提供可行性分析依据；能依据项目要求对项目进度计划进行可视化模拟和工程量分析对比，并能运用 BIM 技术完成施工质量管控、安全管控、资料管理等工作。

2. 装饰 BIM 应用工程师前景

近年来，住建部连年将 BIM 作为重点工作抓手，BIM 技术在建筑领域的理论研究与实践应用逐年深入。各地方城乡建设部门大力推广 BIM 技术，采用各种激励措施，例如，通过政府投资工程招投标、工程创优评优、绿色建筑和建筑产业现代化评价等工作激励建筑领域的 BIM 应用；培育产、学、研、用相结合的 BIM 应用产业化示范基地和产业联盟；在条件具备的地区和行业，建设 BIM 应用示范（试点）工程；加强对企业管理人员和技术人员关于 BIM 应用的相关培训，在注册执业资格人员的继续教育必修课中增加有关 BIM 的内容。

BIM 技术在建筑装饰装修中的应用实现了建筑装饰装修业的创新发展，利用 BIM 技术能够建立更加科学和高效的建筑数字模型，能够有效提高建筑工程结构设计质量，确保建筑施工安全和提高施工效率。装饰 BIM 应用工程师具有一定的组织、理解、判断能力；具有较强的学习、沟通、分析、管理、解决问题的能力；具有利用基于 BIM 技术的建设工程大数据分析、判断、管理的能力。装饰 BIM 应用工程师必将推动 BIM 技术在建筑装饰装修中的应用与发展，创造更大的经济与社会效益。

～❀ 本章练习题 ❀～

一、单项选择题

1. BIM 技术动态可视化管理体现在（　　）。

    A. 使用 BIM 技术可以使装饰专业在前期规划、设计（初步设计、技术设计、施工图设计）、招投标、施工建造、运维管理各个环节信息连贯一致

    B. 基于 BIM 技术，通过碰撞检查功能、精确定位预留洞口、综合管线的优化排布，净高检测，成本动态对比等手段，节约项目成本，使各项目主体利益最大化

    C. 通过软件处理，从简单的透视图和轴测图到最复杂的渲染图、360°全景视图及动画漫游全景

    D. BIM 实现了真正的"所见即所得"，使设计趋向于 3D 化、模型化，能够提供大量的信息

2. 装饰 BIM 模型构建和维护，利用 BIM 软件搭建装饰装修工程的外装饰和内装饰的主要图元构件，精度达到（　　）级。

    A. LOD100　　　　B. LOD200　　　　C. LOD300　　　　D. LOD400

二、多项选择题

1. BIM 技术在装饰业发展优势包括（　　）。

    A. 模型可视化动态管理　　　　　　　B. 造价更精准

    C. BIM 对装饰专业的透明化管理　　　D. BIM 对装饰产业的信息化整合

2. BIM 技术在装饰业应用的必要性体现在（　　）。

    A. 模型可视化动态管理　　　　　　　B. 造价更精准

    C. BIM 对装饰专业的透明化管理　　　D. BIM 对装饰产业的信息化整合

3. 建筑信息模型（BIM）应用工程师共设有的等级包括（　　）。

    A. 低级　　　　　　B. 初级　　　　　　C. 助理级　　　　　　D. 中级

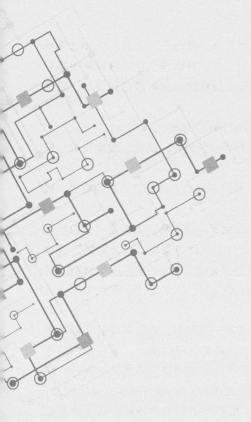

模块二

PART 02

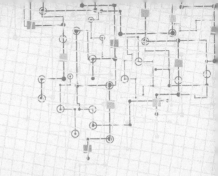

第 3 章　BIM 技术的应用要求及应用流程

3.1　BIM 技术在建筑装饰装修工程中的应用要求

3.1.1　BIM 技术全过程应用内容

在实施之前，需要应用 BIM 技术的项目需要明确 BIM 应用目标并进行应用策划。在 BIM 实施开展之前，需要进行企业级和项目级两个层面的 BIM 实施策划。在项目运作之前，根据建设项目的总目标要求，从不同的角度出发进行系统分析，对 BIM 实施全过程作预先的考虑和设想，定义详细的应用范围和应用深度。

BIM 在建筑装饰装修工程全过程中的总体工作流程可分为以下 4 个阶段：

1）规划阶段：基于传统的建筑装饰装修工程项目建议书和可行性报告，在此阶段定义项目应用 BIM 的目标，确定 BIM 应用，并规划 BIM 应用流程。

2）组织阶段：在设定 BIM 应用目标、应用点和流程后，根据 BIM 对各方信息协同的要求，确定 BIM 参与方并定义各方职责，定义各方协作的流程。

3）建筑装饰装修设计阶段：建筑装饰装修设计 BIM 应用点涵盖工程投标、方案设计、初步设计、施工图设计环节，主要包含空间布局设计、方案参数化设计、设计方案比选、方案经济性比选、可视化表达（效果图、模型漫游、视频动画、VR 体验、辅助方案出图）；进行声学分析、采光分析、通风分析、疏散分析、绿色分析、结构计算分析、碰撞检查、净空优化、图纸生成、辅助工程量计算等方面。

4）建筑装饰装修施工阶段：作为工程项目交付使用前的最后一道环节，建筑装饰装修施工所用材料种类繁多，表现形式多样，在 BIM 应用上相对于其他阶段具有鲜明的特点。本阶段应用点贯穿工程招投标、深化设计、施工过程、竣工交付环节，主要涉及现场测量、辅助深化设计、样板应用、施工可行性检测、饰面排版、施工模拟、图纸会审、工艺优化、辅助出图、辅助预算、可视化交底、设计变更管理、智能放线、样板管理、预制构件加工、3D 打印、材料下单、进度管理、物料管理、质量安全管理、成本管理、资料管理、竣工图出图、竣工资料交付、辅助结算等方面。

综上，基于 BIM 的建筑装饰装修工程应用模型在不同的阶段流转，贯穿整个项目流程，提高了信息资源的利用率，简化了业务流程，促进了各项目主体利益最大化。

3.1.2　BIM 技术应用文件管理和命名规则

在 BIM 建模的准备工作做好之后，建筑装饰装修项目需要根据相应的规则来进行建模。建模规则根据不同业主及项目要求有所不同，已经实施的标准有《建筑装饰装修工程 BIM 实施标准》（T/CBDA 3—2016）和《建筑幕墙工程 BIM 实施标准》（T/CBDA 7—2016），主要包含以下方面：

1. 模型命名目的

若是大型建筑装饰装修工程，包含的模型文件及模型元素的数量是非常庞大的。为了能清晰地识别协同管理过程中的建筑装饰装修工程 BIM 模型文件以及建筑装饰装修工程 BIM 模型文件中涉及的各类模型元素，需要遵循一定原则对相关文件、元素进行命名，以便设计师能及时、准确地查找使用所需文件，提高 BIM 设计的工作效率。

2. 模型命名的规则

当处于设计协同工作的模式中，应根据总包方 BIM 团队和合同要求，对模型文件命名规则进行统一规定和要求。如无明确要求，为了统一实施管理，应制定模型构件的命名方式，模型中的构件名应包括：构件的类别、构件的名称、构件的尺寸，构件名称、本项目设计和实际工程的名称应一致。参考构件命名规则如下：

【项目编号】+【－】+【公司名称】+【－】+【定位】+【－】+【分区】+【－】+【楼层】+【－】+【系统专业代码】+【－】+【构件类型描述】+【－】+【构件尺寸描述】+【－】+【构件编号】。

3. 模型构件分类原则

对模型构件也应进行统一规定和要求，根据相关资料进行分类编辑，结合项目实际需求进行分类匹配。

（1）按照行标《建筑产品分类和编码》（JG/T 151—2015）分类　构件的分类可结合行业标准《建筑产品分类和编码》（JG/T 151—2015）中的分类方法选择合适的分类维度将模型构件分为一级类目 "大类"，二级类目 "中类"，三级类目 "小类"，四级类目 "细类"。比如空心砖可以按照 "墙体材料–砖–烧结砖–空心砖" 的原则来分类。

建筑产品应具备以下条件：有明确的型号、规格、等级等规定和标识方法；有完整的技术资料，包括技术说明书、图、检验规则和适用的标准体系等；只有规格尺寸和颜色的差别，而其他基本技术条件都是相同时，为一种产品；建筑配件，无论其是否组成整体，为一种产品。

（2）按照建筑工程分部分项工程分类　模型构件分类依据《建筑工程施工质量验收统一标准》GB50300—2013 中的分部工程、子分部工程和分项工程划分的原则进行分类。装饰工程模型元素类别可划分为建筑地面、抹灰、外墙防水、门窗、吊顶、轻质隔墙、饰面板、饰面砖、幕墙、涂饰、裱糊与软包、细部等模型类别，详见表 3 –1。

模型分类之后进行命名匹配，示例：地面–板块面层– CT01 –50、抹灰–一般抹灰–砂浆–20、饰面板–石板安装– ST0 –20 等。

表 3 –1　装饰工程模型元素类别及模型构件名称

序号	模型类别	模型构件名称
1	建筑地面	基层铺设、整体面层、板块面层、卷材面层
2	抹灰	一般抹灰、保温抹灰、装饰抹灰、清水砌体勾缝
3	外墙防水	外墙砂浆防水、涂膜防水、透水膜防水
4	门窗	木门窗安装、金属门窗安装、塑料门窗安装、特种门窗安装、门窗玻璃安装
5	吊顶	整体面层吊顶、板块面层吊顶、格栅吊顶

（续）

序号	模型类别	模型构件名称
6	轻质隔墙	板块隔墙、骨架隔墙、活动隔墙、玻璃隔墙
7	饰面板	石板安装、陶瓷板安装、木板安装、金属板装、塑料板安装
8	饰面砖	外墙饰面砖粘贴、内墙饰面砖粘贴
9	幕墙	玻璃幕墙安装、金属幕墙安装、石材幕墙安装、陶板幕墙安装
10	涂饰	水性涂料、溶剂型涂料、防水涂料
11	裱糊与软包	裱糊、软包
12	细部	橱柜制作与安装、窗帘盒和窗台板制作与安装、护栏扶手制作与安装、花饰制作与安装

3.1.3 BIM 技术在建筑装饰装修工程中的精度标准

建筑装饰装修工程信息模型细度由模型构造的几何信息和非几何信息共同组成。几何信息一般指模型的三维尺寸，而其余的一些工程相关信息为非几何信息，例如，工程项目信息中的工程项目名称、建设单位、勘察单位、设计单位、生产厂家、施工方案以及运营维护信息中的配件采购单位、联系方式等文本，以及一些生成厂商的网页链接，文档扫描件、多媒体文件等信息。

根据《建筑装饰装修工程 BIM 实施标准》（T/CBDA 3—2016）规定，建筑装饰装修工程信息模型细度可划分为 LOD200、LOD300、LOD350、LOD400、LOD500 的 5 个级别。信息模型细度分级见表 3-2，建筑装饰装修信息模型各阶段模型细度对照详见表 3-3。

表 3-2 建筑装饰装修信息模型细度分级表

序号	级别	模型细度分级说明
1	LOD200	表达装饰构造的近似几何尺寸和非几何信息，能够反映物体本身大致的几何特性。主要外观尺寸数据不得变更，如有细部尺寸需要进一步明确，可在以后实施阶段补充
2	LOD300	表达装饰构造的几何信息和非几何信息，能够真实地反映物体的实际几何形状、位置和方向
3	LOD350	表达装饰构造的几何信息和非几何信息，能够真实地反映物体的实际几何形状、方向，以及给其他专业预留的接口。主要装饰构造的几何数据信息不得错误，避免因信息错误导致方案模拟、施工模拟或冲突检查的应用中产生误判
4	LOD400	表达装饰构造的几何信息和非几何信息，能够准确输出装饰构造各组成部分的名称、规格、型号及相关性能指标，能够准确输出产品加工图，指导现场采购、生产、安装
5	LOD500	表达工程项目竣工交付真实状况的信息模型，应包含全面的、完整的装饰构造参数及其相关属性信息

表 3 – 3　　建筑装饰装修信息模型各阶段模型细度对照表

编码	名称	LOD100		LOD200		LOD300		LOD400		LOD500	
001	装饰机电	模型元素		模型元素	1.灯具 2.开关、插座 3.应急照明灯具 4.疏散指示灯、安全出口灯具	模型元素	1.同 LOD200 2.风口、烟感、喷淋、广播、检修口、通信、空调控制器、消防按钮、末端点位等	模型元素	同 LOD300	模型元素	同 LOD400
		几何信息		几何信息	设备大致尺寸、形状、位置	几何信息	同 LOD200	几何信息	1.包括 LOD300 的所有信息 2.设备详细安装尺寸信息,设备安装配件外形、尺寸信息	几何信息	1.同 LOD400 2.设备及末端点位安装精确尺寸及位置
		非几何信息		非几何信息		非几何信息	1.设备、金属槽盒等 2.应具有规格、型号、材质、安装或敷设方式,回路编号,设备编号、电气参数等非几何信息	非几何信息	包括 LOD300 的所有信息	非几何信息	1.根据项目需求,包括系统施工细节信息 2.按要求输入名称、材质、性能参数、安装信息、厂家信息及用途
002	装饰装修	模型元素		模型元素	1.地板 2.吊顶 3.墙饰面 4.梁柱饰面 5.天花饰面 6.楼梯饰面 7.家具 8.设备	模型元素	1.同 LOD200 2.室内构造 3.指示标志	模型元素	1.同 LOD300 2.实际形状、位置、尺寸	模型元素	同 LOD400

（续）

编码	名称	LOD100	LOD200	LOD300	LOD400	LOD500
002	装饰装修	几何信息	几何信息 1. 尺寸及定位信息 2. 类似形状，大致尺寸位置	几何信息 1. 包括 LOD200 的所有信息 2. 建模几何精度宜为 30mm	几何信息 1. 包括 LOD300 的所有信息 2. 建模几何精度宜为 20mm	几何信息 精确形状、位置、尺寸
		非几何信息	非几何信息 必要的非几何信息	非几何信息 包括 LOD200 的所有信息	非几何信息 同 LOD300	非几何信息 1. 包括 LOD400 的所有信息 2. 根据项目需求，包括如节点螺栓连接、防水、面层等施工细节及施工方式 3. 厂家、型号、编号信息及用途

3.2　BIM 技术在建筑装饰装修工程中的应用流程

3.2.1　BIM 技术在设计阶段的应用流程

如图 3-1 所示，在传统室内设计软件体系中，CAD 是将我们带到了计算机辅助设计时代的标志性工具，至此各类室内设计软件开始登场。然而室内设计软件相对于建筑设计来说，要单一很多，在传统流程中概念方案阶段可能只会使用二维或平面软件，更多的还是设计师的手绘表现。一般进行到方案设计阶段才会使用 SketchUp 或者 3ds Max 之类的三维渲染软件，但三维渲染软件中模型更大的意义在于制作动画或渲染效果图，它所承载的信息非常有限，对施工图的指导意义也仅仅存在于可视化上，存在很大的局限性。此外效果图的设计表现往往为了追求设计效果会使用一些夸张的视角和不真实的表达，甚至还会带来误导。再加上各种软件间数据兼容性不佳，很容易造成重复建模。而在施工图阶段，传统的室内设计软件无法在平、立、剖面图之间以及三维模型与图纸之间做到互相关联，一旦某一图纸做了修改，其他图纸必须得进行相应的手动修改，甚至重新绘制，稍有疏忽便很容易出现图纸之间的矛盾。

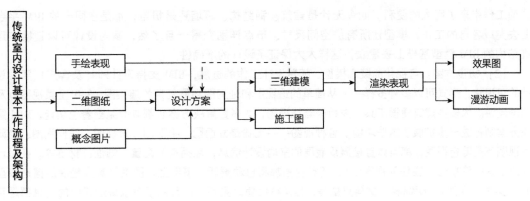

图　3-1

在基于 BIM 的室内设计软件体系中，传统软件体系中遇到的问题得到了有效的解决。BIM 软件不是简单的几何绘图工具，模型的创建也不再只是为了得到三维浏览动画或效果图表现，BIM 模型成为了大量集成化数据的载体，并且保持着实时性与一致性，贯穿建筑的全生命周期。设计师可以从繁重、费时的绘图任务中彻底解脱出来，数据间的关联大大提高了工作的效率，设计模型运用于大量的分析软件中更是有效地提高了设计的质量，轻松导出的明细表也让工程概预算的难题得到了很好的解决，如图 3-2 所示。

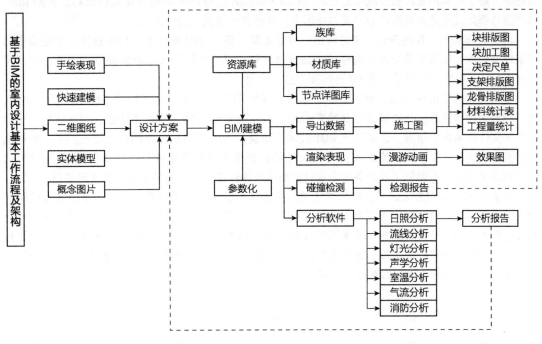

图　3-2

基本流程

（1）资料输入　接收建筑、钢结构、幕墙、机电等专业 BIM 模型等数据。

室内设计属于整个建筑装饰装修工程的末端，所以在室内设计前期需要大量的资料收集工作。其中包括建筑、钢结构、幕墙、机电等，几乎每个涉及的专业都会或多或少地影响室内设计，所以这些资料的掌握变得尤为重要。传统的室内设计中，拿到最多的是其他专业竣工图纸，图纸体系冗长，索引复杂，光是理清这些图纸就需要耗费大量的时间成本与人力成本；而 BIM 的出现给这项工作带来了巨大的便利。如今无论是建筑、钢结构、幕墙还是机电，都是在同一的 BIM 平台上去完成各自的工作，模型让所有的空间尺寸、节点详图变得一目了然，室内设计可以直接在建筑结构的 BIM 模型基础上去建立，这样大大保证了设计的准确性。

（2）初步方案：可视化的概念模型　随着设计工作的进展，BIM 支持设计师（及客户）实现设计的可视化，形式可以多种多样——从简单的透视图和轴测图到最复杂的渲染图、360°全景视图以及动画漫游。大多数建筑建模工具都支持隐藏线视图，大多数解决方案也都具有某些着色功能，BIM 解决方案则将进一步扩展了这些功能。各种视图——无论是立面图、平面图、透视图、线框视图、隐藏线视图还是着色视图，都可以直接展现底层的室内设计信息，包括空间配置、饰面、材质等。在设计师改变这些信息时（在任何视图中），所有视图都将自动更新。事实上，图纸（其实是底层信息模型的"实时"视图）、明细表、材料算量等，也同样会随之更新。项目的所有表现形式中的信息都是可靠的、协调的并且始终保持一致，这就是 BIM 的显著特征。BIM 支持设计师在自己的设计环境中（利用自己熟悉的用户界面）制作可视化效果图，无须使用专用工具就能够以三维方式实现设计的可视化，而且可以毫不费力地协调模型或图像。如此一来，设计师对于设计中各种选项的把控能力得到大大提升，无论是空间布局的调整，还是材料的更换，都变得更加直观，所见即所得。

（3）模型分析：方案优化　初步的设计方案完成后，客户和建筑师将共同决定应用哪种方案。在制定决策时，往往需要考虑多种因素：空间利用率、面积要求、审美、材料成本、采光分析、流线分析、灯光分析、声学分析、室温分析、气流分析、消防疏散分析等。其间，还要参考图纸、明细表、基于材料用量的初步成本汇总表（Cost Summary）等所有与项目相关的资料。借助 BIM，这些信息都体现在建筑模型的各种实时视图中，从而进一步优化设计方案。

（4）数据输出：视图表达，文件输出，数据提取　基于 BIM 的思想，BIM 软件在专业装修的三维建模阶段，记录了各个装修构件的详细数据信息，用于不同阶段的数据提取。因而设计师不必在 3ds Max 中出完效果图，再 2D 进行施工图的绘制。

在精细化施工指导方面，BIM 软件可以按照国家图集、标准规范进行算法编制及程序处理，支持部分结构的验算。其特有的碰撞检查功能，可以检测装修构件与设备管道、原始结构、三维家具等实体间的碰撞情况，这是目前 BIM 技术在建筑设计中应用最广泛的内容之一。在工程前期进行实体设计及方案验证，施工人员可以及时预见碰撞情况的发生并及时对施工图纸进行修正，从而在施工中有效地避免了因为各个专业交叉而导致的返工现象，为精细化施工奠定基础。

在装饰 BIM 模型生成后可自动提取所需的数据信息，统计各类材料的工程用量，并自动绘制材料统计表格。通过 BIM 模型获得准确的工程量统计，可以用于前期设计过程中的成本估算、在预算范围内不同设计方案的探索或者不同设计方案装修成本的比较，以及施工开始前的工程量预算和施工完成后的工程量决算。这大大减少了烦琐的人工操作和潜在的错误，有效地降低了成本，同时提高了装饰装修各个阶段的工作效率。

3.2.2　BIM 技术在深化设计阶段的应用流程

建筑装饰装修施工深化设计的目的是为了编制详细的施工方案、指导现场施工，优化施工流程和解决施工中的技术措施、工艺工法、用料问题，准确地表达施工工艺要求及施工作业空间，确保深化设计基础上的施工可行性，同时为进行全面的施工管理提供完整详细的数据。本阶段为设计方案的深化，目的在于研究如何将整体方案发展到各个局部之中，并找到材料效果、建造工艺和造价之间的最佳组合关系。本阶段将绘制详细的功能平面、家具布置平面、天花与灯具平面、立面、关键节点做法，以及特殊饰面的施工工艺与要求说明。这个阶段中，需要和其他设计顾问或公司（包括建筑、结构、灯光、视听、暖通、给水排水以及其他特殊设备设计公司）密切配合，以确保设计效果的整体性。

　　应用 BIM 后，在施工图设计模型和现场的三维数据基础上，创建深化建筑装饰装修模型，为后续的图纸会审、施工组织模拟、工艺模拟、施工交底、预制构件加工与安装等提供相关数据和工作基础；根据方案设计的各专业图纸深化模型；协助项目团队进一步确认设计的建筑空间和各系统关系，对设计进行初步检验，进行各专业间的碰撞检查，把检查报告和相应优化建议提交给项目公司及相关设计单位。在拿到设计方修改的图纸后，更新复合模型，优化项目设计，规避一些错误从而减少后期更改带来的浪费。

　　基于施工图的 BIM 模型是工程在设计阶段的信息集成，为后续深化设计调整提供准确的各专业汇总信息，更新模型为重大工程调整和中小工程调整提供信息整合的数据平台和工作节点，有助于工程各相关方在准确的项目信息的基础上进行深化调整、施工研讨、成本预估，做出准确的决策。应用 BIM 技术进行深化设计，获得模型数据精确、详细、指导性强。本环节的流程如图 3 –3 所示。

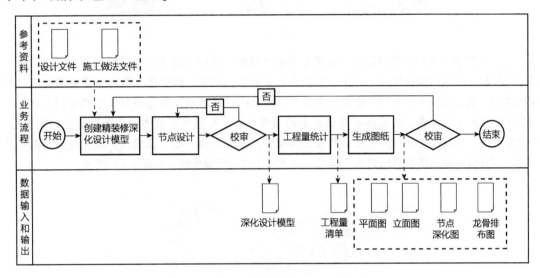

图　3 –3

3.2.3　BIM 技术在建造施工阶段的应用流程

　　在建筑装饰装修工程施工过程中，现场尺寸的准确反馈和面线、点位的精确定位对设计方案优化和施工控制极其重要，能为保证施工质量和最终效果打下坚实基础。作为 BIM 模型建筑装饰装修工程应用的重要一环，数字化施工技术采用三维扫描仪、全站仪等仪器，结合 BIM 模型进行现场的精准把控，特别是在超大空间、异形造型的建筑装饰装修工程施工中，弥补传统测量、施工方法的不足，在保证质量的基础上大大提高效率，降低成本。

1. 基本流程

　　（1）数据采集：现场土建三维扫描数据采集　建筑装饰装修工程施工入场后的第一件重要工作就是勘察土建结构，核对图纸与现场的偏差，为施工方案的完善和优化提供第一手的现场数据。目前，传统现场测量方法大都为人工拉尺，这在简单的空间区域内较为简便、实用，但涉及高大空间或异形结构时，就无法有效采集数据；但现在利用 BIM + 三维扫描技术，采用扫描仪提取现场数据，提供平面图与现场点云模型进行比对，实时发现现场与图纸偏差，及时修改施工图纸，保证图纸与现场的一致性，如图 3 –4 所示。

图　3-4

（2）BIM 模型与现场数据匹配：建筑装饰装修模型与现场土建点云数据进行匹配对比　点云模型是将利用三维扫描仪采集到的点云数据进行处理得到对的立体模型。数据采集原理和激光测距仪类似，通过仪器发射出的大量激光束全方位覆盖所扫描区域，通过返回的激光得到所照射到物体上的点的空间信息，这些点就像照片上的像素一样，在得到无数多个点的精确空间信息后，将其组合起来即可得出所扫描物体的整体三维模型，就像拍摄一幅立体照片。点云模型也和照片一样可以真实反映出所摄范围的实际情况，且是立体的、可操作的，如图 3-5 所示。

图　3-5

利用点云模型进行土建结构复合时，不仅可以将平面设计图纸与现场结构进行比对，还可以将 BIM 模型与现场点云进行比对，将模型模拟装配到现场点云模型中，碰撞调整。实时展示施工效果的同时还可发现设计与现场的冲突和偏差，及时整改，将问题消除在前期，如图 3-6、图 3-7所示。

图　3-6　　　　　　　　　　　　　　　　　图　3-7

（3）BIM 数据提取放线　对异形面线施放、安装点位或预埋点位的准确定位是数字化施工的优势，也是配合 BIM 模型施工运用的重要一环。它主要是通过坐标的形式将图纸、模型中的点在现场找定。

如上两节所介绍的，结构点云模型建立后与现场坐标系进行匹配统一，将 BIM 模型模拟装配到现场点云模型中后，BIM 模型中任意一个点位均可通过坐标表示，如图 3-8 所示。根据提取的坐标数据在现场即可通过全站仪放样找定对应的点位，如图 3-9 所示。

图　3-8

图　3-9

（4）BIM 模型下单　材料下单加工图的绘制出具是材料生产加工的重要前提，精确详细的下单图直接影响建筑装饰装修材料尺寸、造型与数量的精确性，继而影响最终的施工成本和质量。满足现场施工尺寸要求和材料分块的平面化表达是下单图的两大要素，虽然随着计算机应用水平的提高，数字化软件如 AutoCAD、3ds Max、SketchUp 等在建筑装饰装修业大量运用，但目前的施工下单图绘制方法主要还是依靠大量的人工测量操作来提供这两大要素的支撑；在面对大空间、复杂造型、涉及专业较多等情况时，无法及时有效地提供精确的下单图纸，并且复杂的异形材料也无法用平面图纸完美地表达清楚。

基于现场点云模型进行深化的 BIM 模型，从开始建立到最终通过模型审核这个不断完善的过程，其实就是现场施工模拟的过程。最终的 BIM 模型不仅满足现场施工尺寸要求，也合理地处理了各类材料和各专业施工的收口交接关系，如图 3-10 所示。此时，以 BIM 模型导出的下单图纸完全满足现场要求。

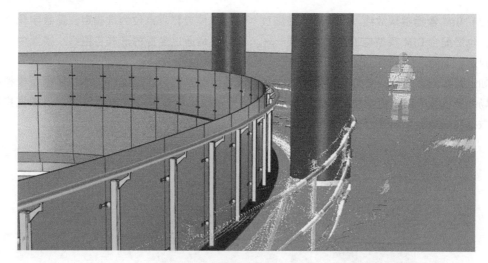

图　3-10

由于 BIM 模型参数化、三维可视化的特点，在最终的 BIM 模型中可直观地对材料进行排版分割，取得最优效果。例如，在某展厅模型（见图 3-11），对墙面石材拼花进行整体排版（见图 3-12），控制整体效果，最大程度保证模数化，最后利用 BIM 模型软件对材料分块进行统计，按照要求导出所需部位的材料图，即可作为下单图纸，十分快捷方便，如图 3-13 所示。这种操作还可适用于其他部位材料的下单。

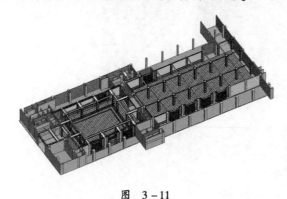

图　3-11

图　3-12

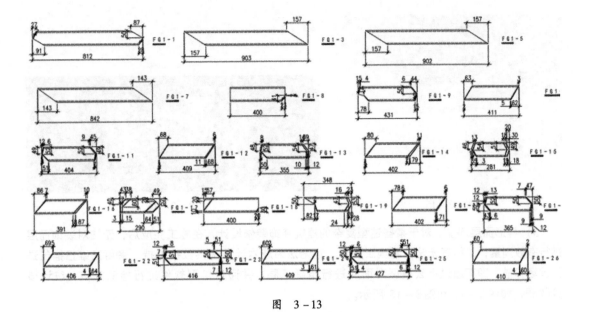

图　3－13

(5) 施工误差检测及数字化验收　在施工过程中实时检测复核、核定偏差，施工完成后进行验收是保证施工质量和效果不可或缺的环节。在面对高大异形空间造型施工时，传统方法无法及时有效地对完成部分进行数据采集和精度比对。结合 BIM 模型，通过对数字化测量原理的灵活运用，即可高效、精准地对已完成区域经行检测复核，并及时统计偏差区域和数据。下面介绍几种常用的数字化检测验收方法。

1) 进场材料检测。BIM 模型经过碰撞调整后即可排版下单，进行加工。进场的异形材料的造型尺寸是否满足模型和现场要求，可用手持扫描仪对材料进行扫描，将采集的实时数据与 BIM 模型进行比对，即可对材料尺寸质量进行精确把控，防止返厂造成的一系列成本浪费，如图 3－14 所示。

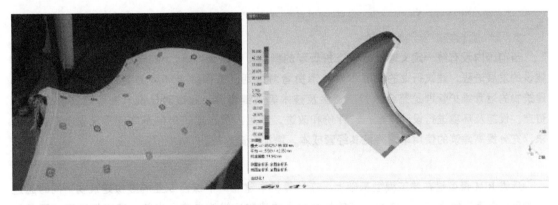

图　3－14

2) 曲面基层检测。在现场实际施工过程中，经常会根据结构直接制作基层，但对完成后的基层无法对尺寸等信息经行测量复核。通过全站仪对基层数据进行采集，如图 3－15 所示，即可得出现场基层面线尺寸，并可汇总成 CAD 图纸，以便多方运用，如图 3－16 所示。

图 3 – 15

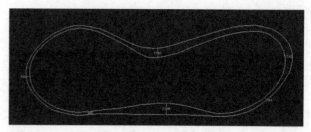

图 3 – 16

3）异形面层测量。对于某些造型复杂的建筑装饰装修设计，在施工完成后，无法对装饰面层进行有效测量，这样既无法检测施工质量，也无法为成本计算提供数据支持。采用三维扫描仪进行现场扫描，即可通过点云模型对面层进行精确还原，并通过模型软件进行检测复核，统计核算数据，如图 3 – 17 和图 3 – 18 所示。

图 3 – 17

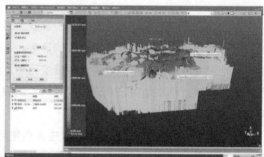

图 3 – 18

3.2.4 BIM 技术在运营维护阶段的应用流程

1. 建筑运营维护管理的定义

当前国内没有统一定义建筑运营维护管理的概念、范畴及内容。依据我国国民经济和城市化建设的发展进程，建筑行业的发展水平及消费者对生活、工作综合环境的要求程度，可以认为，建筑物的运营维护管理是整合人员、资金及技术等关键资源，通过对已投入使用建筑物的空间、资产、设施及环境进行设计、运行、评价和改进，满足人员在建筑中的基本使用及安全舒适的需求，充分提高建筑的使用率，降低其经营成本，增加投资效益。

2. 运维 BIM 建模内容

运维 BIM 模型是在竣工模型基础上，在计算机中建立一个综合专业的虚拟建筑物，同时通过运维平台管理系统形成一个完整、逻辑能力强大的建筑运维信息库。当前，运维管理系统更多的产品是针对机电专业，只有少量的装饰设备维修。运维 BIM 建模主要内容是根据业主需求进行运维模型的转换、维护和管理、添加运行维护信息等，根据使用功能与运维模块不同，建模内容有所不同。该运维信息库所具有的真实信息，不仅只是几何形状描述的视觉信息，还包含大量的非几何信息，如材料的强度、性能、传热系数，构件的造价、采购信息等，其运维包括运维数据录入与运维数据存储管理。

3. 建筑装饰装修改造运维管理

建筑装饰装修改造运维管理是在运维阶段，根据建筑装饰装修工程的特点通过运维平台管理系统进行综合，充分发挥建筑装饰功能和性能的运维管理。改造运维管理内容包括建筑物加固、外立面翻新改造、局部空间功能调整、内部改造装修、安全管理等方面；目的是使建筑更适合当前的使用需求。BIM 技术在本阶段的应用管理，涵盖设计阶段和施工阶段的 BIM 应用范围，也具有本阶段特有的 BIM 应用特征。

建筑装饰装修改造运维管理应用内容：依据基础数据源如运维 BIM 模型、竣工 BIM 模型、现场三维扫描数据、二维图纸等，根据业主的改造计划，制定维修改造实施方案，并依据基础数据创建项目改造实施方案 BIM 模型；利用改造实施方案 BIM 模型，分析改造实施方案的风险预警、改造实施时间及成本，对比不同施工工序的实施时间及成本，确认最优改造实施方案。在实施方案制定后，进行招投标，制定 BIM 应用策划方案，按照既有建造工程的 BIM 实施进行一系列的 BIM 应用，最终实现建筑装饰装修运维改造的全过程 BIM 应用。

本章练习题

一、单项选择题

1. 根据《建筑装饰装修工程 BIM 实施标准》（T/CBDA 3—2016）规定，建筑装饰装修工程信息模型细度可划分为（　　）级别。
   A. 3 个　　　　　B. 4 个　　　　　C. 5 个　　　　　D. 6 个
2. 下列属于模型细度表达缩写的是（　　）。
   A. LAD　　　　　B. LOD　　　　　C. LCD　　　　　D. LDD
3. BIM 建筑装饰装修设计阶段不包括（　　）。
   A. 方案设计　　　B. 初步设计　　　C. 设计方案比选　　D. 图纸会审
4. 在建筑装饰装修工程信息模型精度中，几何信息一般是指模型的（　　）。
   A. 三维尺寸　　　B. 数据分类　　　C. 数据信息　　　D. 实际形状

二、多项选择题

1. BIM 在建筑装饰装修工程全过程中的总体工作流程包含（　　）。
   A. 规划阶段　　　B. 组织阶段　　　C. 装饰设计阶段　　D. 装饰施工阶段
2. 建筑装饰装修 BIM 可视化表现包括的方面有（　　）。
   A. VR 体验　　　B. 模型漫游　　　C. 效果图　　　　D. 碰撞检测
3. 建筑信息模型各阶段细度包含（　　）。
   A. 模型元素　　　B. 构件元素　　　C. 几何信息　　　D. 非几何信息
4. 下列关于 BIM 技术在建造施工阶段的应用流程，描述错误的是（　　）。
   A. 利用 BIM 技术，将 BIM 模型与现场点云进行比对，展示施工效果的同时发现设计与现场的冲突和偏差，及时整改
   B. 利用 BIM 技术，在 BIM 模型中提取所需点位，配合施工放线
   C. 利用 BIM 技术，使用 BIM 模型直接出材料下单加工图
   D. 利用 BIM 技术，在施工过程中实时检测复核、核定偏差，施工完成后进行验收，保证施工质量和效果
5. 建筑装饰装修工程 BIM 实施标准包含以下（　　）。
   A. LOD100　　　B. LOD300　　　C. LOD350　　　D. LOD500

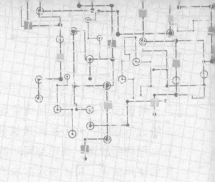

第4章 设计阶段 BIM 应用

4.1 方案设计阶段 BIM 应用

4.1.1 方案设计模型的创建

1. 二维平面图纸向三维模型升级

在传统的设计阶段，方案设计是在给定的二维建筑结构图纸上进行的空间设计，这个阶段的设计数据与现场是脱节的。随着 BIM 技术的不断推进，实际工程中的各个阶段不单单需要图纸，同时也需要模型数据的支撑。BIM 在绘制好建筑平面的同时赋予构件相应的信息，其剖、立面都无须另外绘制，这种自动生成的立面和剖面图实现了平、立、剖图纸的高度统一，如图 4-1、图 4-2 所示，将传统图纸 "对不上" 的问题降为零，同时省去了校图人员核对平、立、剖图纸的工作量。精装 BIM 体系的不断完善和发展，在提高设计深度的同时，使得设计师对方案的施工可行性有了更好的控制。

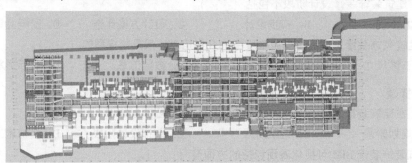

图 4-1

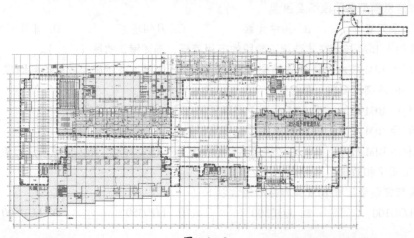

图 4-2

2. 天花模型综合应用

下面先就一个标准的室内空间天花来进行具体流程的阐述：首先通过三维激光扫描，检测天花（建筑底板）内的梁位、空调、消防、强电点定位图；对涉及的垂直度、平面度、偏移度，结合基于点云数据的模型验证，结合现场进行模型数据的对比纠偏、优化及效验（如图 4 – 3 所示），最终完成精准的天花基准 BIM 模型，如图 4 – 4 所示。

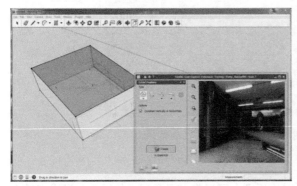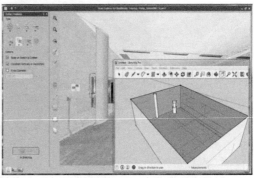

图　4 – 3

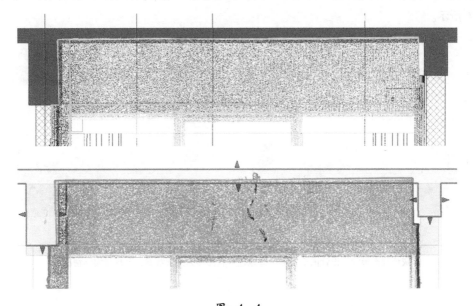

图　4 – 4

（灰色规则形状为设计图纸图形，青绿色点状图形为点云数据，即现场实际情况）

3. 参数化构建立面模型

酒店、办公类有室内立面的项目会涉及室内交圈幕墙。在点云复原建筑室内时，每一个立面元素都有不同的形式，需要考虑和解决的点也不一样。例如，投射的阳光越多，遮阳板越长，遮阳量越大，遮阳角度越大；另外，在立面上竖向的薄片也是一个遮阳构件，它们也会起到遮阳作用；这些遮阳构件减小了室内的制冷量，节省能源。这些遮阳构件构成特别的、复杂的立面，没有参数化模型是无法做到的，这个模型也会在每个设计阶段发挥作用，而 BIM 的参数化模型全面地应承了这一特点，如图 4 – 5 所示。

图 4-5

4. 洞口调整

利用点云数据与 BIM 模型进行对比，现场对比原则上可以将点云数据内的梁作为基准点结合墙面衔接处作为参照，通过对比，对预留门洞、机电管线、墙梁柱板及洞口的偏差优化调整，如图 4-6 所示。

图 4-6

（灰色规则形状为设计图纸图形　青绿色点状图形为点云数据，即现场实际情况）

5. 软装配饰、固定家具

利用 BIM 技术对墙地面进行纠偏与综合放线，如图 4-7 所示，使模型与现场的数据更为精准，再利用 BIM 模型结合现场进行家具定位实施，精准家具配饰放置位置，使建筑装饰装修工程真正达到精装效果，如图 4-8 所示。例如，通过对现场进行二次深化设计还原，可以知道墙面面板与家具是否存在位置碰撞的问题。

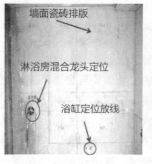

图 4-7

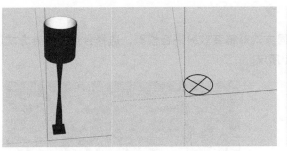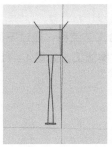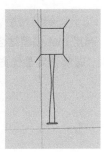

图　4 - 8

4.1.2　方案设计分析

1. 平面功能布局分析

基于 BIM 模型划分功能区，选择需要设置的功能区，进行方案设计多空间比选。敲定最终方案后可以对该分区的功能布局，结合 BIM 模型具体考虑该分区内消防、空调、梁位的布局，并配合后续建筑装饰装修放线、施工，如图 4 - 9 所示。

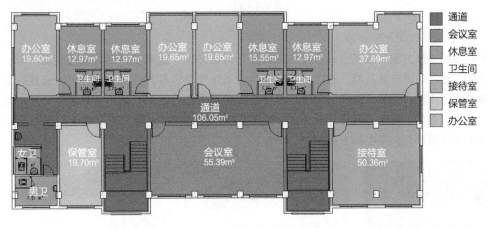

图　4 - 9

2. 天花吊顶及光源分析

利用 BIM 软件建立天花吊顶，与机电专业结合，进行天花顶面基层处理；利用 BIM 软件进行施工模拟，通过冲突检测及三维管线综合、竖向净空优化等基本应用，实现对施工图的多次碰撞优化；结合室内空间环境对光源的范围及照度等信息进行方案分析，统计相关数据，给定照明光源的方案，如图 4 - 10 所示。

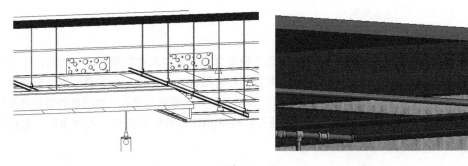

图　4 - 10

3. 地面铺装及物料分析

利用 BIM 模型结合工艺流程，通过不同方式对铺装效果进行模拟，选择合适的排砖方式以及用料，最终选定最优方案施工，如图 4 – 11 所示。

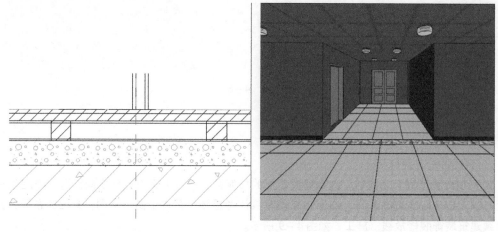

图　4 – 11

4. 活动家具与二次机电分析

二维平面机电施工图无法将空间尺寸和家具进行对比分析，造成软装摆场偏差问题严重，智能化专业在实际项目中进场又都比较晚，因此经常会出现管综没有预留足够的空间，最终导致出现预埋管线管径不够、预留点位和深化设计不符合要求的现象；进而，之后的建筑装饰装修会导致原机电设备和配件、插座、开关等所放置的位置不能有效地使用。这一系列偏差均可在 BIM 模型中优化并纠正偏差，如图 4 – 12 所示。

二次家电　　　　　　　　　　优化前　　　　　　　　　　优化后

图　4 – 12

4.1.3　方案经济性比选

1. 饰面材料比选（结合模型控制）

利用现场所获取的建筑数据，通过 BIM 软件模拟材料用量以及材料损耗率，例如，一面墙瓷砖湿贴需要 300mm × 600mm 的瓷砖刚好可以贴完，若使用 300mm × 450mm 的瓷砖则会有剩余，需要切割，这就会产生材料的损耗，如图 4 – 13 所示；同时对于墙面与顶面、地面的衔接需要利用材料裁切，同时也会产生材料的损耗。以上损耗可以利用 BIM 软件做出预估，为后面施工选出最优的材料比选方案，如图 4 – 14 所示。

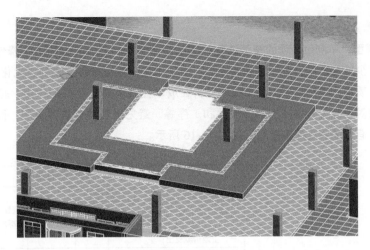

图 4-13

<方案A墙面砖清单>							
A	B	C	D	E	F	G	H
标记	类型	材质 名称	宽度	高度	面积	合计	注释
标准层	白色墙砖	白色墙砖	80	320	0.027	1	方案A
标准层	白色墙砖	白色墙砖	80	450	0.038	5	方案A
标准层	白色墙砖	白色墙砖	120	320	0.039	1	方案A
标准层	白色墙砖	白色墙砖	120	450	0.056	5	方案A
标准层	白色墙砖	白色墙砖	300	320	0.095	8	方案A
标准层	白色墙砖	白色墙砖	300	450	0.135	40	方案A
总计: 60						60	

<方案B墙面砖清单>							
A	B	C	D	E	F	G	H
标记	类型	材质 名称	宽度	高度	面积	合计	注释
标准层	白色墙砖	白色墙砖	390	160	0.063	1	方案B
标准层	白色墙砖	白色墙砖	390	300	0.116	8	方案B

图 4-14

2. 场外加工材料与现场基层施工

在施工现场利用点云数据扫描获取现场建筑结构信息，通过 BIM 模型结合现场获取的数据，对现场的硬装部分进行装修，需要在场外加工的定制型家具按照施工现场预留的尺寸进行加工，两边同时施工，节约时间、提高效率，如图 4-15 所示。

图 4-15

3. 目标成本控制

利用 BIM 模型，可制定合理的资源计划，减少资源浪费，减轻仓储压力，降低成本，进而优化设计方案，减少施工阶段由设计造成的返工。施工方案、管线排布方案经过优化用于施工交底，可提高工程施工质量，节约成本；动态成本分析在成本控制中起着重要的作用，基于 BIM 技术的动态成本分析将对象细化到楼层、部位构件和工序等，避免出现项目整体盈利，而某个部位或工序超支的现象，有效地实现成本控制，如图 4－16 所示。

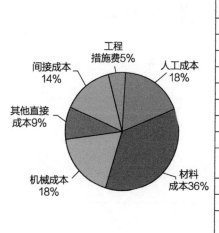

项目目标成本控制表				
建设项目名称：	制表单位：			
项目	成本标准	累计调整数（元）	调整后目标成本	备注
一、土地价款支出：				
1 政府地价及市政配套费				
1.1 支付的土地出让金				
1.2 土地开发费				
1.3 向政府交纳的市政配套费				
1.4 交纳的契税				
1.5 土地使用费				
1.6 耕地占用税				
1.7 土地变更用途和超面积补交的地价				
2 合作款项				
2.1 补偿合作方地价				
2.2 合作项目建房转入分给合作方的房屋成本				
3 红线外市政设施费				
3.1 红线外道路、水、电、气费用				
3.2 通信建造费				
3.3 管线铺设费				

图　4－16

4. 施工周期

BIM 三维可视化功能再加上时间维度，进行虚拟施工，可以随时随地、直观快速地将施工计划与实际进度进行对比。通过 BIM 技术结合施工方案，与现场进行比对，大大减少工程质量问题、安全问题，减少在施工阶段可能存在的错误损失和返工的可能性，如图 4－17 所示。

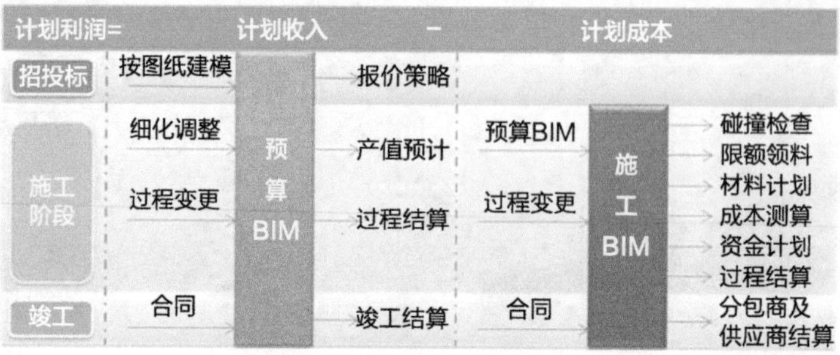

图　4－17

4.1.4　设计方案可视化表达

1. BIG 风格效果图

利用 BIG 分析图和效果图结合现场数据进行方案优化、施工优化，结合"导入数据——建立分析图——空间分析、整改——确定方案——最后效果"的过程，通过对三维空间、环境、物理等各因素进行可视化分析，修改、删除模块，优化空间效果，达到空间美观、舒适。

2. VR、AR 漫游体验，MR 增强现实

BIM 模型结合 VR、AR 技术，可通过三维动态视景去感知实体行为下的虚拟世界。借助虚拟现实技术，可以最大效果地了解展示内容。利用 MR 增强 BIM 建模渲染真实度，利用 VR 提升动作捕捉精度和显示分辨率，如图 4-18 所示。

图　4-18

3. 动画漫游

BIM 的三维模型数据统计和明细表统计优势明显，在进行建筑物模拟漫游时可以通过相关操作将这些数据更好地进行展示；实时更新并模拟施工和动画漫游，通过三方软件制作配音动画漫游，如图 4-19 所示。

图　4-19

4.1.5　工程造价估算辅助

1. 硬装主材估算辅助

利用 BIM 的算量技术对硬装部分的构件和相关主材做造价的估算。例如，在项目上的硬装材料从开始到结束，所用的墙砖、地砖、防水涂料、相关硬装构件等通过 BIM 模型优化后，根据构件的长度、宽度、厚度、数量等数据信息辅助估算工程量，如图 4-20 所示。

序号	房间	分类	项目	数量	单位	单价
75	卫生间	硬装材料	墙砖	157	块	￥8.00
76	卫生间	硬装材料	地砖	42	块	￥5.00
77	卫生间	硬装材料	花砖（淋浴区）	9	块	￥14.00
78	卫生间	硬装材料	防水涂料	1	桶	￥185.00
79	卫生间	硬装材料	901 胶水	1	桶	￥75.00
80	卫生间	硬装材料	吊顶	1	套	￥1,000.00
81	卫生间	硬装材料	移门	1	扇	￥420.00

图　4-20

2. 机电估算辅助

机房内的高低压配电柜、变压器、配电箱、柴油发电机及管线敷设的桥架等直接在 BIM 模型中进行安装、碰撞检查、优化，获取设备的相关功率和点位控制信息并进行优化，统计数据信息、估算工程量，如图 4-21 所示。

构件信息	计算式	单位	工程量
送风管 400×200	风管材质：普通钢管 规格：400×200	m²	31.14
送风管 500×250	风管材质：普通钢管 规格：500×250	m²	12.68
送风管 1000×400	风管材质：普通钢管 规格：1000×400	m²	8.95
单层百叶风口 800×320	风口材质：铝合金	个	4
单层百叶风口 630×400	风口材质：铝合金	个	1
对开多叶调节阀	构件尺寸：800×400×210	个	3
防火调节阀	构件尺寸：200×160×150	个	2
风管法兰 25×3	角钢规格：30×3	m	78.26
排风机 PF-4	规格：DEF-I-100AI	台	1

图　4-21

3. 给水排水估算辅助

利用 BIM 做出的功能分区，结合模型与现场数据安装给水排水设备、管道及相关的附件、阀门，对管道做防护措施及管道的保温隔热。利用 BIM 模型进行碰撞检查、分析优化，进行相关的设备管件用量统计，辅助工程量计算，如图 4-22 所示。

明细表: 风管明细表 2 -

风管明细表 2					
layer	尺寸	长度	面积	合计	保温面积
PAD	750x400	1371	3 m²	1	35637.67 cm²
PAD	750x400	8544	20 m²	1	222071.45 cm²
PAD	750x400	1440	3 m²	1	37417.30 cm²
PAD	750x400	911	2 m²	1	23680.19 cm²
		14352	33 m²	7	
850x400					
PAD	850x400	5957	15 m²	1	168283.67 cm²
PAD	850x400	727	2 m²	1	20545.64 cm²
PAD	850x400	8178	20 m²	1	231025.55 cm²
PAD	850x400	953	2 m²	1	26927.26 cm²
PAD	850x400	532	1 m²	1	15041.05 cm²
PAD	850x400	1218	3 m²	1	34398.20 cm²
PAD	850x400	490	1 m²	1	13854.78 cm²
		18056	45 m²	7	
900x400					
PAD	900x400	2924	8 m²	1	85921.17 cm²
PAD	900x400	4615	12 m²	1	135578.02 cm²
		7539	20 m²	2	
900x500					
PAD	900x500	301	1 m²	1	9536.12 cm²

明细表: 管道明细表 -

管道明细表			
LAYER	尺寸	长度	合计
CHWR	100	9447	1
CHWR	100	13	1
CHWR	100	1338	1
CHWR	100	1410	1
CHWR	100	175	1
CHWR	100	187	1
CHWR	100	4	1
CHWR	100	340	1
CHWR	100	2239	1
CHWR	100	2695	1
CHWR	100	498	1
CHWR	100	3380	1
CHWR	100	1057	1
CHWR	100	223	1
CHWR	100	1676	1
CHWR	100	1444	1
CHWR	100	217	1
CHWR	100	3673	1
100: 19		36209	19
150			

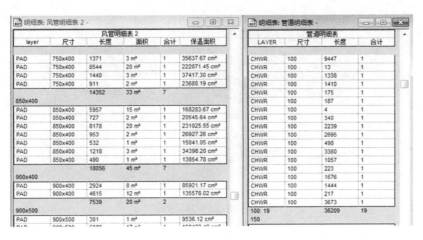

图 4-22

4. 新风空调估算辅助

利用 BIM 做出的功能分区，结合模型与现场数据安装给水排水设备、管道及相关的附件、阀门，对管道做防护措施及管道的保温隔热，利用 BIM 三维进行碰撞检查、分析优化，进行相关的设备管件用量统计，辅助工程量算量，如图 4-23 所示。

〈风管明细表〉							
A	B	C	D	E	F	G	H
族与类型	宽度/mm	尺寸/mm	当量直径/mm	流量	面积	风压	合计
矩形风管:半径弯	150	150×250	210	0.0m³/h	1m²	0.0Pa	1
矩形风管:半径弯	160	160×500	298	624.0m³/h	0m²	2.8Pa	52
矩形风管:半径弯	200	200×160	195	0.0m³/h	0m²	0.0Pa	45
矩形风管:半径弯	200	200×160	195	0.0m³/h	1m²	0.0Pa	17
矩形风管:半径弯	200	200×160	195	0.0m³/h	2m²	0.0Pa	69
矩形风管:半径弯	200	200×160	195	0.0m³/h	3m²	0.0Pa	10

图 4-23

4.2 施工图设计阶段 BIM 应用

4.2.1 设计模型的完善（模型深化设计）

施工阶段与方案阶段的 BIM 模型相比，模型本身的精度已经精准地把整个虚拟建造中出现的碰撞、收口、工艺、节点等细节全部模型化。施工阶段的模型已经到达节点级精度（LOD400），并且还具备完整的信息数据，为施工过程中成本、监管、物料、验收、运维等环节提供支持。

1. 装饰面层、龙骨阶段

在 BIM 模型深化过程中，设计师可以利用 BIM 模型在任意的视角上推敲设计，确定材料材质、饰面颜色、灯光布置、龙骨固定设施等，从而对设计进行细致的分析，保证深化施工设计的质量，如图 4-24 所示。

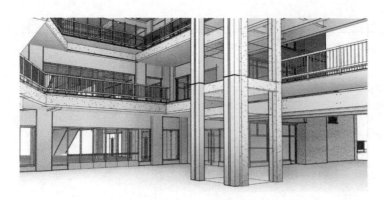

图 4-24

2. 立面造型及收口处理

二维平面在立面造型和收口的处理上缺少立体点位数据信息，通过 BIM 模型结合现场获取的数据进行现场立面造型比对，直观显示立面造型，即利于固定家具与二次机电优化的最佳方案，BIM 通过相关数据实时进行优化、显示细部收口节点，显示建筑、结构、二次机电与装饰工艺工法的实施效果。同时在具备完整模型的前提下

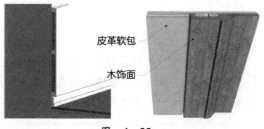

图 4-25

"三维优化转二维深化施工图——选择材料——确定工艺——选择合适的收口方式——收口处理"直接在 BIM 中模拟施工流程，预先在模拟中发现问题，发挥虚拟模型的可见性优势，进行空间冲突检测，如图 4-25 所示。

3. 节点

利用 BIM 模型根据施工现场出具节点图，节点图应符合施工深化设计要求；对各装饰面的细部构造进行模型完善，并符合施工工艺流程；最后结合模型出具施工深化节点图，如图 4-26 所示。

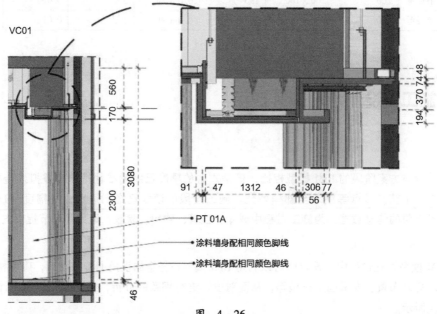

图 4-26

4.2.2　碰撞检查及净空优化

传统 2D 图纸中即使做设计深化也很难考虑到各专业间的碰撞，它往往依靠的是设计人员的个人空间想象能力以及经验，所以很容易造成疏漏或者错误，无形中增加了设计变更的频率，造成了额外费用的增加。通过 BIM 技术中的碰撞检查功能，可以将设计中各自专业及各专业间的碰撞全部反馈给设计人员，同时自动生成检查结果报表，让项目参与各方以报表为依据进行及时有效的沟通与协调，减少设计变更及施工返工的现象，大大提高实际工作效率、降低额外成本，缩短工期，如图 4 - 27 所示。

图　4 - 27

4.2.3　机电末端位置调整

1. 天花二次机电调整

天花吊顶在保持照明合理的前提下，需要考虑消防喷淋烟感与射灯的位置关系。天花检修口位置、空调出风口、回风口位置优化需与灯带结合。根据现场的实际施工状况进行第二次施工优化调整，如图 4 - 28 所示。

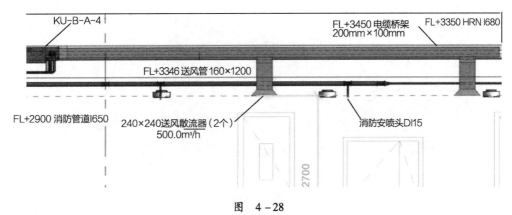

图　4 - 28

2. 墙面二次机电与固定家具及墙面造型位置调整

墙面根据标准、规范做二次机电调整，机电末端的位置与家具、墙面造型之间的点位控制应满足空间内的人体工程学。

4.2.4 设计出图与统计

1. Revit

利用 Revit 绘制规范的模型系统，将建筑、结构、机电模型细化完善，做出达到出图要求的建筑装饰装修模型。再通过 Revit 的出图功能出具相关的深化施工图和数据、材料统计表，如图 4 – 29 所示。

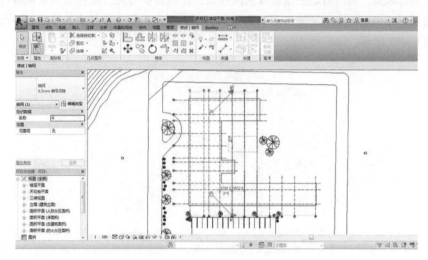

图　4 – 29

2. Rhino

Rhino（犀牛）具有强大的曲线建模功能。利用 Rhino 精确地制作所有用来渲染表现、动画、工程图、分析评估以及生产用的模型，作为辅助软件出具建筑模型并统计相关数据，如图 4 – 30 所示。

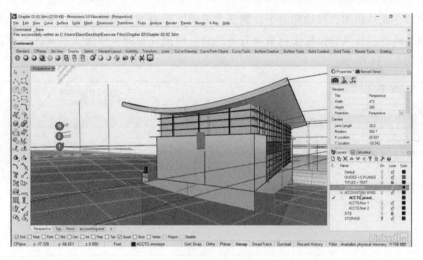

图　4 – 30

3. SketchUp

平面是 CAD 的长项，但立体模型做起来比较困难，而 SketchUp 可以非常方便地生成立体模型，如图 4 – 31 所示。

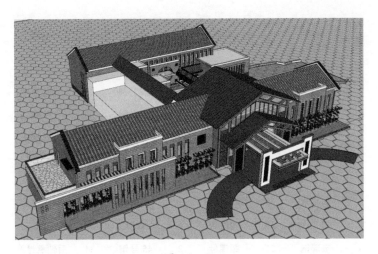

图 4−31

4. ArchiCAD

ArchiCAD 的建筑信息模型是一个包含了全部信息的 3D 中心数据库，可以跟踪建造一个建筑所需的所有组成部分，结合 CAD 的平面制图优势，利用 dwg 文件格式进行交互，出具二维平面图；在 ArchiCAD 中创建数据信息模型，利用其智能化的设计评估和变更管理一体化做相关的改动，深入建筑内部，感受建筑内部空间效果并可进行相关数据的统计，如图 4−32 所示。

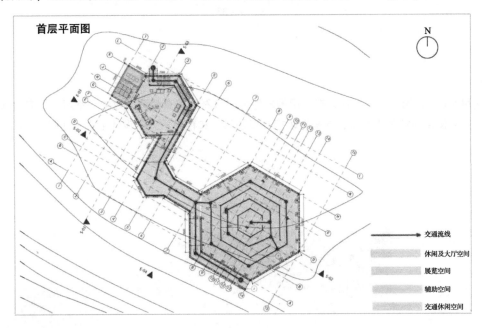

图 4−32

4.2.5 结合模型出具材料清单

制作精装 BIM 模型，将所需要的构件融入工艺流程，制作符合规范和要求的模型系统，再通过模型出具材料清单，如图 4−33 所示。

序号	名称	数量	材料	序号	名称	数量	材料	序号	名称	数量	材料
1	泵壳端盖	1	玻璃钢	14	B-25油杯	1	组合件	27	泵体垫片	1	氟橡胶
2	叶轮拼帽	1	模压玻璃钢	15	机架	1	HT20-40	28	六角螺母	4	A3
3	防腐垫片	1	聚四氯乙烯	16	轴承压管	1	20号钢	29	垫圈	4	A3
4	叶轮	1	玻璃钢	17	后滚动轴承	1	组合件	30	六角螺栓（配垫片）	1	A3
5	泵体	1	玻璃钢	18	轴承压圈	1	HT20-40	31	油标	1	有机玻璃
6	压紧螺套	1	玻璃钢	19	泵联轴器	1	玻璃钢	32	六角螺栓	4	A3
7	WB$_2$型机械密封	1	组合件	20	弹性块	1	橡胶	33	垫圈	4	A3
8	轴套	1	玻璃钢	21	圆螺母	2	45号钢	34	后轴承封盖	1	HT20-40
9	防腐垫片	1	聚四氯乙烯	22	电机联轴器	1	玻璃钢	35	六角螺栓	8	35号钢
10	泵轴	1	45号钢	23	电动机	1	结合部	36	垫圈	8	A3
11	前轴承封盖	1	HT20-40	24	防腐螺母	16	模压玻璃钢	37	底座	1	HT20-40
12	SG油封盖	2	耐油橡胶	25	防腐垫片	16	聚四氯乙烯	38	六角螺栓	4	A3
13	前滚动轴承	1	组合件	26	双头螺柱	8	A3	39	垫圈	4	A3

图 4-33

4.2.6 模拟效果展示

1. Enscape

使用 Enscape 无须导入文件，在常用的软件中即可看到逼真的渲染效果，不用记忆各种参数的用法，直接使用一键渲染即可，这样可以把更多的时间和精力投入到设计中去，如图4-34所示。

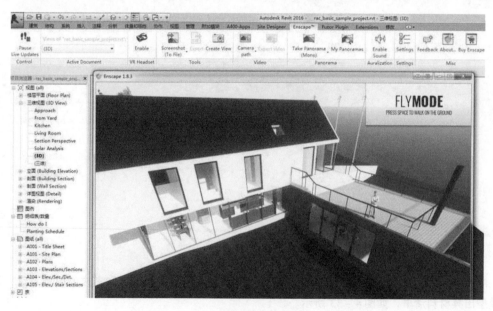

图 4-34

2. Lumion

Lumion 可突出动画的模拟效果，渲染速度快，对渲染效果的修改较为便捷、简单，如图 4 – 35 所示。

图　4 – 35

3. Twinmotion

与传统的漫长渲染过程相比，Twinmotion 具有极快的渲染速度，可在几秒钟内导出高质量图像、视频和 360°全景文件，如图 4 – 36 所示。

4. Synchro software

在 4D 环境中，Synchro software 可以将人员、施工机械、材料、空间与进度计划连接起来，并且与初始计划（Baseline）做动态对比。通过软件快速检测模型碰撞、4D 路径动画，可提高装饰施工的精准度；利用软件多窗口、多任务比较的优势对装饰模型进行模拟比较，可以降低风险，做出正确的决策和方案。Synchro software 侧重于施工现场进度的计划、管理、交付，利用 Synchro software 进行静态和动态碰撞检查，同时与模型、计划同步，可做出施工模拟动画展示，如图 4 – 37 所示。

图　4 – 36

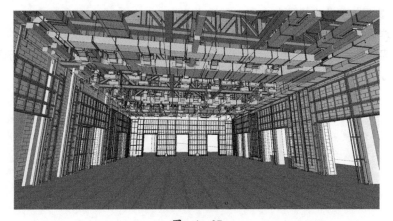

图　4 – 37

❧❧❧ 本章练习题 ❧❧❧

一、单项选择题

1. 在设计阶段中，平面图的深化设计需要添加（　　）。
   - A. 图形
   - B. 标签
   - C. 标注、标记、符号
   - D. CAD 图纸

2. 下列关于 BIM 技术在方案设计分析阶段的应用，描述错误的是（　　）。
   - A. 二维平面图纸向三维模型升级
   - B. 基于点云数据的模型验证，结合现场进行模型数据的对比纠偏、优化及校验
   - C. 参数化构建三维 BIM 模型
   - D. 利用 BIM 的算量技术对实际施工中硬装部分的具体构件和相关主材做造价清单统计

3. 建筑装饰装修模型的立面造型和收口处理可以在 BIM 中模拟施工流程，这一特性有（　　）优势。
   - A. 发挥虚拟模型易修改的便捷性
   - B. 发挥虚拟模型的可视化性和空间冲突检测
   - C. 发挥虚拟模型的参数化性
   - D. 发挥虚拟模型的一体化性

4. BIM 对二次机电的整改具有（　　）的优势。
   - A. 模型的可视化修改
   - B. 模型的参数化整改
   - C. 优化、纠正偏差，精准设计模型
   - D. 三维模型与二维平面转换的便捷性

二、多项选择题

1. 施工现场的洞口调整基于点云数据与 BIM 模型之间的对比，通过对比对（　　）进行优化调整。
   - A. 预留门洞
   - B. 机电管线
   - C. 墙梁柱板
   - D. 洞口的偏差

2. BIM 在模型的立面应用中，不包括下列（　　）内容。
   - A. 参数化模型
   - B. 具有渲染效果的模型
   - C. 预留洞口的模型
   - D. 信息完备的模型

3. 建筑装饰装修 BIM 模型在天花的具体流程中涉及内容的（　　）方向。
   - A. 垂直度
   - B. 平面度
   - C. 偏移度
   - D. 平行度

4. 天花吊顶及光源分析需要通过（　　）实现对施工图的多次碰撞优化。
   - A. 冲突检测
   - B. 信息参数整改
   - C. 三维管线综合
   - D. 竖向净空优化

5. 传统的家居智能化应用具有（　　）的缺点。
   - A. 预埋管线管径不够
   - B. 路径冲突、碰撞
   - C. 在实际项目中进场较早
   - D. 预留的点位和深化设计不符合要求

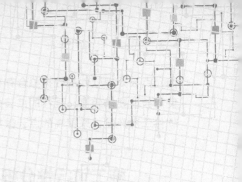

第5章 施工准备阶段 BIM 应用

5.1 施工现场测量

施工测量现场主要工作有长度的测设、角度的测设、建筑物细部点平面位置的测设、建筑物细部点高程位置的测设和侧斜线的测设等。测角、测距、测高差是测量的基本工作。

建筑装饰装修施工数据测量、平面控制测量必须遵循"由整体到局部"的组织实施原则，以避免放样误差的积累。大中型的建筑装饰装修施工项目，要先充分复核、运用施工现场土建提供的建筑物施工控制网，以建筑物平面控制网的控制点为基础，测设各个空间内装饰面的主控制轴线。传统建筑装饰装修施工放线的工具有激光投线仪、全站仪、经纬仪、水准仪等。

建筑装饰装修施工数据测量是为使精装模型更依托实际尺寸，避免由于施工误差导致的尺寸偏差影响精装模型，利用传统测量方法或三维扫描等方法，为 BIM 模型搭建提供原始数据并获取原建筑模型的过程。现场尺寸数据的复核对于 BIM 与建筑装饰装修工程的结合尤为重要。测量的方法主要有以下几种：

1）传统方式测量数据。一般由设计人员到拟装修的建筑中进行现场勘测并进行综合考察，再由绘图人员绘制 CAD 图纸。传统的原始建筑尺寸的测量包括：地面尺寸、天花尺寸、立面尺寸、灯具位置、开关插座位置、给水排水管道等。新建工程以梁的位置作为天花顶面的标准，改建工程应注意原有结构，因为这些结构可能会影响天花吊顶的装饰。传统的原始建筑尺寸获取方式较为繁杂，记录数据量大，容易产生误差，且使用人工量大。

2）全自动三维建筑测量仪。全自动三维建筑测量仪是传统直线测量的一种升级——利用红外技术自动（或手动）获取空间数据。其获得的数据是空间的、三维的点数据，其点密度介于传统测点和三维激光扫描仪的点云数据之间。这种设备不仅可以获取原始数据，还可以配合图纸放样，同时具有快速创建铅锤、快速点位放样、快速平行线放样、抄平测量、高度标定、高度跟踪等多种用途。测量距离在 30～50m 之间，精度可以达到 1mm。仪器支持 dxf、csv 文件导入，dxf、csv、txt、jpeg 文件导出，为制图、建模提供了原始三维数据。但是这种点数据缺少数据处理软件，直接导入 BIM 建模软件中可处理性较小、实用性低。

3）三维激光扫描技术。近年来，三维扫描技术逐渐发展创新并与 BIM 技术深度结合。通过三维扫描仪可在短时间内测量原始建筑尺寸，生成的点云、图纸及模型可以导入 BIM 相关软件。利用三维扫描仪获取彩色点云数据，利用点云处理软件进行配准，通过插件导入 BIM 软件生成模型。对于改建工程，应用三维扫描技术可大大节省原始数据获取的时间、人力及物力。

利用三维扫描技术获取的点云数据的数据量大且不规整，若直接导入常规建模软件中则无法生成可行性高的实用模型，故需要通过点云数据处理软件对点云进行加工整合，再生成模型。然而，点云处理软件的数据拟合存在一定的误差，且对后期校准的精度要求较高，同时也对仪器的使用技能要求较高，现存的点云处理软件依然存在一定的不足，各公司可以按照需求的不同进行软件二次开发，来提高的点云数据的实用价值。

5.2 施工可行性分析

施工可行性分析及优化是指为使深化设计模型与现场施工对接，在已建立的深化设计模型的基础上，利用 BIM 碰撞检查、净空分析控制等手段，优化施工工艺、施工顺序，以提高施工的可行性。

工程中实体相交定义为碰撞，实体间的距离小于设定公差，影响施工或不能满足特定要求也定义为碰撞，分别命名为硬碰撞和软碰撞。硬碰撞：所建模型构件在空间关系中存在着交集或交叉重叠现象。这种碰撞类型在设计阶段极为常见，发生在综合天花、空调管道和给水排水管道等之间。这种碰撞是最需要避免的。施工中会导致各种管线无法实际安装，造成返工，延长周期，大幅提高施工成本。软碰撞：实体与实体在空间上并不存在交集，间距小于设计时设定的公差时，即被认定为软碰撞。该类型碰撞检查主要出于安全、施工便利等方面的考虑，相同专业间有最小间距要求，不同专业之间也需设定最小间距的要求，同时还需检查管道设备是否遮挡墙上安装的插座、开关等。

5.2.1 BIM 可行性分析及优化目的

碰撞检查在 BIM 技术中担任着非常重要的角色。众所周知，一个项目中不同专业、不同系统之间会有各种构件交错穿插，尤其在做机电相关工作过程中很容易出现管线交叠重复的情况，从而影响进度和成本。通常情况下，设计人员会在施工前做碰撞检查，但图纸具有的局限性并不能全面反映碰撞的各种情况。为避免这些不必要的问题，利用 BIM 技术的可视化功能进行碰撞检查，可以及时发现设计漏洞并及时调整、反馈，提早解决施工现场问题，以最迅速的方式解决问题，提高施工效率，减少材料和人工的浪费。

5.2.2 BIM 可行性分析软件特性

1）基于三维图形的技术。碰撞检查软件基于三维图形技术，能够应对二维技术难以处理的空间维度冲突，这就是显著提升碰撞检查效率的主要原因。

2）支持三维模型的导入。碰撞检查软件大部分自身并不建立模型，需要从其他三维设计软件如 Revit、ArchiCAD、MagiCAD、Tekla、Bentley 等建模软件导入三维模型。因此，广泛支持三维数据交换格式是碰撞检查软件的关键能力。

3）支持不同的碰撞检查规则，可以帮助用户更好地控制碰撞检查的范围。

4）具有高效的模型浏览效率。碰撞检查软件集成了各个专业的模型，模型的显示效率更高，功能更好。

5）具有与设计软件交互的能力。碰撞检查的结果可以反馈到设计软件中，帮助用户快速定位碰撞问题并进行同步修改。

5.2.3　BIM 碰撞检查与优化的主要内容

1. 轻质隔墙与原建筑梁、板的碰撞

由于土建工程往往存在很大的施工误差，故原室内方案设计隔墙位置、尺寸可能会与现场实际原结构存在碰撞，故需要对设计模型与现场获取的原建筑模型进行碰撞检查。

2. 暖通设备、给水排水管道与强弱电桥架管线的碰撞

机电各专业的综合碰撞是 BIM 技术领域的重要应用点。利用 BIM 技术进行管线综合，不仅要考虑管线空间位置，还要考虑机械设备的入场顺序，以及一些硬性规定，如有些项目特定要求风机盘管位置不可调整等。常规室内装修机电调整，首先保证暖通设备位置，其次保证给水排水管道空间（尤其坡度管的空间位置），最后根据强弱电终端位置适当调整强弱电桥架和线管位置。

3. 机电各专业与综合天花的碰撞

机电各专业的管线综合调整之后，还要将各专业与天花吊顶、结构顶板进行碰撞检查，保证机电设备的安装空间及房间净空（天花吊顶位置）。进行这种碰撞分析时，天花工程不仅包括天花龙骨及天花饰面造型，还要包括基于天花的灯具、消防设备等终端设备（设备大尺寸要与供货厂家一直），检测时还要保证机电构件与基于天花的构件不会产生碰撞。

4. 饰面板与基层构件的碰撞

进行饰面板与基层构件的碰撞，是调整饰面基层做法、工艺的基本手段。深化设计阶段，一般情况下饰面做法都是不可变的，所以进行这种碰撞检查的主要目的是进行饰面基层做法的空间位置、尺寸及细部构造的调整，这也是深化设计重中之重的工作内容。

5. 专用设备与饰面材料的碰撞

进行专用设备与饰面材料的碰撞的主要目的是确定并调整专用设备与饰面材料的连接构造（一般要在饰面材料上确定孔位），确定打孔位置及尺寸等。

6. 检测施工可行性的软碰撞

软碰撞的主要目的是保证施工空间，其中包括机电设备软碰撞、饰面基层做法软碰撞等。进行软碰撞，及时发现施工难点，考虑使用新施工工艺，或者重新调整空间以保证施工空间。

7. 幕墙与结构之间的碰撞

异形建筑中，幕墙一般基于整体外表面控制点下材料及安装，而异形结构容易产生偏差，在空间上与幕墙产生冲突，为保证材料及控制点的正确性，必须提前进行碰撞检查，这也是深化设计中的重要环节。

5.2.4　BIM 碰撞检查与优化流程

可进行碰撞检查的软件种类繁多，功能较多，常见的碰撞软件有 Navisworks、Fuzor、MagicCAD 等，也有一些建模软件自带碰撞检查功能，可根据具体情况和要求进行适当选择，基本流程如下：

1）选择要进行碰撞检查的构件。

2）选择碰撞检查容许的误差。

3）运行碰撞检查。

4）导出碰撞检查报告。

5）组织 BIM 会议，根据碰撞检查报告，讨论碰撞原因和可优先调整的位置。

6）依照会议决策优化模型。

7）重新进行碰撞检查，检查是否有修改遗漏。

8）进行碰撞优化分析，并生成报告。

5.2.5　BIM 碰撞检查的优势

对于大型、复杂的建筑装饰装修项目，采用 BIM 技术进行三维综合设计有着明显的优势及意义。BIM 模型是对整个建筑设计的一次"预演"，建模的过程同时也是一次全面的"三维校审"过程。在此过程中可发现大量隐藏在设计中的问题，这些问题往往不涉及规范，但跟专业配合紧密相关，或者属于空间高度上的冲突，在传统的单专业校审过程中很难被发现。与传统管线综合对比，BIM 碰撞分析的优势具体体现在：

1）BIM 模型将所有专业的模型放在同一模型中，对专业协调的结果进行全面检验，专业之间的冲突、高度方向上的碰撞是考量的重点。模型均按真实尺度建模，传统表达予以省略的部分（如管道、保温层等）均得以展现，从而将一些看上去没问题，而实际上却存在的深层次问题暴露出来。

2）装修及设备全专业建模并协调优化。全方位的三维模型可在任意位置剖切大样及轴测图大样，观察并调整该处管线的标高关系。

3）BIM 技术可全面检测管线之间、管线与装修之间的所有碰撞问题，并反映给各专业设计人员进行调整，理论上可消除所有管线碰撞问题。

4）利用软件进行碰撞检查，速度快且数据精准。BIM 模型都是按照精确实际尺寸建立，故碰撞报告数据精准，并可以通过调整碰撞公差进行范围控制，可操作性强。软件检测在解放人力的同时，还有速度快的优点，过程并不繁复，易于操作。

5.3　施工模拟

施工模拟是指利用 BIM 技术，把施工方对施工整体方案或项目难点所指定的专项方案在虚拟环境中进行推演，分析不合理施工环节，从而对方案进行优化。

5.3.1　施工方案模拟

施工方案模拟的目的是提前发现设计漏洞、图纸缺陷、施工方案缺陷、大型设备调用冲突、物料调配不合理、人员安排不合理、施工重大风险和安全隐患等问题，从而能够在实际施工前及时进行调整。

1. 施工方案模拟的分类

（1）整体施工方案模拟　整体施工方案模拟分为全专业整体施工方案模拟、单专业整体施工方案模拟，其重点偏向于施工整体技术路线的选择和优化。如图 5-1 所示为整体方案施工模拟操作界面。

（2）场布临设方案模拟　场布临设方案模拟是对施工场地布置进行模拟，分析大型设备布置、物料堆放、用水用电等内容的合理性，并进行分析优化。

（3）施工进度模拟　施工进度模拟是对整体施工进度，或按专业、按技术条线、按施工区域等分部分项进行模拟。进度模拟一般需要贯穿从施工准备阶段到竣工阶段，按照施工计划和实际进度的对比不断做出调整、模拟、再调整的循环，侧重对人力、物流、资金等内容做出预估，从而提高工程管理质量。

图　5-1

（4）专项施工方案模拟　专项施工方案模拟是对施工重点、难点进行单独的方案模拟，或对多个方案中进行模拟后比选，偏向于技术方案的论证。例如，特色造型电视柜安装方案模拟、新工艺天花吊顶安装方案模拟等。

（5）专用设备施工方案模拟　专用设备施工方案模拟特别针对一些有特点的或独有的特殊建筑装饰装修构件施工方案，用于指导施工经验、施工能力参差不齐的工人进行复杂或与常规安装方式不同的专用设备安装。例如，特色小吧台安装方案模拟、隐蔽保险柜安装方案模拟等。

在施工方案模拟后，根据所得到的具体结果进行多方面的调整，如工程整体部署、施工方案比选、施工进度计划调整、人员设备调动、多专业工作协调等，最终达到降低施工风险、提高施工质量、降低人力物力成本、缩短工期、规避安全风险的目的。

2. 施工方案模拟实施注意点

（1）越早进行施工方案模拟，收益越高　不同于其他 BIM 应用点，BIM 施工方案模拟贯穿项目始终，尤其是对资源调配效率提高的帮助，对整个工程影响巨大，对项目资源使用的预估也比传统管理方式效率和精度更高。所以无论是哪个阶段、哪种类型的施工方案模拟，都应尽早实施。

（2）准确的模拟结果需要准确的 BIM 模型　BIM 施工方案模拟的价值取决于它实行的时间和结果的准确性，而结果的准确性则取决于 BIM 模型及其录入信息的准确性。所以，在进行施工方案模拟前，要确保 BIM 模型的准确完整，每个阶段都需要对 BIM 模型及其附带信息及时更新调整，否则模拟结果没有实际参考价值。

（3）施工方案模拟需多方协同　因为施工方案模拟有着验证设计、提高预算、决算精度等多方面的好处，所以施工方案模拟的受益方应该是包括业主、设计、总包、施工方在内的所有项目相关方，并且在实施过程中需要的数据也需要由多方提供，因此，施工方案模拟的实施需多方协作。

5.3.2　施工工艺模拟

一般施工工艺模拟指的是将施工中某一个环节所使用的工艺工法的具体流程在三维软件中进行模拟，进而对工艺流程进行验证、规范、优化。施工工艺模拟从严格意义上来说属于施工方案模拟的一个分支，但考虑到建筑装饰装修专业施工工艺的多样性和复杂性，故单独进行阐述。

现代建筑装饰装修工程常常随着各种新材料新产品的使用而衍生出大量新的工艺工法，而 BIM 作为贯穿建筑全生命周期的技术，建筑装饰装修施工工艺模拟不应只考虑施工现场，应同时包含部分建筑装饰装修材料及构件的产品生产加工流程。

建筑装饰装修专业的施工工艺模拟除上节施工方案模拟实施的注意点外，还应该重点关注以下几个方面：

（1）施工工艺的整体流程　要模拟一个工艺工法，一般流程应从基层处理、测量弹线、铺贴安装、养护、验收等几个方面表达，由于建筑装饰装修施工十分繁复，很难一概而论，但基本原则就是要保证流程的完整和清晰。

（2）重要节点深化设计思路　大型建筑装饰装修构件，曲面、双曲面、异形构件或整个工艺流程中的重要节点，应在模拟中重点阐述，除了施工流程外，可通过 BIM 模型分析深化设计思路，表达其深化设计流程。

（3）产品加工流程　许多建筑装饰装修构件是预制加工后送至现场安装的，大量产品由专业的供应商提供，所以，在模拟中容易忽略工厂生产加工的过程，但这部分内容在整个工艺流程中是非常重要的，所以，应积极与厂商沟通，协作完成这部分的模拟。这样做不仅能够加深厂商对整个工艺流程的理解，提高产品质量，还能帮助施工方对产品加深理解，让产品的安装和使用更为合理。

（4）技术规范　施工工艺模拟不但能够验证、优化工艺流程，同时也对现场施工人员有着很好的交底功能，大大加深现场工人和管理人员对整体工艺流程的理解，从而提高施工质量。所以，在模拟过程中，应将技术规范在模拟中阐述清楚，使整个模拟更具指导意义。

5.3.3　施工模拟制作流程

施工模拟的制作流程因模拟类型不同而不同，下面以施工整体施工方案模拟为例：

1）打开已建立的施工深化模型。

2）按需调整构件材质。

3）导入施工进度计划文件（如 project 文件）。

4）将模型按照施工顺序、使用进度计划分局进行分组，并新建集合。

5）将分好的模型集合附加到施工进度计划各个阶段。

6）确定任务类型，选择构造阶段、拆除阶段或者临时设备。

7）按需添加特色效果，如灯光效果、镜头旋转、漫游路径等。

8）导出视频或截图。

5.4　工艺优化

5.4.1　工艺优化的优势

建筑工程项目设计阶段，建筑、结构、装饰、幕墙及机电安装等不同专业的设计工作往往是独立进行的。在施工进行前，施工单位需要对各专业设计图纸进行深化设计，确保各专业之间不发生碰撞，满足净高要求。传统的二维管线综合深化设计通常将设计院提供的各个专业进行叠加，然后人工对照建筑、结构等专业将机电管线优化调整。这种方式效率低，剖立面图需要逐个绘制，很难避免碰撞，特别是在大型建筑管线复杂区域和设备机房内的设备管线布置中，往往二维深化设计图纸无法达到预期效果，普遍存在因管线碰撞而返工的情形，出现材料浪费、拖延工期、增加建造成本的现象。采用 BIM 技术，将建设工程项目的建筑、结构、幕墙、机电等多专业物理和功能特性统一在模型里，利用 BIM 技术碰撞检查软件对机电安装管线进行碰撞检查，净高优化，确保满足建筑物使用要求。

同样，在整个建筑装饰装修工程的过程中，一些建筑装饰装修物件是需要有向外的扩展空间的，这些空间不存在于物体上，容易被忽略，但这些外扩空间是必须存在的，传统的设计工具不能够对这些空间进行有效的处理，因此容易造成软碰撞。但通过 BIM 模型，可以对这些空间进行自定义，将这些空间空出来，满足建筑装饰装修的要求，检测软碰撞是否存在，从而减少软碰撞对工程的影响。

应用 BIM 技术进行碰撞检查及净空优化，可以提高施工图设计效率，有效避免因碰撞而返工的现象。利用 BIM 技术，可以对各专业模型进行整合检查，发现位置碰撞点，优化隐蔽工程排布，以及安装设备的末端点位分布，对室内净高进行检查并优化调整。尤其是对于地下室、设备机房、天花、管道井等管线复杂繁多的区域采用 BIM 技术进行管线综合深化设计，效果尤为明显。

5.4.2 优化的工作流程和内容

以 BIM 技术应用于碰撞检查及净空优化为例，其工作流程图如图 5-2 所示。

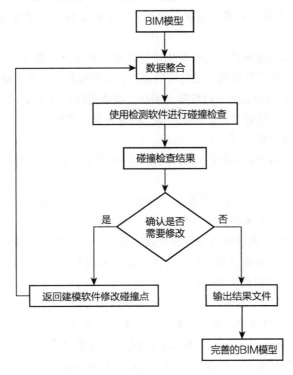

图 5-2

BIM 技术应用于碰撞检查及净空优化的前提是要整合各专业模型。根据用于碰撞检查及净空优化的各专业模型的来源不同，将能够实现碰撞检查及净空优化的 BIM 软件分为两大类，第一类属于建模和检测分析都能实现的 BIM 软件，第二类 BIM 软件只能利用建好的模型进行检测分析，而自身不能建模。以下介绍的 5 种用于碰撞检查及净空优化的 BIM 软件，前 3 种属于第一类，后两种属于第二类。

（1）Revit Revit 软件中的 MEP 模块，可以最大限度地减少建筑设备专业设计团队之间，以及与建筑师和结构工程师之间的协调错误。它的优点集中在以下几个方面：

1）按照工程师的思维模式进行工作，开展智能设计。借助对真实世界进行准确建模的软件，实现智能、直观的设计流程。Revit 的 MEP 模块采用整体设计理念，从整座建筑物的角度来处理信息，将给水排水、暖通和电气系统与建筑模型关联起来。借助该模块，工程师可以优化建筑设备及管道系统的设计，进行更好的建筑性能分析，充分发挥 BIM 的优势。同时，利用 Revit 与建筑师和其他工程师协同，还可即时获得来自建筑信息模型的设计反馈，实现数据驱动设计所带来的巨大优势，轻松跟踪项目的范围、明细表和预算。

2）借助参数化变更管理，提高协调效率。Revit 参数化变更管理能够最大限度地减少设备专业设计团队之间，以及与建筑师和结构工程师之间的协调错误。

3）改善沟通，提升业绩。创建逼真的建筑设备及管道系统示意图，改善与客户针对设计意图的沟通过程。通过使用 BIM 模型，自动交换工程设计数据，从中受益，及早发现错误，避免让错误进入现场造成代价高昂的设计返工。借助全面的建筑设备及管道工程解决方案，最大限度地简化应用软件管理。

（2）Bentley ABD　Bentley ABD 是 Bentley AECOsim Building Designer 的简称，Bentley ABD 可以完成从模型创建、图纸输出、统计报表、碰撞检查、数据输出等整个电气专业的设计工作。

（3）MagiCAD　MagiCAD 软件是由芬兰普罗格曼软件公司开发，基于 AutoCAD 和 Revit 双平台的 BIM 应用软件，广泛应用于采暖、通风、空调、建筑给水排水、建筑电气设计以及三维建筑建模。

MagiCAD 是专门针对机电安装行业的深化设计软件，其应用主要体现在以下几个方面：碰撞检查、管线综合设计、系统平衡校核、预制件的加工、工程量统计、施工模拟和进度控制。例如，在 AutoCAD 平台基础上，充分利用设计院电子图档，快速完成机电专业 BIM 模型，并利用模型完成深化设计、碰撞检查、管线综合，出具指导施工的深化设计图纸。

MagiCAD 软件的主要功能如下：

1）提供建筑设备行业的综合解决方案，具备适用于采暖、通风、空调、给水排水、消防及电气系统设计的完整功能。

2）一次绘制便可同时生成一维单线图、二维施工图和三维空间模型，使得用户可以在三种图形模式之间任意切换。设计结果中同时包含了专业计算功能。

3）强大的自动防碰撞检查功能可以轻松实现"智能"管线综合。使用 MagiCAD 既可以实现设计模型内部碰撞检查，如暖通空调、给水排水、消防和电气专业，又可以实现 MagiCAD 对象、AutoCAD 与 AutoCAD 建筑对象间的碰撞检查。

4）基于三维的自动生成预留空洞功能，轻松实现深化设计。

5）跨 dwg 图纸读取设计参数，真正实现建筑设备各专业间的三维协同设计。

（4）Navisworks Manager　Navisworks Manager 在碰撞检查和净空优化方面的应用是通过对三维模型中潜在冲突进行有效的辨别、检查与报告来实现。Navisworks Manager 能够有效减少错误频出的手动检查。该软件可以将多种格式的三维数据合并为一个完整、真实的建筑信息模型，以便查看与分析所有数据信息。

利用 Navisworks Manager 进行碰撞检查及净高优化时，在整个模型进行碰撞检查前，先在单专业内进行碰撞检查，这样可以减少整体分析时的任务量。然后将各个专业修改之后的模型链接在一起，进行一次整体的检查。对于一些复杂的空间结构，为了提高计算机的运行和显示能力，可以将整个模型以层为单位进行检测。

为了更加直观真实的看到管线的排布情况，可以使用 Navisworks 的漫游功能，以第三人称视角的方式漫游在整个项目中可以非常直观的观察到管线的排布是否合理，并截取识图或者录制一段漫游视频，以便给更多的人员了解情况。

碰撞分析报告是通过 Navisworks 的碰撞检查模块对整个建筑模型进行碰撞检查，快速找出碰撞点，并生成碰撞清单列表。其中的每一个碰撞点都包括碰撞类型和碰撞深度。双击碰撞点链接还

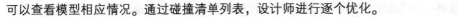

可以查看模型相应情况。通过碰撞清单列表，设计师进行逐个优化。

（5）Bentley Navigator　Bentley Navigator 可以让用户可视化地、交互式地浏览那些大型的、复杂的 BIM 模型。用户可以快速看到设计人员提供的设备布置、维修通道和其他关键的设计数据。它的功能还包括检查碰撞：能检查移动物体和静止物体之间的碰撞；能做复杂运动过程的碰撞分析，如检查多个正在移动物体在空间和时间上的潜在碰撞。项目建设人员在建造前利用该软件做建造模拟，可以尽早发现施过程中的不当之处，可以降低施工成本，避免重复劳动，优化施工进度。

5.4.3　优化成果

应用 BIM 进行碰撞检查及净高优化有助于实现以下目标：

1）消除管线与管线、管线与桥架，管线与结构之间的碰撞，确保在有效的空间内合理布置各专业的管线，最大限度地增加建筑的净空，减少由于管线冲突造成的二次施工。

2）保证装饰和机电各专业的有序施工，协调不同专业之间的施工冲突。

3）综合协调管线分布，合理协调设备的分布，确保建筑物交付后有足够的工作空间。

4）为设备安装、管线安装的预留洞口精确定位，减少对梁板柱的影响及由此造成的二次施工。

5）核实各种设备、管件、线缆的数量，完善各种设备清单，准确提出物资采购计划，避免材料浪费，实现对成本控制的目的。

6）技术与管理人员围绕 BIM 模型对工人进行可视化技术交底，统一数据来源，减少因数据不统一造成的施工工期延误的问题，确保工程按时、高效完成。

5.5　施工样板 BIM 应用

5.5.1　施工样板 BIM 应用简介

为了更好地控制整个建筑装饰装修施工质量，在进行大面积相同工序施工前，应先根据事先编制的施工方案，在小范围内或者选择某一个特定部位进行该装饰工序的操作。此种做法一方面能够及时发现问题，另一方面能让操作人员熟悉工序，这种做法称之为装饰施工样板制作。通过运用 BIM 技术制作施工样板，能够在过程中对样板材质管理、操作工序协调、样板后期应用等工作起到优化作用。

5.5.2　施工样板 BIM 应用的工作内容

运用 BIM 技术进行装饰施工样板制作的具体工作如下：

（1）样板材料库的创建　工程样板材料，是指在工程施工或招标过程中的某些主要材料。其质量、价格或者观感对整个工程的质量、造价、装饰效果以及项目实施采购的标准起着非常重要的作用。为确保工程质量和装饰效果，在工程施工或招标过程中由设计师指定确认的材料实物称之为样板材料。

为了便于样板材料的管理和数据信息的准确收集保存，需要利用 BIM 技术对工程材料样板进行单独的模型创建，其目的有：

1）可视化效果——用虚拟三维图形代替实物的样板材料库，直观形象，方便设计及施工单位对材料的检查审核。

2）材料样板的汇总——将不同的样板材料按需分类、建模，对所有材料起到完整的把控。

3）信息交换——BIM 样板材料库的创建便于储存和远距离的信息传递，能够快速运用于不同项目。

创建装饰样板材料模型以及相关数据信息，应准确反应样板材料的真实数据，包括材质、尺寸规格、厂家信息等，模型尽量轻量化，不宜过度建模，样板模型的信息还需要具备可复制性、可优化性、可协调性。

项目应根据工程样板封样材料的实际内容创建模型，按照样板库的分类标签进行分类管理，模型名称由"项目名称＋使用部位＋样品编码＋样品名称＋供应商信息"组成，以便模型文件的识别与管理。根据材料的分类及命名，对所有材料编写目录，目录需按照大类到小项的不同层级一级级罗列，便于快速搜索和使用。

一般样品的模型深度需根据项目对装饰的总体深度来定，从 LOD300 至 LOD500 不等，一般分为几何信息与非几何信息，几何信息包括样品的长、宽、高、面积、体积等；而非几何信息则包含样品的特征、技术信息、厂家信息、建造信息、项目信息等，便于项目开展时对整体模型的利用。

（2）样板封样材料管理　对重要的施工材料、所有业主及设计部门指定或得到其认可的样品材料，经过设计人员签字确认填写日期后，都作为样板封样材料。样板封样材料必须详细注明使用部位以及详细的材料信息。样板封样材料管理包含以下工作内容：

1）样品编码。对样品统一实行编码管理，按照样品种类、名称、材料规格进行分类。

2）材料入库。样品入库需填写书面登记表，经批准后样品登记入库，入库后由管理员将材料的电子信息建模录入样板材料库中。

3）样品变更。涉及样板材料变更的，应由施工单位以书面形式提出变更，变更应在施工前进行，经业主、设计、成本等部门会签同意后，由项目公司总经理进行审批，未经审批同意的材料施工中不得变更；完成变更的材料需及时更新材料库中的信息。

（3）BIM 样板模型的创建　BIM 样板模型是将工程的一部分具有重难点代表性的内容建立模型，通过 BIM 信息的整合起到整体项目的效仿作用；BIM 样板模型创建的目的包括以下几点：

1）利用样板模型可以在虚拟状态下查看样板模型的外观效果。

2）通过样板模型的建立可以对工程的可实施性提前预估，及时弥补不足之处。

3）通过样板模型的建立研究相关施工工艺步骤和方法，起到样板先行的作用。

4）便于对项目进行快速地修改。

创建 BIM 样板模型的主要流程包括以下几点：

1）建立项目样板文件。在创建项目开始前，需要建立具备建筑项目样板的设计文件，涉及标题栏、线样式、填充样式、单位、尺寸标注、临时尺寸标注、对象样式等。

2）建立族库。利用样板材料库的材质建立标准构件的族库，包括门、窗、卫生洁具、家具等，可根据不同项目来定。标砖构件族库的建立可以位于项目环境外单独存在，可将其载入项目中灵活使用、修改。

3）创建样板模型。通过项目的样板文件进行样板模型的创建，样板模型要求精度高，需要达到 LOD400 级，包含所有样板文件中设置的各种样式以及为项目单独建立的族文件，使之囊括整体项目模型所有的信息。

5.6　饰面排版

饰面排版是指将 BIM 深化模型分解为各自生成的构件，利用 BIM 技术进行分类汇总，并生成能与工厂直接对接的数据清单、数据模型或者能直接传递给商家的产品需求单的过程。

1）利用 BIM 软件自身的功能，可以将瓷砖、石材、木饰面等排列有规律的饰面进行优化排版。例如，在 Revit 软件中，利用"玻璃斜窗"功能可以将地面饰面板分为固定数量或者固定距离的"地砖"，利用"幕墙"功能则可以将墙面饰面板分为固定数量或者固定距离的"墙砖"或"造型"，并利用"明细表"功能统计各"瓷砖"的尺寸、数量、材质等参数，同时可以计算总量、生成加工单。

2）利用外部饰面排版插件进行排版。如图 5 - 3 所示为某插件的装饰模块功能。通过单击"装修装饰"→"墙面贴砖"。在弹出的"墙面砖排布"对话框中，根据实际情况设置砖的材质、类型等信息，选择"标高"，单击"确定"按钮。在绘图区选择要贴砖的墙面，开始贴砖。很快墙面就会完成贴砖操作。

图　5 - 3

不论是用软件自身功能进行饰面排版、插件功能排版，还是手动进行饰面排版，都需要人为将饰面交接处进行处理，如室内地毯与木地板的交接，此处特殊处理需要设计人员进行细部处理及建模。

5.7　辅助图纸会审

图纸会审是建筑装饰装修工程施工准备阶段技术管理的重要内容之一。图纸会审一般指项目各参建方在接收设计施工图纸后，对其进行全面熟悉，并在此基础上发现图纸中存在的问题及设计不合理等情况，由建设单位组织（或建设单位委托监理单位代为组织）各参建方向设计单位提交各方发现的问题或图纸优化建议。图纸会审的重点在于发现设计图纸是否符合相关规范、设计经济是否合理、施工技术能否满足要求、各专业之间是否存在冲突碰撞等。做好图纸会审，在一定程度上可以缩短项目建设周期、提高项目施工质量、减少项目施工成本等。传统图纸会审，一般由各专业技术负责人或专业工长，通过以往项目实施经验及二维设计图纸，在规定期限内，发现其中问题。这种严重依靠个人经验的传统图纸会审形式，往往会耗费大量的人力、物力，且不能快速准确的发现图纸问题，加之时间紧迫，已经不适合现代工程项目的建设。

基于 BIM 的辅助图纸会审有着不可比拟的自身优势，以 BIM 三维模型为沟通平台，能更好地与各参建方进行图纸问题沟通，直观快捷地确定优化设计方案。首先，基于 BIM 的辅助图纸会审可根据 BIM 的可视性、可模性发现二维平面图纸中难以发现的空间问题，包括构件的空间位置、几何尺寸等。其次，基于 BIM 的辅助图纸会审可进行全专业汇总碰撞，可发现模型中全部的构件间碰撞，较传统图纸会审由专业技术负责人或其他相关人员通过个人经验、一张张记忆二维平面图纸所总结出的问题要更准确、高效。当通过相关碰撞软件完成 BIM 碰撞检查后，可直接导出相关部位的问题报告，这样可以大幅减轻相关技术人员的工作量。而且，基于 BIM 的辅助图纸会审，可进行漫游审视，通过三维模型的漫游模拟，可以直观展示图纸中存在的问题，这样可解决传统图纸会审在某些难以用文字表述清楚的图纸中的问题，尤其是结构复杂部位中的问题。并且，在各方进行会审过程前，即可将模型直接作为沟通的媒介，将其图纸中相关问题直接在模型中标记，会审时直接通过模型中的标记进行图纸问题解答及沟通，可以提高沟通效率。同时，基于 BIM 的漫游模拟，也便于设计方进行设计交底，便于各参建方领会设计意图，了解项目实施重难点。最后，基于 BIM 的辅助图纸会审可将相关信息储存于 BIM 数据库中，可供项目各参建方在项目全生命周期实施过程中，根据其相应权限调用、使用。基于 BIM 的辅助图纸会审能否发挥其最大效力，往往取决于以下三点：

1) BIM 工程师的综合素质，是否能准确将图纸中相关信息通过模型准确地表达出来并指出相关图纸问题，往往起着决定性的作用。所以 BIM 工程师需要不断提升自身综合素质，学习并掌握相关专业技术知识。

2) 项目 BIM 实施策划方案，是一个项目应用 BIM 是否成功的关键所在。一般在项目 BIM 实施策划方案中，会将模型建模标准及模型建模深度规定好。BIM 工程师根据其标准及模型建模深度进行 BIM 各专业模型搭建。例如，二次结构中，是否需要建立过梁、构造柱等构造模型。而基于 BIM 的辅助图纸会审，最终出具的各专业图纸会审的深度及广度，直接取决于项目 BIM 实施策划方案。

3) 项目建模周期，也是一个不可忽视的重要因素。现代项目结构形式越来越复杂，体量越来越大，为了缩短项目建设周期，往往图纸会审周期相对较短。但 BIM 应用工程师根据施工图纸搭建 BIM 模型的质量往往与建模周期成正比。这也制约着在图纸会审前 BIM 应用工程师所出具的 BIM 图纸会审的数量及质量。一般解决这一问题，有两种方法：一是熟练使用建模软件，做好企业族库储备，大量使用参数化模型并使用快速翻模软件，加快建模速度；二是在项目 BIM 实施策划方案中，根据项目实施进度，制定好项目时间节点的 BIM 实施目标及其建模深度。

5.7.1　图纸会审原则

（1）平面布置　建筑物平面布置在建筑总图上的位置有无不明确或依据不足之处，建筑物平面布置与现场实际有无不符情况等。检查单个户型模型项目基点与整体楼层模型的项目基点是否重合。

（2）小样图和大样图　先看小样图再看大样图，核对在平、立、剖面图中标注的细部做法与大样图的做法是否相符；所采用的标准构配件图集编号、类型、型号与设计图纸有无矛盾；索引符号是否存在漏标；大样图是否齐全等。

（3）部位和要求　应先看一般的部位和要求，后看特殊的部位和要求，查看其表达和描述是否一致。一般包括卫生间地面处理方法、地漏构造、防水处理等技术要求。

（4）图纸与说明　在看图纸时对照设计总说明和图中的细部说明，核对图纸和说明有无矛盾、规定是否明确、要求是否可行、做法是否合理等。

（5）装修与安装　查看装修图时，应有针对性地看一些安装图，并核对装修图与对应的安装图有无矛盾，预埋件、预留洞、槽的位置、尺寸是否一致，了解安装对土建的要求，以便考虑其在施工中的协作问题。检查装修模型与机电模型是否有硬碰撞，同时还应考虑施工空间是否有软碰撞。

（6）图纸要求与实际情况　核对图纸有无不切合实际之处，对一些特殊的施工工艺其施工单位能否做到等。为了做好设计图纸的会审工作、提高设计图纸的质量，应尽量减少在施工过程中发现设计图存在的问题。

5.7.2　图纸会审技巧

工程开工之前，需识图审图，再进行图纸会审工作，如果有识图审图经验，掌握一些要点，则事半功倍。识图审图的顺序是：熟悉拟建工程的功能→熟悉审查工程平面尺寸→熟悉审查工程立面尺寸→检查施工图中容易出错的部位有无出错→检查有无改进的地方。

1）熟悉拟建工程的功能。图纸到手后，首先了解本工程的功能，是车间还是办公楼，是商场还是宿舍。了解功能之后，再联想一些基本尺寸和装修，例如厕所地面一般会贴地砖作为块料墙裙，厕所、阳台楼地面标高一般会低几厘米等。最后识读建筑说明，熟悉工程装修情况。

2）熟悉审查工程平面尺寸。建筑装饰装修工程施工平面图一般有三道尺寸，一是细部尺寸，二是轴线间尺寸，三是总尺寸。检查第一道尺寸相加之和是否等于第二道尺寸，第二道尺寸相加之和是否等于第三道尺寸，并留意边轴线是否是墙中心线。识读工程平面图尺寸，先识装修平面图，再识水电空调安装设备，例如检查房间平面布置是否方便使用，采光通风是否良好等。识读下一户型平面图尺寸时，检查与上一户型有无不一致的地方。

3）熟悉审查工程立面尺寸。建筑装饰装修工程图纸一般有正立面图、剖立面图等，这些图包含立面尺寸信息；正立面图一般有三道尺寸，第一道是饰面高度、分缝高度等细部尺寸，第二道是构件尺寸，第三道是总高度。审查方法与审查平面各道尺寸一样，检查第一道尺寸相加之和是否等于第二道尺寸，第二道尺寸相加之和是否等于第三道尺寸。

4）检查施工图中容易出错的地方有无出错，如梁下位置管线空间、灯具空间是否充足等。

5）审查原施工图有无可改进的地方。主要从有利于工程施工、有利于保证建筑质量、有利于工程美观 3 个方面对原施工图提出改进意见。

5.8　辅助出图

对于建筑装饰装修工程，可通过 BIM 进行辅助出图，与传统平面绘图软件相比，BIM 软件出图更为准确、高效、直观。

装饰施工图一般包括平面布置图、顶面布置图（吊顶造型、层高、灯具、空调、浴霸等详细尺寸图）、地面铺装图（地面材料及铺设规范）、强电布置图（冰箱、空调等强电流线路走向布置）、弱电布置图（灯具、电话、网络灯线路走向布置）、开关插座图（开关及插座的详细布置图）、节点图（是指一些详细的施工图，复杂的造型及规范的施工都需要此图）。这些图是项目施工的依据，也是项目竣工结算的依据。面对如此繁杂的图纸，BIM 的出现是解决该问题的契机。

通过从 BIM 模型导出的图纸，其相关图示不仅是独立的文字信息或抽象代号，而且还包括进一步深化模型所需的相关信息，这些信息可以被进一步分析、交互等。但在 BIM 出图中也有一些不足之处，例如在机电专业中，管线一般用单线表示，不同管线间用不同字母和不同线宽区分，目前 BIM 相关软件可以用点、线及空格来表示，却没有办法界定繁杂的线型。

BIM 模型本身包含了图纸的所有信息，模型本身可以直接获取相对应的平面布置图、立面布置图、剖切图及相关大样详图等，还可以根据各方需求，通过 BIM 模型导出不同深度的图纸，以满足不同需要，进行针对性出图，供各方参考、使用。而运用传统 CAD 软件出图，则需要绘制不同的平面布置图、立面布置图、剖切图等不同视图图纸，工作量巨大，其中不但有复杂难懂的平立面位置关系，导致投影绘图难度的增加，工作效率的降低，而且在出相关构件大样详图时，需复制 CAD 原图将其放大，并进行比例修改，导致工作量成倍增加。

根据 BIM 模型具有参数化的特性，可以快速浏览到与工程图纸相关的各项信息。在 BIM 相关软件中对构件进行移动、删除或更改尺寸等操作，可以即刻反馈到相关构件中及相应的注释符号中（包括位置和参数化信息等），不用逐一对图纸进行重复修改，保证了图纸的一致性，便于方案的选择和比较，提高工作效率及工作完成质量。

利用 BIM 技术进行各专业管线进行管综调整之后，通过 BIM 相关软件可以直接生成并导出综合管线图、预留洞口图（全专业）、一次结构图、二次结构图等相应图纸，利于施工单位指导工程现场施工。并且通过运用 BIM 技术，可使项目各参加方，包括建设、设计、监理等、单位以及专业分包单位在 BIM 平台上根据各自权限共享 BIM 数据库中的项目图纸，并且建立与工程项目密切相关的基础数据和技术支持，从而提升项目协同管理效率，避免因沟通不及时或其他误解等原因造成不必要的损失。

现代建筑形式日趋复杂，幕墙形式造型各异，尤其是采用大量的非标单元嵌板时，无标准节点循环利用，大量双曲面板需优化成可展曲面，并且面板尺寸无法用常规尺寸进行标注，造成施工安装定位难度极大，所以传统的幕墙设计施工方法已无法满足现代幕墙建造的需求。通过 BIM 技术可准确搭建幕墙模型，可生成传统二维绘图软件难以准确绘制出的幕墙加工图，并且相关非标构件在图纸中具有独立的各自编码，便于工厂预制深化加工，减少加工误差，并提升项目现场安装效率，减少拼装错误。

一般在 BIM 项目实施时，BIM 模型应与现场工程施工进度保持一致。在工程项目竣工后，收集并整理相关信息，根据工程项目施工图纸及相关变更、洽商整合各专业 BIM 竣工模型，根据竣工模型导出平面布置图、剖面图、立面布置图等，通过添加相关标注、标识，使其达到最终竣工图深度。

利用 BIM 相关平台，可进行图纸管理，便于图纸后期查阅、留存归档，提升沟通效率。通过 BIM 软件自带的数据资源库，工程图纸的编号顺序、图纸名称、图纸类别、图纸规格、图纸创建及修改时间等都会有具体标识，如果某一构件需进行修改，其相关图纸无须变更，当再次打开数据资源库，软件自动保留图纸修改信息并自动提醒。

BIM 出图也有其局限性，主要有以下三点：

1）细部工程对模型精度要求较高。BIM 出图真实反映构件模型，而有些构件处理在施工现场简单易行，在模型中显现却复杂冗长，不能体现 BIM 出图的优越性。

2）插件体系不完整。现场各种安装构件、机械零件、饰面装饰的造型复杂，建立这类的模型需要复杂的操作，而现存建模软件和插件有时并不能满足复杂造型制作的要求，如一些复杂曲线的处理。

3）难以控制抽象表达。在设计活动中，有部分图纸会采用抽象表达，不需要太过精细的表达。但问题在于：模型如何承载抽象的设计？这一点有待 BIM 技术的进一步发展去解决。

5.9 辅助工程算量

建筑工程计量的发展过程有两个阶段，第一阶段主要是依靠手工计算进行工程量统计，此阶段计算量繁重，计算效率缓慢，消耗巨大的人力、物力，并且容易出现计算错误。第二阶段是根据传统算量软件进行工程量计算，但对于结构形式简单且计算量小的工程有时比手算更浪费时间和精力。然而 BIM 技术的出现，可以提升项目实施管理水平，实现了建设工程造价管理的横向、纵向信息共享、协同，使建设工程造价管理进入全过程动态控制的时代。

BIM 技术可帮助建筑项目进行全过程造价管理，主要包括 5 个阶段：

1）BIM 技术在项目决策阶段的应用。BIM 数据库可查看已完成类似工程的各项信息，通过借鉴相似竣工 BIM 模型，估算当前项目成本，提高其编制的完备性与准确性。

2）BIM 技术在项目设计阶段的应用。工程项目设计完成后，BIM 模型可快速完成工程项目概算，并核查是否满足建设单位需求，从而可以实现投资总额最低、控制设计最优的目标。

3）BIM 技术在项目招投标阶段的应用。在项目进行招投标时，通过 BIM 技术可以比传统方式更高效、准确地提供工程量。特别是施工单位，招投标时间短、任务重，在遇到大型复杂项目时，通过 BIM 算量模型可以快速、精准地完成算量及审核工作，避免计算的偏差，过而高质量地保障招投标工作的进行。

4）BIM 技术在项目施工阶段的应用。通过 BIM 算量模型可解决工程施工阶段由于跨度时间长而产生的工程量繁杂及设计变更等各类问题。

5）BIM 技术在项目结算阶段的应用。通过 BIM 算量模型可以快速准确地出具最终结算工程量，提高结算效率，避免不必要的经济纠纷。每个阶段的造价管理都是为了此项目的最终效益提供服务，利用 BIM 技术自身的优点可以在工程的每个阶段提供更好的帮助。

现代建筑形式日趋复杂，非标准化构件的使用日益增多，传统算量软件不能对其进行计算，而手工算量不能满足计算结果的准确性，且工作量和难度较大。通过 BIM 技术搭建各专业模型，在搭建模型的时候录入相关构件的部分材料信息，预算人员就可通过相关专业模型进行工程算量统计，并且能根据变更后的模型自动更新并统计变更部分的工程量，可以快速提取工程项目各构件相应信息。而且，各专业的 BIM 模型均按工程实体比例进行搭建，所以所得工程量均为工程项目实体工程量。同时，BIM 算量也可以使造价人员摆脱繁复的基础算量，从而降低造价人员基础工作强度，并减少人为失误。

BIM 相关软件可直接导入二维 CAD 图纸，并自动识别图纸内相关信息，快速生成各专业 BIM 模型及计算各专业工程量，从而保障了项目在实施过程中，BIM 工程量信息的时效性、完备性。同时，在完成搭建模型后，BIM 工程师通过 BIM 技术的可视化特性可直接对模型进行检查，查验工程计算中是否存在错误，并对其中由于人为失误造成的错算、漏算等情况进行修正，从而确保各专业工程量计算的正确性。现代建筑装饰装修工程造型日趋繁杂，计算工程量远比其他专业难度更高，如某些形式复杂的构件，造价人员无从下手，但通过 BIM 技术的模型算量、三维扫描算量等不同的 BIM 算量技术，可以有效地解决这一难题。

运用 BIM 技术可直接提取流水段的相应工程量，包括钢筋、模板、脚手架等专业在各流水段的准确工程量，如在工程施工过程中出现设计变更或方案更改，根据最新变更，实时维护模型，可直接导出工程变更量。基于 BIM 工程量计算，可实现交叉作业部分工程量共享，各方需经项目经理部同意获取所需工程量，从而实现信息资源互享，保障各方对工程量等客观信息的时效性，从而缩短建设工期，提升项目管理水平，减少项目成本，避免重复作业。同时，BIM 技术也可解决不同专业间交叉作业部分的预算问题，并考虑各专业间衔接和扣减的关系，从而保障相关数据的准确性。

通过 BIM 算量模型可自动导出相关工程量，与传统算量相比，实际工程算量偏差大幅下降。在传统算量中，工程量计算都是按照传统计量规则和二维平面图纸计算工程量，无法体现建设项目中各专业碰撞及设计不合理的地方，并且传统算量是通过多张图纸计算，存在重复计算的可能，所以传统算量会影响最终工程量的准确性，但通过 BIM 技术可以有效地避免这些偏差，使最终出具的工程量即为项目的最终实际工程量（不含损耗）。

❀❀❀ 本章练习题 ❀❀❀

一、单项选择题

1. 基于 BIM 的图纸会审，下列哪些说法是正确的 (　　)。
   A. 基于 BIM 的漫游模拟，便于设计方进行设计交底，便于各参建方领会设计意图
   B. 基于 BIM 的辅助图纸会审只能将相关信息储存于计算机本地中
   C. 基于 BIM 的图纸会审，不能提高沟通效率
   D. 基于 BIM 的辅助图纸会审能否发挥其最大效力，主要取决于计算机的性能

2. 基于 BIM 的辅助出图，下列说法正确的是 (　　)。
   A. 一般在 BIM 项目实施时，BIM 模型更新落后于现场工程施工进度
   B. 可以根据各方需求，通过 BIM 模型导出不同深度的图纸
   C. BIM 技术现在无法做到图纸管理
   D. 运用 BIM 技术，可使项目各参与方在 BIM 平台上获取全部项目图纸

3. 通过从 BIM 模型导出的图纸，其相关图示 (　　)。
   A. 仅是独立的文字信息　　　　　　　　B. 仅是独立的抽象代号
   C. 包括进一步深化模型所需的相关信息　　D. 相关信息不可以被进一步分析、交互

4. 基于 BIM 的辅助出图，下列说法正确的是 (　　)。
   A. 一般在 BIM 项目实施时，BIM 模型更新落后于现场工程施工进度
   B. 可以根据各方需求，通过 BIM 模型导出不同深度的图纸
   C. BIM 技术现在无法做到图纸管理
   D. 运用 BIM 技术，可使项目各参与方在 BIM 平台上获取全部项目图纸

二、多项选择题

1. 建筑装饰装修 BIM 模型审核的原则是 (　　)。
   A. 信息是否全面　　B. 数据是否准确　　C. 效果是否美观　　D. 方案是否优化

2. 下列说法正确的是 (　　)。
   A. BIM 相关软件不可直接导入二维 CAD 图纸
   B. BIM 相关软件可提取各施工流水段的相应工程量
   C. BIM 技术可根据变更后的模型，自动更新并统计变更部分的工程量
   D. BIM 技术可使造价人员摆脱繁复的基础算量

3. 通过 BIM 技术的 (　　)，可发现二维平面图纸中难以发现的空间问题。
   A. 可视性　　　　　　B. 可逆性　　　　　　C. 可模型　　　　　　D. 审图性

4. 下列说法正确的是 (　　)。
   A. BIM 相关软件不可直接导入二维 CAD 图纸
   B. BIM 相关软件可提取各施工流水段的相应工程量
   C. BIM 技术可根据变更后的模型，自动更新并统计变更部分的工程量
   D. BIM 技术可使造价人员摆脱繁复的基础算量

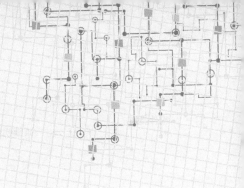

第6章 施工阶段 BIM 应用

6.1 设计变更管理

当我们拿到图，通过对图纸整合了解了施工过程整体情况，当发生设计变更的时候，宜应用 BIM 技术对设计进行深化与优化，通过多专业的三维协同设计消除专业间的冲突碰撞，确保施工图设计质量。

建筑室内外饰面层及空间陈设构成了建筑装饰装修工程，但是相对于其他专业工程，设计变更尤其频繁。装修工程中项目变更就是将原有的建筑装饰装修项目通过设计变更改为要进行实际施工的项目。有的是因为材料不能满足施工要求需要进行变更，有的是施工工艺达不到要求需要进行变更，有的是业主不能理解设计师的设计意图，通过对效果图的简单理解，需要建筑装饰装修工程单位达到理想效果，而不是 BIM 三维效果直接真实模拟建造完成效果。

通常项目装修建设单位，采用 BIM 技术后，通过 BIM 建模，使之呈现设计师的设计意图，完美表达设计效果，得到设计师确定，这样很大程度上可以减少设计变更。

由于建筑装饰装修施工过程繁杂，交叉施工专业多，设计变更不可避免且变更量相对其他专业偏多，建筑装饰装修单位会根据设计变更情况，创建施工过程中"变更模型"，在项目建造过程中，不断完善施工模型，通过跟其他的模型整合，最终形成深化模型。通过 BIM 技术，设计变更有效体现在施工过程中，使施工有效进行，通过变更内容附着到深化模型中，使施工过程模型提供有效数据，为后期竣工模型的绘制提供了有效保障，见表 6 - 1。

表 6 - 1 施工图设计阶段对建筑专业模型的要求（部分变更）

构件类别	模型要求	
	延续初步设计阶段要求	施工图阶段新增要求
幕墙	表达幕墙的整体造型及幕墙划分。 表达幕墙各部分的材质及颜色。幕墙模型可根据造型需要及具体项目要求灵活组织，不一定按楼层或房间分隔划分。幕墙竖梃、龙骨等构件的断面轮廓宜在表达安装关系的前提下适当简化。表达幕墙内嵌门窗。幕墙构件制作需满足统计面积要求。	无
门窗	表达门窗的选型、样式、材质及颜色。 根据门窗的类型、功能、特性等进行合理分类，并按设计要求进行编号。 门窗的平立面二维表达应采用符合制图规范的表达方式。 门窗构件应满足不同的精细度对应不同的表达需求。 门窗应以所在楼层标高作为参照，并反映门槛和窗台高度。	应在平面图中表达定位尺寸。 门窗二维表达应满足门窗详图深度要求。 门窗构件应反映开启扇范围及开启方向，并可进行开启面积统计。 应通过模型文件生成门窗表。

（续）

构件类别	模型要求	
	延续初步设计阶段要求	施工图阶段新增要求
天花	无	天花模型应按房间和空间的范围，分区域绘制，不能横穿墙、柱等建筑主体。 表达各个区域的天花标高、造型、铺装样式、材质及颜色。 表达天花上所需预留的空间及开洞。 在二次装修设计时应建立天花的龙骨及吊装杆件等构件模型。
外饰层	表达外装饰面层的尺寸及定位。 表达外装饰面层的材质及颜色。 涂层类的外饰层可通过复合材质与主体共建在同一个构件中，也可单独建立模型。 铺装类的外饰层宜单独建立模型，并根据功能、铺装材料等要素进行合理分类。	按相关设计标准建立安装龙骨及主要相对应的连接构件的三维模型。
楼梯	楼梯模型宜根据踏步数、踢面高度及楼层高度等参数建立。 栏杆扶手应表达尺寸、样式、材质及颜色。 楼梯平台可使用楼板代替。	结构专业建立的楼梯如需增加外饰铺装，由建筑专业负责完成。 楼梯模型应正确反映板厚与梯梁。 楼梯应有编号属性。
坡道	表达坡道的样式、材质及坡度。 坡道的建模方式相对灵活，但应可提取工程量数据。	坡道应有编号属性。
垂直交通设备	电梯构件应至少包含电梯门模型、轿厢与对重位置的二维表达。电梯井道由墙体与楼板洞口组成。 电扶梯模型应反映包含支撑结构在内的几何尺寸信息。	电梯应有编号属性。 应通过模型文件生成电梯选型表。
植被	大面积植被在模型中可用体块代替表达，并赋予相应的材质贴图。	在园林设计中，树木宜用简易三维模型替代，并给予完整的属性参数。
室内设施、家具	表达室内设施、家具的尺寸、位置、样式、材质及颜色。 可用简化模型，或用类似模型替代。 家具的二维表达应满足出图要求，并与模型几何尺寸关联。	无
卫浴洁具	在表达卫浴的尺寸、样式及位置前提下，可适当简化模型。	表达卫浴洁具的平面定位尺寸和安装高度。
房间或空间	房间或空间应根据设计要求划分放置，并命名、编号。 房间或空间的放置，其高度应反映实际情况。	无
装饰构件	线脚、装饰条、造型构件等，应按照实际构造形式搭建，并反映其与主体结构构件之间的关系。应该使用注释注明按照设计要求对装饰构件进行分类。	无

注：表格摘自《广东省建筑信息模型应用统一标准》。

设计变更操作流程应符合下列要求：

1）收集数据，并确保数据的准确性；

2）宜根据工作分解结构（WBS）或施工工艺进行构件拆分或合并，结合现场实际情况形成施工模型。模型应当包含工程实体的基本信息，关联或映射相关施工信息；

3）施工模型应依据施工经验、施工规范标准、商务管理、现场实际情况等因素进行调整和优化；

4）施工模型应通过建设单位、设计单位、监理单位的审核确认，最终生成可指导施工的施工深化模型及二维深化施工图、节点图、施工控制数据等。

6.2　可视化施工交底

6.2.1　BIM 可视化施工交底简介

传统建筑装饰装修项目管理中的技术交底通常以文字描述为主，施工管理人员以口头讲授的方式对工人进行交底。这样的交底方式存在较大弊端，不同的管理人员对同一道工序有着不同的理解，口头传授的方式也五花八门，特别是新工艺及复杂工艺，施工班组不容易理解，对于一些抽象的技术术语，施工班组更是摸不着头脑，交流过程中容易出现理解错误的情况，一旦理解错误，就存在较大风险。

BIM 可视化施工交底是一种利用 BIM 模型及 CG（即计算机图形图像，Computer Graphics）技术，通过在软件的三维空间中以坐标、点、线、面等三维空间数据表达三维空间和物体，并能在形成的模型上附加其他数据信息，最终以图像、动画等方式进行的，以三维交底为主的施工交底形式。

6.2.2　BIM 可视化施工交底的优势

当建筑本身所包含的数据非常庞大，人脑无法处理这些抽象的数据时，就需要把数据转换成图形图像以表达更复杂的数据内容，这就是可视化技术诞生的原因之一。建筑图纸从千百年前的单张手绘图到现今成套的 CAD 图纸，建筑信息量随着建筑结构和建筑功能的日趋复杂而变得非常庞大，慢慢出现了平面的图纸难以表述清楚的情况，这便出现了三维图纸和三维模型。相较于传统平面图纸从各个立面、平面、剖面进行正投影，三维模型可以更直观地表达更复杂建筑结构、进出关系，甚至是空间体量、材质、光照等。从本质上来说，这是更深一步地挖掘了人类视觉系统的信息处理能力，弥补了人脑对抽象数据处理能力的不足。通过这样的方式交底，工人会更容易理解交底的内容，交底也会进行得更彻底，既保证了工程质量，又避免了施工过程中容易出现问题而导致返工和窝工等。

建筑装饰装修专业对于可视化交底的需求更为明显，作为工程的最后一个环节，业主最终看到的建筑的"面层"基本都是建筑装饰装修专业的施工内容，而这些"面层"及其相关的结构层用传统图纸很难表述清楚，即使通过 BIM 模型，也很难直接表达装饰面的材料、材质、光泽、灯光环境等信息，这时，BIM 可视化施工交底就显得非常必要了。

6.2.3　BIM 可视化施工交底的实施流程

1. 建立三维模型

一般直接使用施工图深化阶段所得到的 BIM 模型，这样的模型一般已经足够满足可视化交底使用，但在一些特殊的专业节点，仍需要建立更加精细的模型来达到可视化交底的要求。

2. 转换模型

模型简单轻量化可直接在 Navisworks 等 BIM 专业软件中完成，其优点是不用转换模型格式，容易制作切剖面，减少工作流程，但这些专业 BIM 软件的渲染功能不够完美，虽在功能上具备一定程度的渲染能力，但渲染效果不理想且非常耗时，当设计师渲染要求较高或者需制作动画时就必须根据不同软件使用 ifc、fbx、dwg 等文件格式进行转换后导入 3ds Max、Lumion 或 Fuzor 等软件进行下一步工作。

3. 设定参数

利用渲染功能生成的三维可视化图像能在视觉上给予更直接的感受，但要达到更接近于真实情况的结果，则需要进行大量的参数设定。例如，需要表现材质的就要确定材质类型、纹理图案等信息，有样品最佳；需模拟灯光阴影的要确定现场采光环境、光源位置、亮度颜色等信息等。

4. 渲染与输出

为了对项目模型进行可视化交底，在完成建模与输入参数后需要对模型进行渲染，如图 6 - 1 所示。理论上渲染输出也如同建模具有的深度，但由于难以界定故没有统一的深度标准，但根据图像视频的实际用途，有许多选择余地。考虑到施工中部分图像、视频资料需要及时更新，但视频渲染又非常费时，因此，许多情况下没必要加入所有的参数细节，应按需选择。

图 6 - 1

5. 虚拟漫游与 VR 技术

虚拟漫游是指将三维模型及材质灯光等信息导入专业的三维实时渲染引擎，无须渲染而直接在设定好的场景中自由移动、观察三维模型。所谓三维实时渲染引擎一般指的是专门针对 BIM 软件开发的漫游软件，如 Fuzor 或类似 UDK、UE4、CE3 等一些专业游戏开发引擎。Fuzor 软件的优势在于能在 Revit 与 Navisworks 等 BIM 软件中一键转换无缝交接，使用非常方便，但相较专业游戏引擎，功能较为简单，视觉效果也一般。但使用专业游戏引擎的建筑专业人才稀少，很难推广。

VR 技术是近年兴起的技术，可以作为三维可视化技术的一种表达形式，原理上是在虚拟漫游的基础上，增加两个特征，一是使用头戴式显示设备，二是 360°全景显示。利用 VR 技术制作的三维建筑场景，使用者能借助头戴式显示设备全方位观察场景，如图 6 - 2 所示，给予观察者身临其境的真实感受，根据需求还可加入与场景互动功能、3D 立体显示的功能，许多功能与建筑装饰装修设计非常契合，对施工方快速理解设计意图有很大的帮助。

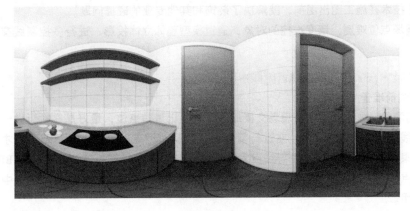

图 6-2

6.3 施工智能放线

6.3.1 装饰放线

装饰施工放线就是把图纸上的内容"弹"到实际天花板、墙地面上，相当于将图纸转移到现实现场中，以便建筑装饰装修施工开工时装饰面的安装，对施工现场的不同位置、不同建筑装饰装修材料的测量数据给予标注标记。内装中软装的施工放线也是根据设计图纸的要求，将墙体及家具的实际位置，在现场用墨线弹画出来，以检查有无冲突或不合实用的地方，这也是对设计工作的进一步检验。常规建筑装饰装修施工放线的工具有红外线水准仪、墨斗和墨线等。

常规的建筑装饰装修放线都是施工现场工程师先在 CAD 图纸上进行坐标、尺寸换算，再通过现场轴网对各个控制点位进行测量和放线。现场计算工作繁重，容易出现错误，建筑装饰装修材料相互之间的空间关系无法得到直观的体现，导致异形装饰测量以及放线工作更是困难重重。

施工放样应用点的主要工作内容应包括：

1）收集准确的数据，包括施工作业模型导出的放样数据及现场施工控制网规划。

2）制作施工控制网。

3）施工放样规划，规划放样仪器定位点及放样控制点之间关系，编制放样点编号。

4）依据控制网，根据放样数据进行现场精确放样。

6.3.2 装饰放线中 BIM 技术应用点

1. BIM 技术在装饰施工测量放线中的应用优势

在土建施工完成后，利用全息三维扫描技术对土建进行整体扫描，在软件模型中进行逆向建模，为建筑装饰装修设计深化和装饰放线做好基础。

通过设计 CAD 图纸，将建筑装饰装修整体造型、装饰结构等信息全部反映在模型中，碰撞检查，修整好模型后通过软件导出放线图纸，并标好尺寸线，图纸中包含放线关键控制点或控制线。

对双曲造型装饰面，利用 BIM 三维立体空间的优势，一是可以将立体异形模型投影到平面导出放线图纸；二是可以直接读取模型空间中的三级坐标（平面、立面、高程）。BIM 给装饰放线带来的技术进步表现在：

1）BIM 技术简化了建筑装饰装修现场施工放线计算工作。

2）BIM 技术在施工图出图前，就解决了装饰和其他专业的碰撞问题。

3）对现场点位难测、精度难控的对象，通过模型整体立体投影，进行多控制线交汇，保证放线精度。

2. BIM 技术在装饰测量放线各阶段中的工作内容

（1）放线前准备

1）现场测量。业主或监理在现场交接班时一定要记清楚点位，最好是在附近做一个明显的标记，记清导线点编号，以免混淆。在进行复测时，可及时地进行校对，复测无误后才能作为控制点使用。如果在复测过程中有个别导线点发生位移，应对其进行重新评测。同时在 BIM 模型中也要做好控制点的记录，出施工图纸时要尽可能运用方便现场测量的控制点作为图纸中的轴线，以便施工时使用。

2）建立 BIM 模型。BIM 技术在装饰测量施工前要做好模型建模和控制点、控制面的模拟，在模型中针对土建专业和除装饰外其他专业都进行空间体量的预设，再通过虚拟模拟装饰完成面放样，出装饰面布置图；对装饰龙骨、装饰填充等进行建模，出龙骨布置图，为装饰测量提供设计控制数据。

3）布置虚拟控制点。对 BIM 模型中虚拟控制点的布置要和施工现场的技术负责人进行沟通，以便保证可操作性。

4）制定放线实施方案。施工现场要针对 BIM 软件的施工图纸，组织测量放线队伍，将图纸中的数据放样至现场墙面、地面。

5）检核仪器。要确保做好施工放样工作，除加强测量人员的责任心外，还必须有状态良好的仪器、工具设备。

（2）现场实施放线　在建筑装饰装修施工现场放线的实施阶段，项目工程师要做好对装饰各个材料控制面的定位放线，针对不同控制项目的空间位置，通过 BIM 模型导出对应的平面、立面图纸，并且深化完成细部的收口。装修现场施工放线控制的项目具体包括：

1）现场实施放线。

2）隔墙。隔墙是建筑装饰装修工程平面施工的基础，是满足设计和使用功能的基本要求。所以隔墙或边界墙线的放线定位就尤为重要。

3）吊顶。吊顶是在有限区域内为满足使用空间并达到要求效果而设置的顶部结构，所以在保证设备安装空间的前提下，放线定位必须与安装空间有效结合，才能达到要求的效果。

4）墙面（立面）饰面层。墙面（立面）装饰是建筑装饰装修工程与土建工程的最大区别，墙面（立面）装饰体现设计师的理念，是设计师对其作品的梦想实现。所以装饰饰面的界面定位和饰面排版放线是装饰墙面施工的前期重要工作之一。

5）地面。装饰地平完成面的放线定位主要为保证达到使用功能和装饰效果。

6）其他。例如，装饰五金、装饰外露设备、电气开关与插座等，都是围绕着能达到装饰使用功能和装饰效果而设置的。

（3）放线成果的检验和核准　为了避免测量放线过程中一些出错的现象，在平面放线放样过程中要增加检核条件，每一个关键控制点都要通过 BIM 模型中导出的装饰完成数据比对，误差控制在允许范围内。现场已知控制点可放置于相对稳定、不易移动的构筑物上。

施工现场在施工放样后要进行检核。作为最后一道步骤，一般选用闭合法，即闭合测试原理检测仪器误差是否满足要求。通过 BIM 模型中导出的数据进一步验证施工现场测量定位数据的可靠性。

6.4 构件材料下单

以幕墙材料下单为例，构件下单基本上需要两种类型来配合使用，即图形和数据表。图表用来描绘数据表的配合关系、构件位置、尺寸等信息。

门窗的下单需要门窗大样图、门窗表。门窗大样图可采用功能"第9章9.2 参数化门窗"创建的门窗族并通过 Revit 中"图例功能＋剖面功能＋详图索引"来完成，具体方法请参考"第10章施工图"；门窗表、型材清单、玻璃清单、五金清单、附件清单等可通过明细表自动生成，具体方法请参考"第11章统计"。

幕墙专业的材料下单中图形部分可采用"9.9 创建幕墙"中的族文件，在项目中可通过 Revit 中"详图索引"功能来直接完成节点图形的绘制，其材料的名称可以通过类别标记自动获取构件的属性来完成，如图6-3所示。由于各厂家使用的格式或数据不尽相同，本节只讲主数据。正向设计的幕墙模型或根据幕墙方案图创建的幕墙施工模型，能够自动生成幕墙下料数据。

常规幕墙的下料单包含以下内容：埋件清单、转接件清单、铝（钢）型材清单、玻璃（板材）清单、五金件清单、胶类清单、辅材清单等。Revit 软件系统自带的幕墙功能，无法直接获取以上数据，需根据"族"的特性，对其进行优化处理，建立精细程度达到 LOD400 的模型，如图6-4所示，并通过"明细表"功能提取数据。

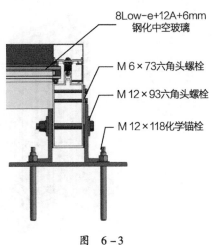

图 6-3

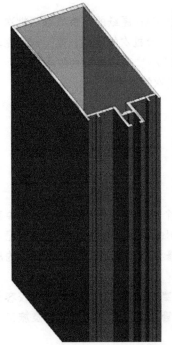
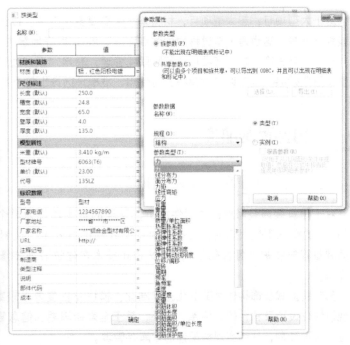

图 6-4

自动生成幕墙下料数据方法：①首先应具备幕墙构件族库，包括常用的立柱、横梁、开启窗、面板等。这些族应含有相应变量参数，比如立柱的长度、面板的宽度、高度等。将这些基本材料族按照材料的使用规则创建"嵌板"嵌套族。②在项目环境下创建幕墙项目，选择相应的嵌板族，此嵌板应能自动适应幕墙网格。③创建材料"明细表"，获取构件族中的相应的参数，例如，立柱的代号、名称、长度、数量；玻璃的代号、名称、宽度、高度、配置信息等，如图 6-5 所示，具体方法请参考"第 9 章 9.9 创建幕墙"以及"第 11 章 统计"的内容。

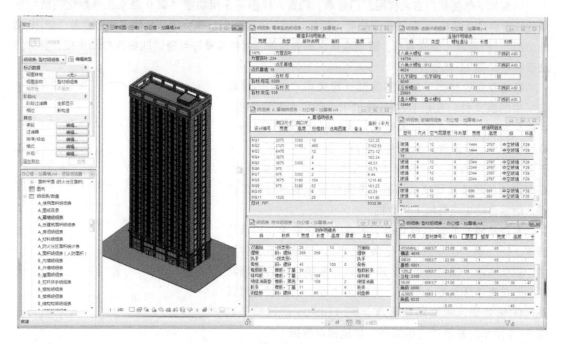

图 6-5

对于大型项目、超大型项目，材料单一般需要多次下单。传统 CAD 图纸的下单很难将批次或阶段划分清楚，这也是下单过程中的难点之一。Revit 很好地解决了分批次的问题，模型创建完毕后，根据项目进度需求，将项目进行阶段化管理，利用"阶段过滤器"来设置每个阶段的实际工程量及形象效果；也可以在材料统计时使用，准确地区分出每个批次的工作量。

6.5　构件预制加工

6.5.1　装饰预制加工 BIM 应用简介

对于建筑装饰装修业的预制件加工，管理的基本单位为单个"零件"。传统建造方式中其"零件"的概念不是很清晰，但在预制装配式建造方式中，预制的钢架、石材、玻璃等构配件实质就是建筑物被"零件化了"，所以 BIM 技术在建筑装饰装修业的预制加工中具有天然的应用优势。

预制装配式装饰构件对工业化、标准化、模块化程度要求较高。BIM 与其结合，可以较容易实现模块化设计及构件的零件库。另外，基于全寿命周期的信息管理可以对其生产运输及施工过程进行合理计划，从而实现构配件的零库存管理。

6.5.2　BIM 在预制加工中的优势

传统的预制装配式建筑项目建设模式是"设计→工厂制造→现场安装",相较于"设计→现场施工"模式来说,推广起来仍有困难,从技术和管理层面来看,因为设计、工厂制造、现场安装三个阶段相分离,设计成果可能不合理,在安装过程才发现不能用或者不经济,造成变更和浪费,甚至影响质量;BIM 技术的引入可以有效解决以上问题,它将装饰构件的设计方案、制造需求、安装需求集成在 BIM 模型中,在实际建造前统筹考虑设计、制造、安装的各种要求,把实际制造、安装过程中可能产生的问题提前消灭。

6.5.3　BIM 技术实施预制加工的应用过程

基于 BIM 技术的装饰构件预制加工工作流程如下:

1. 设计阶段

对构件配件进行数据和信息的采集,建立装饰构件模型。在建模过程中,将项目主体结构各个零件、部件、主材等信息输入到模型中,并进行统一分类和编码。制定项目制造、运输、安装计划,输入 BIM 模型,同时规范校核,通过三维可视化对设计图纸进行深化设计,进而指导工厂生产加工,实现了部品件的生产工厂化。

2. 生产阶段

根据设计阶段的成果,分析构件的参数以及模数化程度,并进行相应的调整,形成标准化的零件库,另外,通过 BIM 技术对构件进行运输和施工模拟,制定合理的装配计划。

3. 运输阶段

在构件加工完毕后,将 BIM 引入建筑产品的物流运输体系中,根据先前的运输装配计划,合理安排构件的运输和进场安装的时间。

4. 装配阶段

通过 BIM 技术对项目装配过程进行施工模拟,对相关构件之间的连接方式进行模拟,以指导施工安装工作的展开。结合 BIM 输出的构件空间信息,进行精确定位,保证质量。

5. 竣工阶段

对前序阶段的信息进行集成整合,总结各个阶段的计划与实际差别的原因,分析归纳出现的问题并找出解决方法,从而形成基于产业链的信息数据库,为以后工程项目的开展提供参考。

6.6　施工进度管理

6.6.1　进度管理 BIM 应用简介

在传统建筑装饰装修项目的施工进度管理中,通常是以工程总体进度计划为基础,以甘特图或电子表格的形式将装饰分部分项工程名称及设计、施工起止计划时间反映出来。相比于运用 BIM 技术的进度管理,传统的进度管理存在几个弊端:

1)**进度管理过于抽象**。只能通过数字或线形图表示进度计划,非计划编制人员理解困难,进度计划协调工作也难免错漏。

2）**难以实时更新**。将进度计划使用文档进行流转并由总包整合需要较长时间，进度计划更新效率低。

3）**与实际对比困难**。在施工过程中，难以将实际施工进度，与计划进度进行对比分析，不利于工程分析。

运用 BIM 技术进行建筑装饰装修施工进度模拟，能够通过直观真实、动态可视的施工全程模拟和关键环节的施工模拟展示多种施工计划和工艺方案的实操性，从而择优选择最合适的方案。

利用模型对建筑信息的真实描述特征，进行构件和管件的碰撞检测并优化，对施工机械的布置进行合理规划，在施工前尽早发现设计中存在的矛盾以及施工现场布置的不合理，避免"错、缺、漏、碰"和方案变更，提高施工效率和质量。

施工模拟技术是按照施工计划对项目施工全过程进行计算机模拟，在模拟的过程中会暴露很多问题，如装饰结构设计、安全措施、场地布局等各种不合理问题，这些问题都会影响实际工程进度，早发现早解决，并在模型中做相应的修改，可以达到缩短工期的目的。

6.6.2 施工进度模拟 BIM 应用的实施流程

基于 BIM 的施工进度模拟一般是基于 4D 环境的，即三维模型（3D）加上时间维度，一般是将传统的施工甘特图中的内容，例如某块区域何时开始建造、持续时间及完成时间等内容设定到相对应的 BIM 三维模型中，使三维模型随着时间轴逐步出现，从而模拟出按时间推移项目逐步建造完成的过程。因为整个模拟过程在 4D 环境中完成，所以 BIM 施工进度模拟包含大量传统施工组织中各类进度表中所不具备的内容。而且基于 BIM 模型生成的施工进度模拟修改十分便利，只要将数据进行修改后再次输出即可，减少工作量的同时也减少了人工操作可能出现的错误。一般而言，建筑装饰装修业的 BIM 施工进度模拟主要包括以下几个工作流程：

1. 收集数据

这里的数据不仅包括建筑装饰装修 BIM 模型和施工进度计划、施工组织计划等项目信息资料，同样也包含与建筑装饰装修施工相关的土建、机电等专业的 BIM 施工进度计划及其进度模拟文件，并需要确保数据的准确性。

2. 录入数据

将进度计划与三维建筑信息模型进行链接，并设置基于时间的 BIM 模型进度信息，可以手动输入数据，也可以通过 Project 一类的管理软件直接导入数据，最终生成于时间关联的施工进度管理模型。

3. 分析及优化

在施工前对施工进度进行预估，从而调整优化施工组织计划，施工中反复对比施工进度计划与实际施工进度，根据实际情况不断调整优化施工进度、施工组织和施工方案。这个过程将贯穿从施工准备阶段到竣工阶段的全部过程。

4. 生成成果

施工进度模拟的成果一般由两部分组成，一是视频动画、VR、AR 等形式的图像内容，二是各类数据表单及文字的书面报告。

6.6.3　BIM 技术模拟施工进度的注意点

1. 越早进行施工进度模拟，收益越高

BIM 施工进度模拟贯穿整个施工过程，尤其是其对资源调配效率提高的帮助，对整个工程影响巨大，对项目资源使用的预估也比传统管理方式效率和精度更高，所以应尽早进行整体及各分部分项工程的施工方案模拟。

2. 准确的模拟结果需要准确的 BIM 模型

BIM 施工进度模拟的价值取决于它实行的时间和结果的准确性，而结果的准确性则取决于 BIM 模型及其录入信息的准确性。所以，在进行施工进度模拟前，要确保 BIM 模型的准确完整，每个阶段需要对 BIM 模型及其附带的信息及时更新调整，否则模拟结果就没有实际参考价值。

3. 施工进度模拟需多方协同

因为施工进度模拟能够提高施工方及业主对整个项目施工进度的掌控力，所以施工方案模拟的受益方包括业主、代业主、总包与专业分包，当然在实施过程中需要的数据也需要由多方提供。因此，施工进度模拟的实施需多方协作，缺少任何专业的进度模拟的实效都会大打折扣。

6.7　施工物料管理

6.7.1　装饰物料管理 BIM 应用简介

物料管理，起源于飞机制造行业，是指从企业整体角度出发，依照适时、适量、适价、适地原则对物料进行管理。施工企业的物料管理是指从施工企业整体角度出发，根据合同需求和施工进度对物料进行管理。

目前，施工行业的成本管控缺乏一定的有效性，尤其对于装饰建筑物料缺乏系统性管理方法。一座建筑必要的物质基础是由建筑物料提供的，建筑物料是建筑成本中重要的组成部分之一。从房屋建筑装饰装修专业建造成本数据来看，建筑装饰装修物料成本占工程造价的70%左右，物料库存会对流动资金产生很大影响。物料管理是施工项目成本管理的重要组成部分，利用 BIM 技术可以对建筑物料进行系统的管理，优化物料采购、运输、库存管理，从而避免浪费，节约施工成本。

BIM 技术是建筑的数字化应用，是整个建筑寿命周期数据的集成，通过数据仿真模拟建筑物的所有真实信息，为设计、建造、运维、管理等提供帮助，并为利益相关各方协同作业提供支持。BIM 价值存在于在建筑全寿命周期中，它利用数字建模软件（虚拟现实），建立三维模型并录入时间、物料管理等信息，以此为平台提供信息对接与共享，从而对全过程建筑物料进行科学有效的管理等信息。信息技术的发展为物料管理水平的进一步提高提供了有利条件，并且 BIM 技术的推进，为施工企业物料管理进行科学系统管理成为可能。

6.7.2　各阶段装饰物料成本管理的应用实施

1. 采购阶段物料成本管理应用

对于一般建筑装饰装修工程项目而言，除甲供材料以外的其他物料都由施工方自行采购，以往造价人员依据施工图计算的工程量确定采购量，但这种情况下数据的准确性取决于造价人员的

业务水平，偏差较大。虽然目前市面上也存在很多造价软件帮助计算，但大部分对于复杂构件还是要采取手工计算或近似计算，这降低了准确性。同时在施工过程中也会产生很多变更处理，对此要求及时更新工程量信息。BIM 技术改变了二维图信息割裂的问题，虚拟的建筑信息模型能多方联动。当发生一处变更时，及时对三维模型进行修改，视图、明细表等都会相应发生改变。此外，根据 BIM 模型可直接计算生成工程量清单，既缩短了工程量计算时间，又能将误差控制在较小范围之内且不受工程变更的影响，采购部门依据实时的工程量清单制定相应的采购计划，实现按时按需采购。基于 BIM 技术的物料采购计划，既避免了在不清楚需求计划情况下的采购过量、增加物料库存成本和保管成本，又避免了物料占用资金导致资金链断裂或物料不按时到位对项目产生的影响。

2. 运输阶段物料成本管理应用

从物料出库到入库的运输阶段，可以将 BIM、GIS、RFID 结合应用，优化运输入境、实时跟踪检测等，通过新技术的整合，实现产品运输跟踪、零库存、即时发货，改善运输过程物料管理。随着物联网技术的发展，可以针对企业具体情况制定专用交互界面支撑整个物流运转系统，实现资产和库存的跟踪。

3. 施工阶段物料成本管理应用

建筑业与传统制造业相比，主要是对原材料、半成品进行存储，项目在进行施工现场平面布置时，需要进行统筹规划，如果物料堆场规划不当，很可能造成物料的损耗以及二次搬运。在传统条件下，为了保证项目的正常进行，建筑物料的提前采购不可避免，同时物料库存的资金损失也不可避免，这已成为施工方面临的两大难题。

随着 BIM 相关软件日渐开发成熟，可以借助施工场地布置融入 GIS 地理数据对建筑施工现场进行虚拟再现模拟，合理规划物料进出场、各类物料堆场、设备位置，统一进行人员调配模拟。通过虚拟场地再现，科学规划有限的施工现场空间，满足施工需求，减少二次搬运造成的成本增加。合理安排物料管理人员，责任划分落实到个人，利用二维码或 RFID 技术，录入出入库信息、物料信息、责任人信息，在一定程度上规范现场物料管理。

6.8 质量与安全管理

6.8.1 装饰质量管理 BIM 应用简介

建筑装修工程质量问题历来就受到人们的关注，影响着项目使用者的人身财产安全。随着科学技术的进步，以及工程工具和装饰材料的不断创新，许多工程中的质量通病在逐一被解决，但是，也伴随着新的问题出现。BIM 技术在建筑装饰装修工程质量管理中的应用可以对现存的很多质量问题进行针对性解决，达到提高工程质量管理效率的目的。

1. 设计图质量管理

BIM 技术可以将设计方案直观地展示出来，因此在装饰设计时，利用 BIM 进行方案探讨，将建筑造型、空间布置、材料选择等全部利用 BIM 技术进行三维展示，更有利于设计工作的开展，同时也可以给业主直观的感受，使业主对项目整体的完成效果有一个深入的理解。

2. 深化图质量管理

普通建筑装饰装修项目中 BIM 优势并不明显，但在复杂建筑装饰装修项目中，由于材料众多、

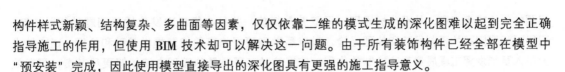

构件样式新颖、结构复杂、多曲面等因素，仅仅依靠二维的模式生成的深化图难以起到完全正确指导施工的作用，但使用 BIM 技术却可以解决这一问题。由于所有装饰构件已经全部在模型中"预安装"完成，因此使用模型直接导出的深化图具有更强的施工指导意义。

3. 产品质量管理

在一些特殊造型装饰构件的生产中，也可以与 BIM 技术相结合，将 BIM 模型进行格式转换，成为可以供三维打印机或雕刻机等先进数控设备读取的模型文件，直接生产出装饰产品。这种方式相比于传统的翻模法，虽然在经济上几乎持平，却可以节省大量的加工时间，大大缩短工期。同时，传统的翻模法是人工进行的，误差较大，也很难批量复制，但使用 BIM 技术却可以免除这些问题，使装饰产品质量更高。

4. 运维质量管理

信息量丰富是 BIM 模型的一个重要的特点，在项目运维时，成千上万的装饰构件会给管理者带来严重的管理问题，因为它们来自不同的厂家，使用不同的材料，应用不同的安装方式，本身有着不同的规格要求，作为管理人员无法将这些信息全部记住，文本档案查阅亦十分困难。但只要将竣工模型接入主流管理平台，在工程维护时只需点选相应构件，即可直接查到所有需要的信息，为运维管理单位提高管理质量提供极大的便利。

5. 技术质量管理

施工技术的质量是保证整个建筑产品合格的基础，工艺流程的标准化是企业施工能力的表现，尤其当面对新工艺、新材料、新技术时，正确的施工顺序和工法、合理采用的施工用料将对施工质量起决定性的影响。BIM 的标准化模型为技术标准的建立提供了平台。通过 BIM 的软件平台动态模拟施工技术流程，由各方专业工程师合作建立标准化工艺流程，通过讨论及精确计算确立，保证专项施工技术在实施过程中细节上的可靠性；再由施工人员按照仿真施工流程施工，确保施工技术信息的传递不会出现偏差，避免实际做法和计划做法不一样的情况出现，减少不可预见情况的发生。

同时，可以通过 BIM 模型与其他先进技术和工具相结合的方式，如激光测绘技术、RFID 射频识别技术、智能手机传输技术、数码摄像探头技术、增强现实技术等，对现场施工作业进行追踪、记录、分析，能够第一时间掌握现场的施工情况，及时发现潜在的不确定性因素，避免不良后果的出现，监控施工质量。

6.8.2　装饰质量管理 BIM 应用的优势

质量控制的系统过程包括：事前控制、事中控制、事后控制，而有关 BIM 的应用，主要体现在事前控制和事中控制中。应用 BIM 的虚拟施工技术，可以模拟工程项目的施工过程，对工程项目的建造过程在计算机环境中进行预演，包括施工现场的环境、总平面布置、施工工艺、进度计划、材料周转等情况，这些都可以在模拟环境中得到表现，从而找出施工过程中可能存在的质量风险因素，或者某项工作的质量控制重点。对可能出现的问题进行分析，从技术上、组织上、管理上等方面提出整改意见，反馈到模型当中进行虚拟过程的修改，从而再次进行预演。反复几次，工程项目管理过程中的质量问题就能得到有效规避。用这样的方式进行工程项目质量的事前控制比传统的事前控制方法有着明显的优势，项目管理者可以依靠 BIM 的平台做出更充分、更准确的预测，从而提高事前控制的效率。

对于事后控制，BIM 能做的是对于已经实际发生的质量问题，在 BIM 模型中标注出发生质量问题的部位或者工序，从而分析原因，采取补救措施，并且收集每次发生质量问题的相关资料，积累对相似问题的预判经验和处理经验，对以后做到更好的事前控制提供基础和依据。BIM 技术的引入更能发挥工程质量系统控制的作用，使得这种工程质量的管理办法能够更尽其责，更有效地为工程项目的质量管理服务。

6.8.3　装饰质量管理中 BIM 技术的应用方式

影响工程项目质量的 5 种因素：人工、机械、材料、方法、环境。通过运用 BIM 技术对此 5 种因素进行有效的控制，就能很大程度上保证工程项目建设的质量。

1. 人工控制

这里的人工主要指管理者和操作者。BIM 的应用可以提高管理者的工作效率，从而保证管理者对工程项目质量的把握。BIM 技术引入了富含建筑信息的 BIM 模型，让管理者对所要管理的项目有一个提前的认识和判断，根据自己以往的管理经验，对质量管理中可能出现的问题进行罗列，判断今后工作的难点和重点，做到心中有数，减少不确定因素对工程项目质量管理产生的影响。

操作者的工作效果对工程质量管理起着至关重要的作用，对质量管理产生直接的影响。BIM 技术的介入，可以对工人的操作任务进行预演，让他们清楚准确地了解到自己的工作内容，明白自己工作中的质量要点如何控制，在实际操作中多加注意，避免因主观因素产生质量问题。

2. 机械控制

应用 BIM 技术后可以模拟施工机械的现场布置，对不同的施工机械组合方案进行调试，例如，塔吊的个数和位置，现场混凝土搅拌装置的位置、规格，施工车辆的运行路线等。用节约、高效的原则对施工机械的布置方案进行调整，寻找适合项目特征、工艺设计以及现场环境的施工机械布置方案。

3. 材料控制

工程项目所使用的材料是工程产品的直接原料，所以工程材料的质量对工程项目的最终质量有着直接的影响，材料管理也对工程项目的质量管理有着直接的影响。BIM 技术的 5D 应用可以根据工程项目的进度计划，并结合项目的实体模型生成一个实时的材料供应计划，确定某一时间段所需要的材料类型和材料量，使工程项目的材料供应合理、有效、可行。历史项目的材料使用情况对当前项目使用材料的选择有着重要的借鉴作用。收集整理历史项目的材料使用资料，评价各家供应商产品的优劣，可以为当前项目的材料使用提供指导。BIM 技术的引入使我们可以对每一项工程使用过的材料添加上供应商的信息，并且对该材料进行评级，最后在材料列表中归类整理，以便日后相似项目的借鉴应用。

4. 方法控制

应用 BIM 技术后可以在模拟的环境下，对不同的施工方法进行预演示，结合各种方法的优缺点以及本项目的施工条件，选择符合本项目施工特点的工艺方法。也可以对已选择的施工方法进行模拟项目环境下的验证，使各个工作的施工方法与项目的实际情况相匹配，从而做到对工程质量的保证。

5. 环境控制

应用 BIM 技术我们可以将工程项目的模型放入模拟现实的环境中，应用一定的地理、气象知识分析当前环境可能对工程项目产生的影响，提前进行预防、排除和解决。在丰富的三维模型中，这些影响因素能够立体直观地体现出来，有利于项目管理者发现问题，并解决问题。

6.8.4　安全管理 BIM 应用简介

为了减少施工过程中事故的发生，传统的方式已经无法准确完整的报告实时的建设状况，所以有必要有一个更加高效、高科技的安全集成管理办法对施工项目进行全面的、系统的、现代化的管理，这就是以 BIM 作为核心的安全管理模式。

基于 BIM 的建筑信息模型，我们就可以建造可视化的技术，为建设信息化提供基础，让管理决策更加信息化、自动化、科学化、标准化。在带动建筑工程施工效率提升的同时，也大大降低施工安全隐患。

BIM 技术应用在计算机中的虚拟模拟，其过程本身不消耗施工资源，却可以根据可视化效果看到并了解施工的过程和结果，可以较大程度降低返工给带来的安全风险，增强管理人员对安全施工过程的控制能力。BIM 技术在安全生产施工中的应用有以下几点：

1. 优化装饰施工临时设施

装饰施工临时设施是为工程建设服务的，它的布置将影响到工程施工的安全、质量和生产效率。三维模型虚拟临时设施对装饰单位是相当有用的，可以实现对临时设施（如脚手架、起重机等）的布置及运用，如图 6-6 所示，还可以帮助装饰单位事先准确地估算所需要的资源，评估临时设施的安全性，以及发现可能存在的设计错误，如图 6-7 所示。

图　6-6　　　　　　　　　　　　　　　　图　6-7

还可以根据所做的施工方案，将安全生产过程分解为维护和周转材料等建造构建模型，将它们的尺寸、重量、连接方式、布置形式直接以建模的形式表达出来，方便选择施工设备及机具，确定施工方法和配备人员。通过建模，可以帮助施工人员事先有一个直观的认识，再研究如何施工和安装。

2. 优化施工场地

应用 BIM 技术重点研究并解决施工现场整体规划、现场进场位置、材料区的位置、起重机械的位置及危险区域等问题，确保建筑构件在起重机械安全有效范围内作业；利用三维建模，可模拟施工过程，构件吊装路径、车辆进出现场状况、装货卸货情况等。

施工现场虚拟三维模型可以直观、便利地协助管理者分析现场的限制，找出潜在的问题，制定可行的施工方法；有利于提高效率、减少传统施工现场布置方法中可能存在的漏洞，及早发现施工图设计和施工方案的问题，提高施工现场的生产率和安全性。在平面布置图中，塔吊布置是施工总平面图中比较重要的一项，塔吊布置是否合理会直接影响施工进度和施工安全。塔吊布置主要考虑覆盖范围、安装条件以及拆除。

在布置的过程中，施工单位一般对前两项都做得比较出色，而往往会忽视掉拆除一项。因为塔吊是可以自行一节一节升高的，上升过程中没有建筑物对其约束，而拆除则不一样，存在悬臂约束、配重约束、道路约束等一些想不到的因素。在这些因素中，有的建设项目可能没有考虑周全，也有整体布置没有更形象的空间比较的因素。

通过 BIM 场地布置模型，将塔吊按照整个建筑的空间关系来进行布置和论证，然后链接其他模型，如施工道路、临时加工场地、原材料堆放场地、临时办公设施、饮水点、厕所、临时供电供水设施及线路等，会极大地提高布置的合理性。

3. 虚拟施工

BIM 技术可对整个施工过程中的安全管理进行可视化管理，达到全真模拟。通过这样的方法，可以使项目管理人员在施工前就可以清楚下一步要施工的所有内容以及明白自己的工作职能，确保在安全管理过程中能有序地管理，按照施工方案进行有组织的管理，能够了解现场的资源使用情况，把控现场的安全管理环境，大大增加过程管理的可预见性，也能够促进施工工程中的有效沟通，有效地评估施工方法，发现问题、解决问题，真正地运用"PDCA"循环来提高工程的安全管控能力。这样将改变传统的施工组织模式、工作流程和施工计划。

4. 基于 VR 的安全教育体验

1）防坠落安全体验场景设计。施工安全体验是目前 VR 在工程领域应用最为广泛的领域。各类安全体验事故状态均能在 VR 场景中还原，从而达到教育培训的效果，如图 6-8 所示。高处坠落体验主要表现临边及洞口无防护造成坠落的体验场景。若体验者的移动范围超过相应位置的边缘，则会触发坠落体验，以重力加速度下落到基坑底部施工区域。

2）消防灭火安全体验场景设计。体验者进入到材料堆码区，体验场景在模板加工棚及旁边的模板堆放区。加工棚旁边配置有标准施工配电箱、干粉灭火器、消防水带及消防水枪等设备及相应的储存箱，如图 6-9 所示。通过 VR 模拟着火后，交互体验现场如何灭火。现场火势根据剧烈程度，有大火燃烧和灭火器喷发的声音特效。若干粉灭火器的干粉耗尽，火势还是没有控制住，则火势蔓延，提示灭火失败。也可在场景中设置射线位移，逃离现场。

图 6-8   图 6-9

3）临时用电安全场景设计。场景布置在施工加工区域及周边，主要展示施工现场临时用电三级配电系统的流程以及触电安全事故等，参照规范《施工现场临时用电安全技术规范》（JGJ 46—2005）以及施工现场部分优秀接电做法建模。在 VR 场景中通过动态交互的方式演示并还原其标准做法以及触电反馈等。

6.9　工程成本管理

6.9.1　目的和意义

工程成本管理采用 BIM 技术，利用同一 BIM 模型，可以将工程数量、定额、成本、价格等各个工程信息和业务信息集于一体，提高工程量计算的准确性和工作效率，提高工程造价的分析能力和控制能力。随着 BIM 技术的不断推广，它在造价管理上的应用也越来越广泛，将逐渐从工程量的快速准确计算发展到全寿命工程造价的精细化管理。

6.9.2　工作内容

1. 设计阶段的造价概算

在设计阶段，优化设计方案可以有效地控制工程造价。设计人员往往在图纸设计中投入大量精力却不重视统计和计算工程数量，另外对工程量计算规则和定额采用的不熟悉，导致提供的工程数量和套用的定额存在误差遗漏等现象，最终给编制概预算和控制工程造价带来一定影响。BIM 算量专业软件能快速分析工程量，大大减少了依据设计图纸识别构建信息的工作量以及由此引起的错误。它还能通过关联历史数据来分析造价指标、快速计算设计概算，且大幅度提高了设计概算的精度。

2. 基于 BIM 模型成本核算

基于 BIM 模型的算量方式精准可控，很少出现少算、漏算等情况，但装饰面层的造型多样、复杂，算量工作难度较大，目前也没有很好的软件解决方案。概算阶段：运用 BIM 的 LOD100 - 200 的模型就可以，初步估算项目体量，运用单位面积/体积的概算经验值，估算出项目费用。预算阶段：随着模型的精度的深化，可以很好地辅助预算。由于精装修项目涉及材料种类和工艺繁多，但借助 BIM 可以很方便准确的计算工程量再结合其他预算软件也可以很高效的做好预算。决算阶段：在项目实施过程中不可避免的产生设计方案和工程实施方案的变更。在更改 BIM 模型的同时也一并记录和修改了模型中相关数据。最后生成的明细表也能很好的辅助决算。我们针对不同 BIM 应用的项目研发出全模型算量、局部模型算量等不同的 BIM 算量技术，弥补传统算量的不足。

3. 领料与进度款支付管理

通过 BIM 模型计算出来的工程量，按照企业定额或者行业规定统一定额的施工预算，编制整个装饰项目的施工预算，让指导和管理施工有据可依。在 BIM 软件中进行物料分类及管理，通过采用 BIM 模型中系统分类及构件类型等要素来模拟，为任务单及领料提供数据支撑。对施工班组领料进行限额及管控，减少施工物料的浪费，"拿多少用多少"，领料签收施工领料单，及时做好清单统计，通过 BIM 模拟，并向施工班组进行施工交底，交代班组任务单。

要求施工班组对实时完成的工作量，消耗人工及材料做好原始统计，作为领料的依据。传统结算工作方式繁琐且周期长，基于 BIM 技术能够快速、准确统计出相应的工作量，减少预算的时间，能够对完成工程量有效统计及拆分，也为工程进度款结算工作提供了有效的数据支撑。

◦⁀ 本章练习题 ⁀◦

一、单项选择题

1. 下列选项属于支撑施工阶段 BIM 应用价值的是 (   )。

   A. 3D 施工工况展示

   B. 4D 虚拟建造

   C. 施工场地科学布置和管理

   D. 设计图纸审查和深化设计

2. BIM 模型的碰撞检查不包含 (   ) 这几个方面。

   A. 装饰模型间碰撞

   B. 装饰模型与其他专业模型碰撞

   C. BIM 模型与点云模型碰撞

   D. BIM 模型与设计图纸碰撞

3. 利用 BIM 技术对于大型门窗幕墙项目的材料下单，可通过 (   ) 方法进行批次划分。

   A. 阶级化

   B. 等分化

   C. 阶段化

   D. 标识化

4. 下列不属于施工阶段 BIM 应用是 (   )。

   A. 可视化施工交底

   B. 装饰施工智能放线

   C. 施工进度模拟

   D. 工程结算

5. BIM 可视化施工交底的实施流程为 (   )。

   A. 三维模型的建立、模型的转换、参数的设定、渲染与输出、虚拟漫游与 VR 技术

   B. 三维模型的建立、参数的设定、渲染与输出、虚拟漫游与 VR 技术

   C. 三维模型的建立、模型的深化、模型的分析、渲染与输出、虚拟漫游与 VR 技术

   D. 三维模型的建立、模型的深化、模型的分析、参数的设定、虚拟漫游与 VR 技术

二、多项选择题

1. 基于 BIM 技术的装饰构件预制加工工作流程包括 (   )。

   A. 现场基层数据采集

   B. 旋转楼梯主控线放线

   C. 钢结构楼梯现场安装

   D. GRG 模具精度检验

2. BIM 在项目管理中按不同工作阶段可分为 (   )。

   A. 投标管理

   B. 设计管理

   C. 施工管理

   D. 竣工管理

3. 创建门窗族构件时，为了自动能够生成材料下料数据，应该设置 (   ) 等变量参数。

   A. 型材的长度

   B. 面板的宽度

   C. 面板的高度

   D. 型材的单价

4. 下列属于安全管理 BIM 技术应用的是 (   )。

   A. 装饰临时设施优化

   B. 施工场地优化

   C. 虚拟施工

   D. 基于 VR 的安全教育体验

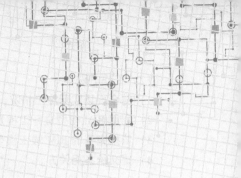

第7章 竣工与运维阶段 BIM 应用

7.1 竣工阶段 BIM 应用

7.1.1 竣工模型的创建

进入竣工阶段时，将竣工验收信息添加到施工过程模型，并根据项目实际情况进行修正，以保证模型与工程实体的一致性，进而形成 BIM 竣工模型。竣工模型信息量大，覆盖专业全，涉及信息面广，最终形成一个庞大的 BIM 数据库。BIM 竣工模型是工程施工阶段的最终反映记录，是运维的重要参考和依据。

1. 工作创建流程及方法

（1）工作创建流程（如图 7-1 所示）

1）完善竣工图纸及施工作业模型。

2）依据标准规范，整理竣工图纸、模型及设计变更资料并归档。

3）准备数据，保证数据准确性。

4）在准备竣工验收资料时，检查施工过程模型是否能准确表达竣工工程实体，如表达不准确或有偏差，应修改并完善建筑信息模型相关信息。

5）验收合格资料、相关信息宜关联或附加至竣工模型，形成竣工验收模型。

6）竣工验收资料可通过竣工验收模型进行检索、提取。

7）按照相关要求进行竣工交付。

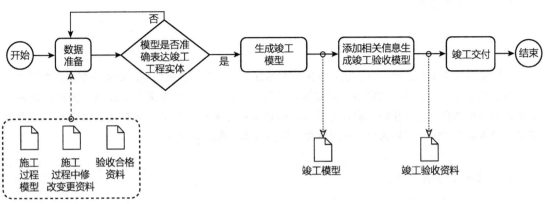

图 7-1

（2）工作方法

1）结合现场实际施工情况，完成竣工图纸形成竣工模型。

2）利用 BIM 模型进行工程量核算。

3）依据完善的 BIM 竣工模型，利用 BIM 软件或平台，进行资料信息集成。

4）提交给各相关方。

2. 数据准备

主要包括以下几个方面的数据：

1）各专业施工过程模型。

2）施工管理资料。

3）施工技术资料。

4）施工测量记录。

5）施工物资资料。

6）施工记录。

7）施工实验资料。

8）过程验收资料。

9）竣工质量验收资料。

10）施工过程中新增、修改变更资料。

11）验收合格资料。

在工程项目整合完成、项目竣工验收时，将竣工验收信息添加到施工作业模型，并根据项目实际情况进行修正，基于 BIM 的工程管理注重工程信息的及时性、准确性、完整性、集成性。将项目参与方在施工过程中的实际情况及时录入到施工过程模型，以保证模型与工程实体的一致性，进而形成竣工模型，以满足交付及运营要求。

3. 成果

1）竣工模型。模型应当准确表达构件的外表几何信息、材质信息、厂家信息以及施工安装信息等。其中，对于不能指导施工、对运营无指导意义的内容，不宜过度建模。项目可根据施工过程模型创建建筑装饰装修工程竣工交付模型，在竣工交付模型中准确表达装饰构造的几何信息、非几何信息、产品制造信息，保证竣工交付模型与工程实体情况的一致性。

2）竣工验收资料。资料应当通过模型输出，包含必要的竣工信息，作为政府竣工资料的重要参考依据。项目可根据竣工交付模型提取建筑装饰装修工程所需的竣工交付资料，可作为竣工交付资料存档的参考依据。

7.1.2 竣工信息的录入

模型中须完善设备生产厂家、出厂日期、到场日期、验收人、保修期、经销商联系人电话等。

竣工验收备案环节中，档案部门可根据项目情况，要求建设单位采用 BIM 模型归档，建设行政管理部门受理窗口应当在竣工验收备案中审核建设单位填报的 BIM 技术应用成果信息；成果信息应当包含应用阶段、应用内容、应用深度、应用成本、成果等信息。

7.1.3 竣工图纸的生成

项目竣工后，整理变更资料及各专业模型审查完成整合模型，根据施工图结合整合模型，生成验收竣工图，在建筑工程的施工方法仍然以人工操作为主的技术条件下，2D 竣工图有着不可替代的作用。基于整合模型自动生成的竣工图，为设计人员节省了大量图纸修改的时间。

在行业未接受 BIM 为合同文件的组成部分时，项目团队需要同意将标准的 2D 图纸作为合同文件的一部分，2D 图纸包括平面图、剖面图、立面图、大样图等。

建议直接从 BIM 文件直接生成 2D 图纸，尽可能减少不一致，应当明确标识不从 BIM 模型中生成的 2D 图纸。

各专业有自己的图纸清单、图纸编号和命名规则，团队也可以为图纸编号、图示方式、图例、时间表和链接确定一个统一的命名规则，为 2D 设计图纸、投标图、施工图、竣工图纸提供统一参考。

各专业在施工图信息模型的竣工模型的基础上，进一步按照施工图的要求来输出图纸，使其满足竣工阶段模型深度，模型深度和竣工图纸满足建筑专业模型内容及其基本信息要求。竣工图阶段的 BIM 应用，需要把建筑施工图模型、结构施工图模型、机电专业施工图模型、装饰施工图模型汇总整合在一起，从而进行碰撞检测、三维管线综合、净高优化等基本应用，为后期运维提供更高质量的依据。通过竣工图的流程与深度、竣工图的 BIM 应用要点和竣工阶段的成果交付进行表述。竣工阶段 BIM 应用的总流程如图 7-2 所示。

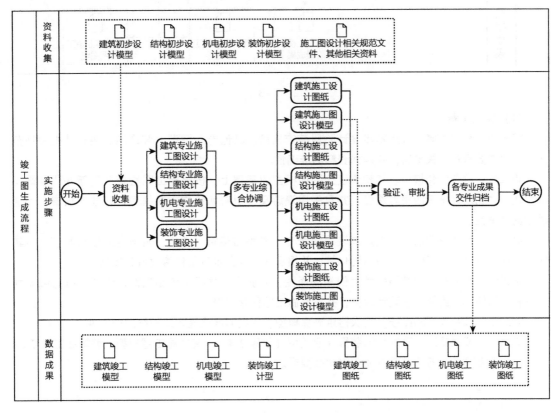

图　7-2

建筑装饰装修专业竣工图设计是指建筑装饰装修规程和建筑装饰装修在竣工过程图纸的设计的总称。建筑装饰装修规程的编制对建筑装饰装修质量、效益等起着重要作用，而建筑装饰装修竣工设计是保证装修质量、节约能源的重要手段，也是提高经济效益的技术保证。在 BIM 设计应用的基础上，装饰设计能以三维节点的形式表达装饰施工的意图，更好地体现装饰设计优越性。建筑装饰装修专业竣工图设计 BIM 应用操作流程如图 7-3 所示。

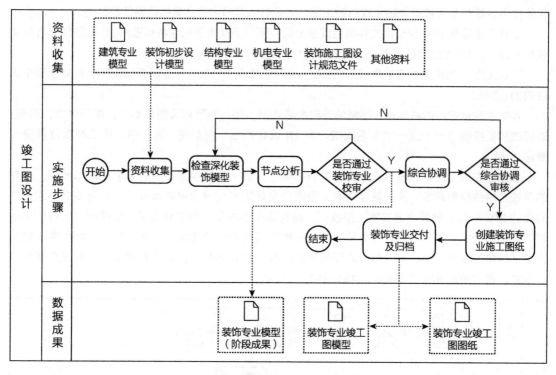

图 7-3

（1）实施步骤

第一步：资料收集。收集初步设计阶段装饰模型、其他专业模型、装饰施工图设计相关规范文件、业主要求等相关资料，并确保资料的准确性。

第二步：检查深化模型。在初步设计装饰模型的基础上，按照施工图检查并更新深化装饰模型，使其达到装饰施工图模型深度，并且采用漫游及模型剖切的方式对模型进行校审核查，保证模型的准确性。

第三步：传递模型信息。把建筑装饰装修专业模型与建筑、结构、机电专业模型整合，与其他专业进行协调、检查碰撞和净高优化等，并根据其他专业提资条件修改调整模型。

第四步：在调整后的装饰模型上创建剖面图、平面图、立面图等施工图，添加二维图纸尺寸标注和标识使其达到施工图设计深度，并导出施工图保存归档。

第五步：核查模型和图纸。再次检查确保模型、图纸的准确性以及图纸的一致性。

第六步：成果输出。建筑装饰装修专业模型（阶段成果）、装饰施工图模型、装饰竣工图图纸。

（2）模型深度　模型深度应达 LOD400 要求。

7.1.4　辅助工程竣工结算

工程竣工结算作为建设项目工程造价的最终体现，是工程造价控制的最后环节，并直接关系到建设单位和施工企业的切身利益。但竣工结算作为一种事后控制，更多是对已有的竣工结算资料、已竣工验收工程实体等事实结果在价格上的客观体现。目前在竣工阶段主要存在着以下问题：一是验收人员仅仅从质量方面进行验收，对使用功能方面的验收关注不够；二是验收过程中对整体项目的把控力度不大，譬如整体线的排布是否满足设计、施工规范要求，是否美观，是否便于后期检修等，缺少直观的依据；三是竣工图纸难以反映现实的实际情况，给后期运维管理带来各种不可预见性，增加运维管理难度。从竣工结算的重点环节来看，工程资料的储存、分享方式对竣工结算的质量有着极大影响。传统的工程资料信息交流方式中，人为重复工作量大，效率低下，信息流失严重。但基于 BIM 三维模型，可将工期、价格、合同、变更签证信息储存于 BIM 数据库中，可供工程参与方在项目生命周期内及时调用共享；从业人员对工程资料的管理工作可很好地融合于项目过程管理中，实时更新 BIM 数据库中工程资料，各参与方可准确、可靠地获得相关工程资料信息；项目实施过程中的大量资料信息存储于 BIM 数据库中，可按工期或分构件任意调取；在竣工结算阶段对结算资料的整理环节中，审查人员可直接访问 BIM 数据库，调取全部相关工程资料。基于 BIM 技术的工程结算资料的审查将获益于工程实施过程中的有效数据积累，极大缩短结算审查前期准备工作时间，提高结算工程的效率及质量。

通过完整的、有数据支撑的、可视化的竣工 BIM 模型与现场实际建成的建筑进行对比，可以较好地解决以上出现的问题。BIM 技术在竣工阶段工程结算方面的具体应用如下：

1. 检查结算依据

竣工结算的依据一般包含以下几个方面：

1）《建设工程工程量清单计价规范》（GB 50500—2013）

2）施工合同（工程合同）。

3）工程竣工图纸及资料。

4）双方确认的工程量。

5）双方确认追加（减）的工程价款。

6）双方确认的索赔、现场签证事项及价款。

7）招标文件。

8）投标文件。

9）其他依据。

在竣工结算阶段，对于设计变更，传统的方法是从项目开始对所有的变更依据时间顺序进行标号成表，各专业修改做好相关记录。其缺陷在于：①无法快速知道每一张变更单究竟修改了工程项目对应的哪些部位；②结算工程量是否包含设计变更只是简单的表格记录，复核耗费时间；③结算审计往往要随身携带大量的资料。

BIM 的出现将改变以上传统方法的困难和弊端。每一份变更的出现可依据变更修改 BIM 模型而持有相关记录，并且将技术核定单等原始资料"电子化"，将资料与 BIM 模型有机关联，通过 BIM 系统，工程项目变更的位置一览无余，各变更单位对应的原始技术资料可随时从云端调取并查阅，如对照模型图尺寸、属性等。在某项目集成与 BIM 系统（含变更）的结算模型中，BIM 模型中的"高亮显示"就是变更位置，结算人员只需要单击高亮位置，相应的变更原始资料即可调阅。

2. 核对工程量

在结算阶段，核对工程量是最主要、最核心、最敏感的工作，其主要工程数量核对形式依据先后顺子分为 4 种。

（1）分区核对　分区核对是核对数据的第一阶段，主要用于总量比对，一般预算员、BIM 工程机师按照项目施工段的划分将主要工程量分区列出，形成对比分析表，如果预算员采用手工计算，则核对速度较慢，碰到参数的改动，往往需要 1 小时甚至更长的时间才可以完成，但是对 BIM 工程师来讲，可能几分钟就能完成重新计算，得出相关数据。建筑装饰装修施工实际用量的数据也是结算工程量的一个重要参考依据，但是对于历史数据来说，往往分区统计存在误差，所以往往只存在核对总量的价值。

（2）分部分项清单工程量核对　分部分项清单工程量核对是在分区核对完成以后，确保主要工程量数据在总量上差异较小的前提下进行的。

如果 BIM 数据和手工数据需要对比，可通过 BIM 建模软件导入外部数据，在 BIM 建模软件中快速形成对比分析表，通过设置偏差百分率警戒值，可自动根据偏差百分率排序，迅速对数据偏差较大的分部分项工程项目进行锁定。再通过 BIM 软件的"反查定位"功能，对所对应的区域构件进行综合分析，确定项目最终划分，从而得出较合理的分部分项子目。而且通过对比分析表可以进行漏项对比检查。

（3）整合查漏　由于项目总承包管理模式（土建与机电、装饰往往不是同一家单位）在传统手工计量的模式下，缺少对专业与专业之间的相互影响，对实际结算工程量造成一定偏差；或者由于相关工作人专业知识局限性，从而造成结算数据的偏差。因此，需要 BIM 技术查漏整合。

（4）大数据核对　大数据核对是在前 3 个阶段完成后的最后一道核对程序。项目的高层管理人员依据一份大数据对比分析报告，可对项目结算报告做出分析，得出初步结论。BIM 相关工作完成后，可直接在云服务器上自动检索高度相似的工程进行云指标对比，查找漏项和偏差较大的项目。

3. 其他方面

BIM 在竣工阶段的应用除工程数量核对以外，还主要包括以下方面：

1）验收人员根据设计、施工阶段的模型，可直观、可视化地掌握整个工程的情况，包括建筑、结构、机电、装饰等各专业的设计情况，既有利于对使用功能、整体质量进行把关，又可以对局部进行细致的检查验收。

2）验收过程可以借助 BIM 模型对现场实际施工情况进行校核，如天花吊顶是否满足要求以及是否有利于后期检修等。

3）通过竣工模型的搭建，可以将建设项目的设计、经济、管理等信息融合到一个模型中，便于后期的运维管理单位使用，更好、更快地检索到建设项目的各类信息，为运维管理提供有力保障。

7.2　运维阶段 BIM 应用

7.2.1　运维模型的创建

BIM 装饰运维模型是通过数字化技术，在计算机中建立一个虚拟建筑物，同时通过运维平台管理系统提供一个完整、逻辑能力强大的建筑运维信息库。其运维信息包括运维数据录入与运维数据存储管理。运行和维护阶段宜包含结构构件与装饰装修材料维护、给水排水设施运行维护、供暖通风与空调设施运行维护、电气设施运行维护、智能化设施运行维护、消防设施运行维护、环境卫生与园林绿化维护等任务信息模型。BIM 装饰运维模型创建应不仅仅局限于一个虚拟建筑物的表现，而应该具备相应的运维功能，如运维计划、资产管理、空间管理、建筑系统分析、灾害应急模拟等。

1. 运维计划

运维计划是在建筑物使用寿命期间，因建筑物结构设施（如墙、楼板、顶层等）、设备设施（如设备、管道等）和装饰构件（如天花、墙面、地坪等）都需要不断进行维护，为保证建筑物的各项功能、性能满足正常需求或最大效益发挥该使用功能，而创建的一系列运维计划。一个成功的维护方案将提高建筑物性能，降低能耗和修理费用，进而降低总体维护成本。BIM 模型结合运维管理系统可以充分发挥空间定位和数据记录的优势，合理制定维护计划，分配专人专项维护工作，以降低建筑物在使用过程中出现突发状况的概率。对一些重要设备还可以跟踪维护工作的历史记录，以便对设备的适用状态提前作出判断。

2. 运维资产管理

运维资产管理是在运维阶段，在运维模型完成创建后，为达到实现资产所有人期望的目的，对建筑项目由专业机构提供保洁、维修、安全保卫、环境美化等一系列运维活动的服务，以达到资产保值、增值的管理应用。一套有序的资产管理系统将有效提升建筑资产或设施的管理水平，但由于建筑施工和运维的信息割裂，使得这些资产信息需要在运维初期依赖大量的人工操作来录入，而且很容易出现数据录入错误。不过，BIM 中包含的大量建筑信息能够顺利导入资产管理系统，大大减少了系统初始化在数据准备方面的时间及人力投入。此外，由于传统的资产管理系统本身无法准确定位资产位置，通过 BIM 结合 RFID 技术和二维码还可以使资产在建筑物中的定位及相关参数信息一目了然，快速查询。

运维资产管理的内容包括：

1）日常管理：主要包括资产的新增、修改退出、转移、删除、借用、归还、计算折旧率及残值率等日常工作。

2）资产盘点：按照盘点数据与数据库中的数据进行核对，并对正常或异常的数据做出处理，得出资产的实际情况，并可按单位、部门生成盘盈明细表、盘亏明细表、盘亏明细附表、盘点汇总表、盘点汇总附表。

3）折旧管理：包括计提资产月折旧、打印月折旧报表、对折旧信息进行备份、恢复折旧工作、折旧手工录入、折旧调整。

4）报表管理：可以对单条或一批资产的情况进行查询，查询条件包括资产卡片、保管情况、有效资产信息、部门资产统计、退出资产、转移资产、历史资产、名称规格、起始及结束日期、单位或部门。

3. 运维空间管理

空间管理是在运维阶段为节约空间成本、有效利用空间、为最终用户提供良好工作生活环境而对建筑空间所做的管理。BIM 技术不仅可以有效管理建筑设施及资产等资源，也可以帮助管理团队记录空间的使用情况，处理最终用户要求空间变更的请求，分析现有空间使用情况，合理分配建筑物空间，确保空间资源的最大利用率。

运维空间管理的内容包括：

1）空间分配：创建空间分配基准，根据部门功能确定空间场所类型和面积，使用客观的空间分配方法，消除员工对所分配空间场所的疑虑，同时快速地分配可用空间。

2）空间规划：用数据库和 BIM 模型整合在一起的智能系统跟踪空间的使用情况，提供收集和组织空间信息的灵活方法，根据实际需要、成本分摊比率、配套设施和座位容量等参考信息，使用预定空间，进一步优化空间使用率；并且，基于人数、功能用途及后勤服务预测空间占用成本，生成报表，制订空间发展规划。

3）租赁管理：应用 BIM 技术对空间进行可视化管理，分析空间使用状态、收益、成本及租赁情况，判断影响不动产财务状况的周期性变化及发展趋势，帮助提高空间的投资回报率，并能抓住出现的机会及规避潜在的风险。

4）统计分析：开发如成本分摊——比例表、成本详细分析、人均标准占用面积、组织占用报表、组织标准分析等报表，方便获取准确的面积和使用情况信息，满足内外部报表需求。

4. 建筑系统运维分析

建筑系统运维分析是对照业主使用需求及设计规定来衡量建筑性能的过程，包括机械系统如何操作和建筑物能耗分析、内外部气流模拟、照明分析、人流分析等涉及建筑物性能的评估。BIM 技术结合专业的建筑物系统分析软件避免了重复建立模型和采集系统参数。通过 BIM 技术可以验证建筑物是否按照特定的设计规定和可持续标准建造，通过这些分析模拟，最终确定、修改系统参数甚至系统改造计划，以提高整个建筑的性能。

5. 灾害应急模拟

灾害应急模拟是利用 BIM 技术及相应灾害分析模拟软件，可以在灾害发生前，模拟灾害发生的过程，分析灾害发生的原因，制定避免灾害突发的措施，以及发生灾害后人员疏散、救援支持的应急预案。当灾害发生后，BIM 模型可以提供救援人员紧急状况点的完整信息，这将有效提高突发状况应对措施。此外，楼宇自动化系统能及时获取建筑物及设备的状态信息，通过 BIM 技术和楼宇自动化系统的结合，使得 BIM 模型能清晰地呈现出建筑物内部紧急状况的位置，甚至到紧急状况点最合适的路线，救援人员可以由此做出正确的现场处置，提高应急行动的成效。

7.2.2 装饰设备运维管理

装饰设备设施运维管理是在建筑竣工以后通过继承 BIM 设计、施工阶段所生成的 BIM 竣工模型，利用 BIM 模型优越的可视化 3D 空间展现能力，以 BIM 模型为载体，将一系列信息数据以及建筑运维阶段所需的各种装饰设备设施参数进行一体化整合的同时，进一步引入建筑的日常设施设备运维管理功能，产生基于 BIM 运行建筑空间与设备运维的管理。装饰设备设施运维管理包括财务管理、用户管理、空间管理、运行管理。

1. 装饰设备设施财务管理

设备设施财务管理是在 BIM 运维阶段，在设备设施运维过程中，利用价值形式，合理组织设备设施财务活动，正确处理财务关系，以实现财务目标的一项综合性经济管理活动。设备设施财务管理的目标是：保证设备设施正常运维，通过运维活获得可持续发展。主要管理内容包括：管理人员信息、建筑概况信息、建筑日常维护。管理人员的信息在后期运维过程中录入和输出；建筑概况信息，包括建筑的不动产经营信息，来源于移交文件，从建筑决策阶段的项目规划开始；建筑的日常收入和支出，如商业地产的经营出租和回收资金，公共设备设施的日常维护支出和经营收入等，来源于运维过程的信息录入——日常性事物，包括日常的邮件服务、收发快递、通信、复印等，都属于设施运维管理的服务性信息。

2. 装饰设备设施用户管理

设备设施用户管理是指设备设施的使用单位或个人、信息服务的对象或非信息服务部门（如会计、销售、设计等部门）的管理人员通过运维平台与信息服务人员及信息服务系统进行高效的信息交换的运维过程。主要内容包括：用户信息、用户需求以及用户反馈。此过程为运维阶段设施利用的客户服务信息基本来源于运维过程。其中用户需求包括：用户进行的交易信息，与财务管理模块进行管理；用户对建筑空间的需求，与空间管理模块关联。

3. 装饰设备设施空间管理

空间管理内容主要包括：建筑空间的布局、建筑空间的利用、建筑内部的设计以及设备设施

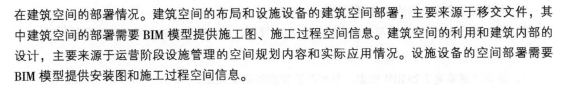

在建筑空间的部署情况。建筑空间的布局和设施设备的建筑空间部署，主要来源于移交文件，其中建筑空间的部署需要 BIM 模型提供施工图、施工过程空间信息。建筑空间的利用和建筑内部的设计，主要来源于运营阶段设施管理的空间规划内容和实际应用情况。设施设备的空间部署需要 BIM 模型提供安装图和施工过程空间信息。

4．装饰设备设施运行管理

运行管理内容主要包括：维护人员信息、建筑外设施、建筑环境、建筑设备。运行维护人员信息主要来源于运维过程，包括运行维护人员的培训情况，以及运行维护人员的运行维护记录。建筑外设施、建筑环境以及建筑设备，信息来源包括移交前数据和新生数据两部分。移交前数据包括建筑设备设施的基本信息，如设备型号、名称、制造商认证，供应商信息等建筑设备设施基本信息；整体建筑的设备设施部署情况包括：建筑室内外以及设备设施位置和设备设施的工作面、运行维护空间等；该建筑的应急安全通道服务信息；需要进行维护的相关知识，包括设施和建筑材料、建筑性能数据、建筑维护周期等。移交前数据是建筑工程数据与建筑运维知识库数据的综合。新生数据及运维阶段数据，主要包括建筑及设备设施的预防性维护信息、设备设施的故障维修信息、设备设施替换零件以及新配件信息、设备设施升级时更新后的新数据，以及设备设施故障应急抢修内容等。

7.2.3　装饰日常运维管理

装饰装修建筑物在日常运维管理阶段要考虑自身能耗、装饰材料性能的老化（如玻璃胶）、配合机电设备的运营管理、配合日常物业的管理、绿色评价等诸多因素。宜将 BIM 技术和 GIS 结合起来，使建筑信息模型数据变成可通过互联网访问的三维地图服务数据，运营维护模型融合到 BA（楼宇自控）中的重要信息。

运营维护系统可选用专业软件供应商提供的运营维护平台，在此基础上进行功能性定制开发；也可自行结合既有三维图形软件或 BIM 软件，在此基础上集成数据库进行开发。运营维护系统宜充分考虑利用互联网、物联网和移动端的应用。运营维护系统选型应考察 BIM 运维模型与运营维护系统之间的 BIM 数据的传递质量和传递方式，确保建筑信息模型数据的最大化利用。

基础数据源：BIM 模型、GIS 模型功能需要清单。

成果表现：表单、APP 等。

7.2.4　装饰改造运维管理

建筑装饰装修改造运维管理是在运维阶段，根据建筑装饰装修自身属性通过运维平台管理系统进行综合，有效并充分发挥建筑装饰装修性能的运维管理。装饰改造运维管理内容包括建筑物加固、外立面改造、局部空间功能调整、二次装修、安全管理等；其目的是使建筑更适合当前的使用需求，涉及设计、施工两个方面。BIM 技术在本阶段的应用管理，涵盖设计阶段和施工阶段的 BIM 技术应用范围，也具有本阶段特有的 BIM 技术应用特征。

建筑装饰装修改造运维管理应用内容包括：

1．基础数据源

运维 BIM 模型、竣工 BIM 模型、现场 3D 扫描数据。

2．维修改造实施方案对比及风险预警应用

1）依据基础数据创建项目改造实施方案 BIM 模型。

2）利用改造实施方案的 BIM 模型进行方案可实施性讨论。

3）对比现场 3D 扫描数据与改造实施方案 BIM 模型，进行改造实施方案的风险预警分析。

3. 维修改造实施时间及成本对比应用

1）依据改造实施方案 BIM 模型，分析改造实施时间及成本。

2）对比不同施工工序的实施时间及成本，确认最优改造实施方案。

4. 维修改造实施模拟应用

1）施工前期模拟项目改造实施进度，提前预判实际施工可能存在的风险，并提前制定风险防控措施。

2）施工过程阶段模拟，利用 3D 扫描技术及激光定位技术，实时把控现行施工情况，并将现场扫描数据与改造实施 BIM 模型进行对比，通过阶段模拟，指导下一步骤的施工，制定风险防控措施。

5. 提供成果

1）维修改造实施方案 BIM 模型。

2）施工进度、工程量清单、成本核算文件。

3）维修改造实施模拟及风险防控措施文件。

❦ 本章练习题 ❦

一、单项选择题

1. 以下不能作为 BIM 运维管理平台开发基础的是（　　）。

    A. Navisworks 　　　　 B. 3D GIS + BIM 　　　　 C. 3ds Max 　　　　 D. Revit

2. 下列不属于基于 BIM 技术的运维资产管理的是（　　）。

    A. 日常管理 　　　　 B. 资产盘点 　　　　 C. 折旧管理 　　　　 D. 设备管理

3. 以下不属于运维阶段 BIM 应用的是（　　）。

    A. 装饰设备运维管理 　　　　　　　　 B. 运维资产管理

    C. 装饰改造运维管理 　　　　　　　　 D. 装饰安全管理

4. 利用 BIM 技术创建的装饰运维模型不仅仅局限于一个虚拟建筑物的表现，而应该具备相应的运维功能，其不包括（　　）。

    A. 运维计划 　　　　 B. 资产管理 　　　　 C. 建筑系统分析 　　　　 D. 安全管理

二、多项选择题

1. 竣工阶段应用 BIM 技术具体包括（　　）。

    A. 大数据核对 　　　　 B. 整合查漏 　　　　 C. 检查结算依据 　　　　 D. 公共安全管理

2. 基于 BIM 技术生成竣工图流程包括（　　）。

    A. 模型整合 　　　　 B. 各专业实施步骤 　　　　 C. 图纸输出 　　　　 D. 模型校审

3. 利用 BIM 技术进行工程量核对其主要工程数量核对形式依据先后顺序分为（　　）。

    A. 大数据核对 　　　　　　　　　　　 B. 整合查漏用

    C. 分部分项清单工程量核对 　　　　　 D. 分区核对

4. 装饰设备设施运维管理以 BIM 模型为载体，将一系列信息数据以及建筑运维阶段所需的各种装饰设备设施参数进行一体化整合，其包括（　　）。

    A. 财务管理 　　　　 B. 用户管理 　　　　 C. 空间管理 　　　　 D. 运行管理

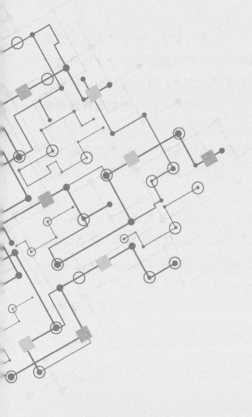

模块三

PART 03

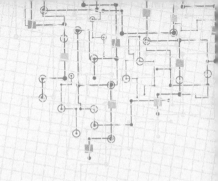

第8章 案例工程简介

本项目为某酒店套房精装项目，共3层，门面朝正南方。平面形状大致为矩形，建筑面积约1596m²。其中一层与地下室均为418m²。二层约为760m²。建筑总高度为8.5m。总体来看该建筑空间面积较大。

一楼设有大堂，二楼设有餐厅，酒店拥有多套有设计特色的客房、套房。酒店秉承"优雅静谧"的设计理念，设计元素尊崇用文化贯穿始终，融舒适和静谧于简约的风格之中。在细节的处理上，强调精致与优雅，让空间的品质感提升到更高维度。客房空间宽敞，落地窗从地面一直延伸到天花板，无任何多余的窗梁。客人在房间内既能享受到充足的自然光，同时也能欣赏到绝美风光，客房室内设计效果如图8-1所示。

设计理念将地域独有的特色元素运用现代设计手法加以演绎，巧妙地把传统中式文化融入现代酒店设计之中。为酒店中注入情、景、境的艺术灵魂，精心打造出一家既能打动旅客，又能让旅客倍感到亲切的酒店。

本书实操部分以酒店套房样板间为例，如图8-2所示，使用Revit软件给装饰行业设计师提供一个BIM技术应用的建模工作流思路：从装饰BIM建模的几个阶段，即原始结构阶段、拆改阶段、硬装阶段、软装阶段、水电阶段等讲解模型的创建过程。同时也结合施工设计的几个阶段，即方案设计阶段、扩初图设计阶段、施工图设计阶段、竣工图设计阶段来引导方案深化的过程。全面介绍Autodesk Revit的功能，覆盖装饰装修设计、水暖电设计、渲染、出图以及与其他软件插件协同工作中可能遇到的各类技术问题。

图 8-1

图 8-2

第 9 章以酒店套房装饰项目为案例全面介绍该项目的模型创建。从装饰装修 BIM 设计的前期准备工作开始，按照建模的顺序依次讲解改建墙体、参数化门窗、装饰地面的内部构造分层、饰面层的设置、吊顶的创建、楼梯栏杆的创建、家具陈设的布置、水电设计以及幕墙及参数化构件创建。在设计流程中不仅随时快速查看和比较多种设计方案，更能查看备选型方案的三维视图、效果图、漫游、全景视图等，更方便与不懂图纸的人进行交流。

本书第 10 章介绍项目应用 BIM 出施工图，用 Revit 制作好模型后设计图纸就产生了，生成的平立图完全对应，图面质量受人的因素影响很小。出图的方式还可以有彩色平面、彩色立面等多样式的选择，可以随意剖出相应的结构剖面图。各图纸都来源于同一模型，所有的图纸图表都相互关联。如果对设计进行修改，更改了模型之后，相关联的图纸图表也发生关联变更。这样就解决了设计变更的烦琐工作，提高了出图与修改图纸的效率和准确性。

本书第 11 章介绍项目案例的清单统计。BIM 模型随着创建深度的逐步加深，包含项目模型的详细信息。可以利用它自动统计工程量，生成各种信息表单，同时可方便统计项目的尺寸、面积、体积或者装饰构件的数量、价格、厂家信息。生成的采购清单可以保证采购信息的准确性。

本书第 12 章介绍项目的可视化应用，设计人员可以应用 BIM 模型在任意视角推敲设计，确定材料材质、饰面颜色、灯光布置、软装搭配等，检查管线和构件碰撞情况，从而做到对设计进行细致分析，保证了设计的质量。可以利用模型生成三维效果或漫游动画。对于之前很多室内设计人员质疑的 Revit 不能出高品质的渲染图的问题，案例中也给出了很好的解决方案：使用最新 V-Ray for Revit 渲染插件，能够出高品质的渲染图，同时使用方法与市场上主流的渲染插件 V-Ray for 3ds Max 使用方法几乎完全一样；案例中还全面介绍了 Vray for revit 渲染插件使用方法。

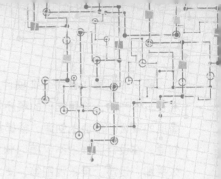

第 9 章　创建项目模型

9.1　改造墙体

随着人们的居住质量和生活水平有了很大的改善，人们对室内环境、空间的使用及舒适度展开了极大的联想，并提出了很多自己的想法与实践。传统建筑设计的空间无法满足人们对室内空间的美观与舒适度的要求，这就面临室内空间布局的调整（墙体的改造）的问题。只有这样才能满足人们的需求，达到更完美的使用效果。

在室内装饰空间墙体调整项目（墙体的改造）中，经常会用到阶段过滤器定义项目阶段，并应用在视图和明细表中，配合相位使用以显示不同工作阶段期间的模型。每个阶段都代表项目周期中的不同时间段。Revit 将追踪创建或拆除视图或图元的阶段。在项目中可以创建视图阶段和图元阶段过滤器，通过使用阶段过滤器控制进入视图和明细表的建筑信息模型。控制建模图元在视图里各个不同的阶段点（原有、拆除、新建）的呈现方式。根据需求设置不同阶段，按照阶段分配图元，对视图进行多次复制，最终显示不同阶级的效果。

下面以某酒店的案例进行 BIM 实施技能操作指导，如酒店内原设计卫生间和洗漱间进行分离，对空间利用率较低（见图 9 – 1），通过 BIM 技术针对空间使用率进行模拟，调整卫生间的格局，如图 9 – 2 所示。最后通过创建阶段过滤器来创建墙体改建图，如图 9 – 3 所示。

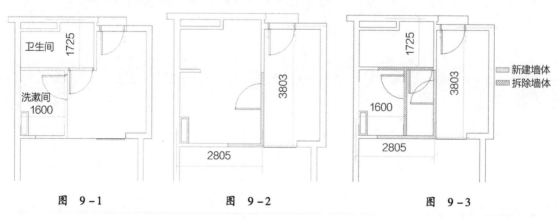

图　9 – 1　　　　　　　图　9 – 2　　　　　　　图　9 – 3

1. 视图的阶段属性

Revit 的每个视图都具备阶段过滤器属性和阶段属性，如图 9 – 4 所示。可以根据需要创建多个阶段，并将建筑模型图元指定给特定的阶段。还可以创建一个视图的多个副本，并对不同的副本应用不同的阶段和阶段过滤器。

1）阶段属性代表视图被分配到的阶段。无论项目有没有用到设置阶段这个功能，所有的视图都必须对应一个阶段。一旦创建了图元，阶段视图也跟着建立，所以属性就变得比较重要。

2）阶段过滤器属性控制图元在阶段属性相关视图里的显示样式，例如，可用红色斜线填充显示拆除的墙，用蓝色方格填充显示新建的图元。可将阶段过滤器应用于视图，以查看一个或多个指定阶段的图元。

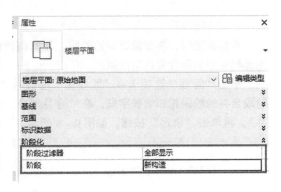

图　9-4

2. 图元的阶段属性

添加到项目中的每个图元都具有创建的阶段属性和拆除的阶段属性。

1）创建的阶段属性用于标识将图元添加至建筑模型的阶段。该属性的默认值和当前视图的"阶段"值相同。可以根据需要指定不同的值。

2）拆除的阶段属性用于标识拆除图元的阶段。默认值为"无"。拆除图元时，此属性更新为拆除图元的视图的当前阶段。也可以通过将"拆除的阶段"属性设置为其他值来拆除图元。

3. 创建阶段

对于墙体的改造，在软件中单击"管理"选项卡→"阶段化"面板中的"阶段"进行调整，如图 9-5 所示。例如，在装饰项目当中可以建立几个时间阶段，分别命名为：原始结构、墙体改造、硬装阶段、软装阶段。

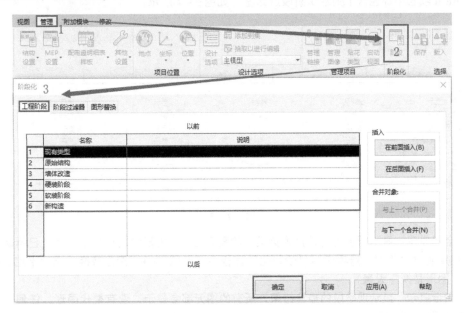

图　9-5

 注意：在添加阶段之后就不能再重新排列其顺序，因此要注意顺序的排列。

要在选定阶段的前面或后面插入某个阶段，在"插入"选项框中单击"在前面插入"或"在后面插入"，如图 9-6 所示。在添加阶段时，Revit 会按顺序为这些阶段命名。如果需要，可以单击某个阶段的"名称"文本框来为其重命名。同样，也可以单击"说明"文本框加以编辑说明。

4. 合并阶段

合并阶段时，将删除选定的阶段。具有创建的阶段和拆除的阶段属性的对应该阶段值的所有图元都更新为新合并的阶段值。

单击"管理"选项卡→"阶段化"面板→"阶段"，在"阶段化"对话框中单击要与另一个阶段合并的阶段相邻的数字框，在"合并对象"选项框中单击"与下一个合并"或"与上一个合并"，再单击"确定"按钮。如图 9-6 所示。

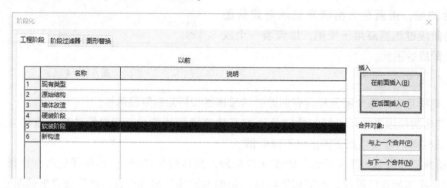

图 9-6

5. 阶段过滤器

阶段过滤器设置的操作不会影响图元在受阶段过滤器的影响的环境外的表现方式。阶段过滤器只是一种规则，用来规范视图中控制图元在指定阶段状态（新建、现有、已拆除、临时）的显示方式。

在 Revit 项目中都包含下列默认阶段过滤器（如图 9-7 所示）：

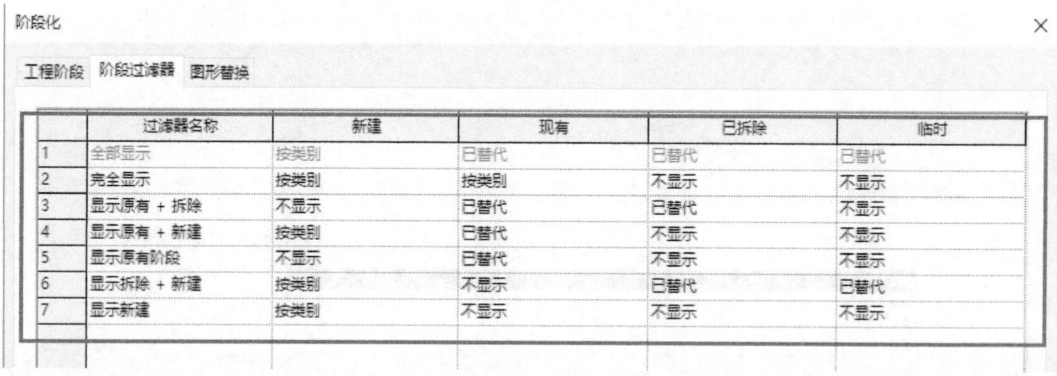

	过滤器名称	新建	现有	已拆除	临时
1	全部显示	按类别	已替代	已替代	已替代
2	完全显示	按类别	按类别	不显示	不显示
3	显示原有 + 拆除	不显示	已替代	已替代	不显示
4	显示原有 + 新建	按类别	已替代	不显示	不显示
5	显示原有阶段	不显示	已替代	不显示	不显示
6	显示拆除 + 新建	按类别	不显示	已替代	已替代
7	显示新建	按类别	不显示	不显示	不显示

图 9-7

1）全部显示：显示新图元（使用为该类别的图元定义的图形设置）以及现有、已拆除和临时图元（使用通过"管理"选项卡→"阶段化"面板→"阶段"→"图形替换"选项卡定义的每个阶段的"图形替换"设置）。

2）完全显示：显示现阶段的最终结果，所有的图元都会显示，没有替代图形，任何被拆除的图元或临时图元将不显示。

3）显示原有 + 拆除：显示现有的图元和已拆除的图元。

4）显示原有 + 新建：显示所有未拆除的原始图元（显示原有）和已添加到建筑模型中的所有新图元（+新建）。

5）显示原有阶段：显示在现阶段刚开始时存在的所有图元，不涉及图元以后的状态。

6）显示拆除 + 新建：显示已拆除的图元和已添加到建筑模型中的所有新图元。

7）显示新建：显示已添加到建筑模型中的所有新图元。

注意：显示所有阶段出现的所有图元，不需要在视图中使用阶段过滤器，避免导致多个实体在一个地方同时出现的状况。

6. 阶段状态

每个视图可显示构造的一个或多个阶段。可以为每个阶段状态指定不同的图形替换。

在 Revit 项目中包含下列阶段状态：

1) 新建：图元是在当前视图的阶段中创建的。

2) 现有：图元是在早期阶段中创建的，并继续存在于当前阶段中。

3) 已拆除：图元是在早期阶段中创建的，在当前阶段中已拆除。

4) 临时：图元是在当前阶段期间创建的并且已经拆除。

对于每个阶段状态来说，都可以明确定义图元显示形式，其显示形式包括以下几种：

1) 按类别：根据"对象样式"对话框中的定义显示图元。

2) 已替代：根据"阶段化"对话框"图形替换"选项卡中指定的方式显示图元。

3) 不显示：不显示图元。

7. 图形替换

显示属性设置：通过软件中"管理"选项卡→"阶段"→"阶段化"对话框→"图形替换"选项卡进行设置原有墙、新建墙、拆除墙的截面线和填充图案的显示的样式。显示属性分别可以对投影、表面、截面进行修改，如图 9-8 所示。其他的构件设置与此相同，如楼板、门、窗等。

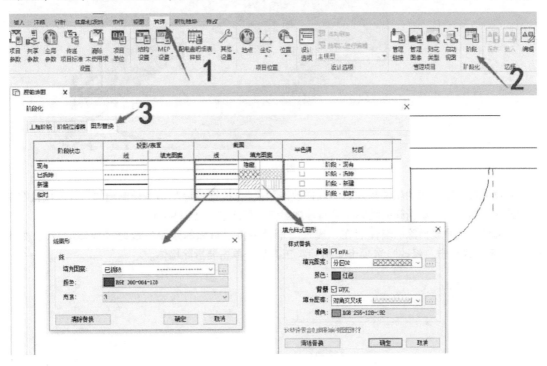

图　9-8

阶段过滤器根据图元的划分情况和呈现形式（原来形式、替代形式或不显示）来设定标准。被替代后的图元呈现形式已经在"阶段化"对话框里的 3 个选项卡里被设定了，不需要按照视图或图元进行单独设定。

"图形替换"选项卡上的设置和"可视性/图形替换"对话框上的设置类似，视图可以选择控制图元的边缘和表面，提高材质的替代能力，例如，一个被拆除的物体可以在任何着色视图中呈现为半透明的红色材料。

8. 其他操作

如果在新建或拆除图元时，和承接主体不同步，那么就需要一个填充板填补实体不存在时留下的空洞。如果图元在将来如期出现，这块补丁就是隐形的，如果图元被拆除了，补丁就会通过阶段过滤器显示出来。

可以拆除缺口，然后安插一个能够完全或部分覆盖之前图元所占面积的新图元，在这种情况下，只需在拆除和替代发生在不同阶段时创建填充板。换句话说，Revit 软件本身不会临时安插一个填充板从而改变任何一个数量明细表。

更改墙的阶段属性：选中原有的墙体，将"属性"栏中的"创建的阶段"属性修改为"原始结构"，如图 9-9 所示。

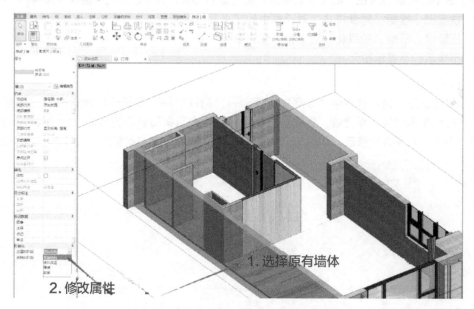

图　9-9

新建隔墙：把视图的属性修改到"墙体改造阶段"，执行"墙"命令绘制墙体，代表项目在墙体改造时，这时会发现新建的墙体与原有墙体显示有所区别，如图 9-10 所示。

拆除墙：选中要拆除的墙体后在"属性"面板中将"拆除的阶段"改为"墙体改造"，如图 9-11所示，或单击"修改"选项卡"拆除"工具后，单击要拆除墙体。

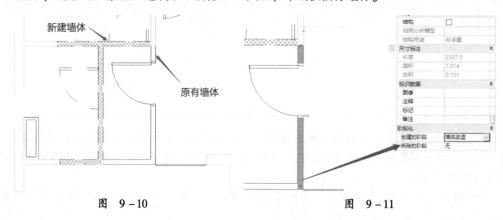

图　9-10　　　　　　　　　　　　　　图　9-11

显示设置：通过"属性"栏的"阶段过滤器"可以方便查看原始结构空间和改造后的空间对比，如图 9－12 所示。阶段过滤器面板设置：新建一个过滤器进行测试，"按类别"的意思就是不进行任何替换，原始样式，"已替代"的意思就是把新建或者拆除的图元用以设计好在图形替换已设置好的样式进行显示，如图 9－13 所示。

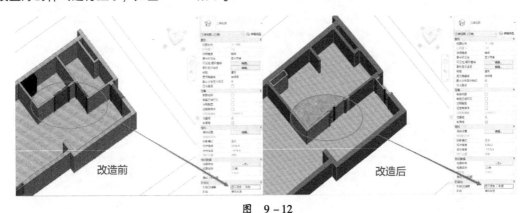

图　9－12

阶段化

	过滤器名称	新建	现有	已拆除	临时
1	酒店	已替代	按类别	已替代	已替代
2	全部显示	按类别	已替代	已替代	已替代
3	完全显示	按类别	按类别	不显示	不显示
4	显示原有＋拆除	不显示	已替代	已替代	不显示
5	显示原有＋新建	按类别	已替代	不显示	不显示
6	显示原有阶段	不显示	已替代	不显示	不显示
7	显示拆除＋新建	按类别	不显示	已替代	已替代
8	显示新建	按类别	不显示	不显示	不显示

图　9－13

重复上述操作，可针对装饰项目的硬装阶段、软装阶段在 Revit 中采用阶段化设置。

9.2　创建参数化门窗

一个好的门窗模型能够大大提高建模效率，可以实时提取门窗工作量，以及所有的材料数据，并且有良好的视觉效果；一个项目的建模速度很大程度上取决于族库的积累，参数化门窗族通常可以设置为多种门窗样式，也会大大减少族库存储量，提高检索速度。

本文以参数化设置分格为例，引导大家拓宽思路，举一反三，能够更好地运用到实际工作中。

9.2.1　创建铝合金族样板文件

1）依次单击"新建"按钮→"族"→"公制常规模型"→"属性"栏进行设置，如图9－14所示。

2）打开"族类型"对话框→"新建参数"→选中"共享参数"→"选择"→"未指定共享参数文件"提示框，单击"是"按钮继续。在"编辑共享参数"对话框中，单击"创建"按钮，在"文档"文件夹下创建"门窗参数.txt"文件。

　　在"编辑共享参数"对话框中，单击"组"下面的"新建"按钮，新建"尺寸"参数组，如图9-15所示。在"尺寸"参数组下新建以下参数：壁厚、高度、厚度、角度、宽度、面积、长度。

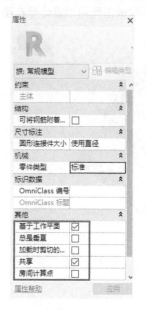

图 9-14 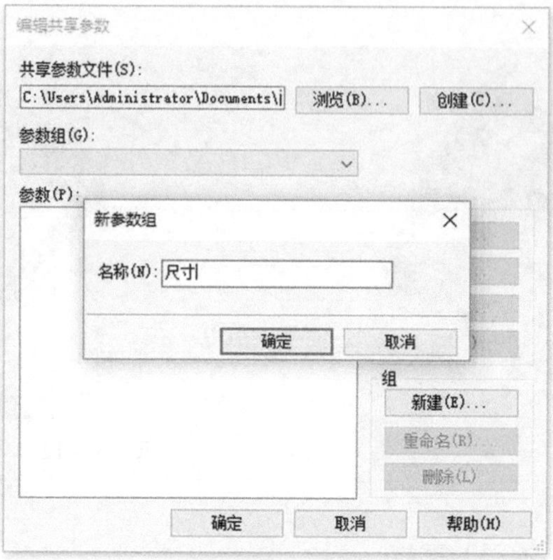　　　　　　　　　　　　　　　　　　　图 9-15

　　此处使用共享参数的目的是很多不同的型材类型都会统计其不同"长度"，使用共享参数可以在型材表中统计到不同型材的长度。

　　在"编辑共享参数"对话框中新建"信息"参数组→新建"单价"参数，且参数类型设置为"货币"→"确定"，参考上述操作，在"信息"参数组下新建参数：代号、米重、重量、型材牌号、表面处理。新建"材质"参数组，在"材质"参数组下新建参数：材质、室外材质、室内材质（注：参数类型与图9-16所示一致）。

　　3）在"参数属性"对话框中添加前面创建的共享参数，并将其进行参数分组。将"重量（默认）"公式内输入"=米重*长度"，如图9-16所示。

　　其中，"长度"参数是为了统计型材长度而设定，载入到项目中会出现非常多的不同"长度"，所以此参数要设置为"实例"属性。

　　将"标识数据"分组下"型号"参数的值设置为"铝合金型材"，可以用此参数

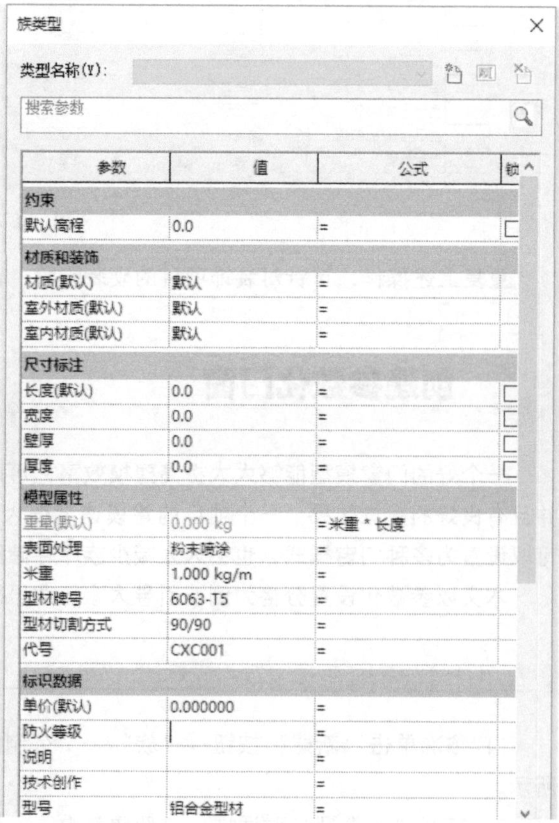

图 9-16

用于明细表中的筛选及分类。

4）进入"参照标高"视图中，绘制参照平面，并将相关参数关联，如图 9 - 17 所示。

5）进入"前立面"视图，绘制参照平面，并将长度参数关联，如图 9 - 18 所示。

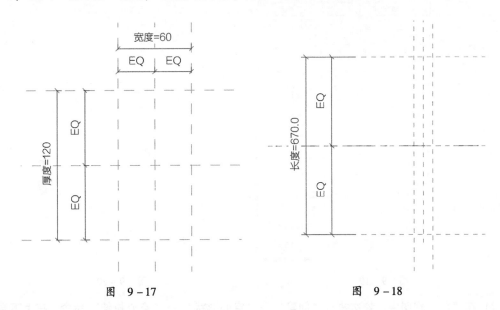

图　9 - 17　　　　　　　　　　　　　图　9 - 18

注意：基本上所有的铝型材族都会用到宽度、厚度、长度这些参数，所以为了节省步骤及标准化作业，可以先把这些参数及参照平面预定义到族样板文件中。

6）保存文件，路径自定义，名称为"型材.rfa"，在文件资源管理器中找到"型材.rfa"修改为"型材.rft"。

9.2.2　创建窗框族

1）依次进行"新建"→"族"→"型材.rft"，保存文件在"型材"文件夹下，文件名为"窗框"。

2）打开"族类型"对话框，把各参数赋值，如图 9 - 19 所示。

注意：如果需要参照 CAD 底图，应先清理 CAD 文件，并导入到 Revit 中，对齐至参照标高视图中所需位置。

3）依次进行"创建"选项卡→"形状"面板→"拉伸"→"直线"工具窗框截面，如图 9 - 20所示。单击"✔"完成编辑模式。

4）选中模型，单击材质对应的关联按钮，与共享参数"材质"关联。

5）切换至"前"视图，选中模型后，将窗框模型上下的造型操纵柄分别对齐至预定义的"长度"所关联的上下两个参照平面，并锁定。

6）铝合金平开窗多为四边型材分别切 45°角拼接成直角，所以我们需要将 45°角在单个型材族中切好。

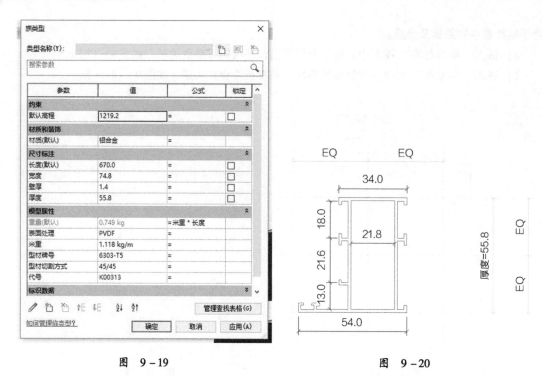

图　9 – 19　　　　　　　　　　　　　　图　9 – 20

7）在"前"视图中，依次执行"创建"→"空心形状"→"空心拉伸"命令，在上下端位置创建两个三角形，保证正确切割型材为45°，如图9 – 21所示。然后完成编辑模式。在参照标高视图或左视图中观察调整切割深度，如图9 – 22所示。

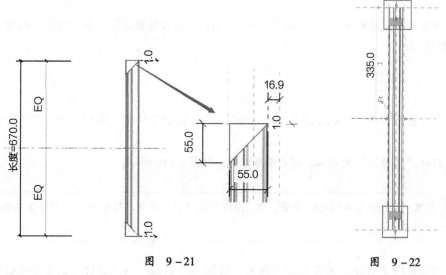

图　9 – 21　　　　　　　　　　　　图　9 – 22

8）切换到"参照标高"视图，绘制长方形轮廓，并将四边与窗框的最大位置对齐，如图9 – 23所示，完成拉伸，并将此拉伸模型的材质与共享参数"材质"关联。与主模型一致，在"前"视图中将上下的造型操纵柄分别对齐至预定义的"长度"所关联的上下两个参照平面，并锁定。

选中矩形体，单击"可见性设置"按钮，将"精细"复选框的勾选去掉，单击"确定"按钮关闭设置对话框。

选中窗框，单击"可见性设置"按钮，将"精细"和"中等"复选框的勾选去掉，单击"确定"按钮关闭设置对话框。

　　本步骤的目的是将此族文件载入到嵌套族或项目中，通过底部"精细程度"快捷操作命令来让此族文件以不同的形态显示出来，在粗略或中等的显示模式，适当提高显卡的运行速度。在精细模式下，又可以最高级别的显出真实形态。

　　此操作也会让族文件的大小增大，每个人根据情况也可以不使用此功能。或者只使用矩形来代替窗框轮廓。

　　9）最终完成效果如图 9 - 24 所示，测试各尺寸参数后保存文件。

　　10）参照以上步骤分别创建如图 9 - 25 所示中所有其他铝合金型材族。值得一提的是门窗中所用到的型材，角码类的长度是固定的，因此需要将此类型的长度设置为固定长度，其他型材可以设置为任意长度。

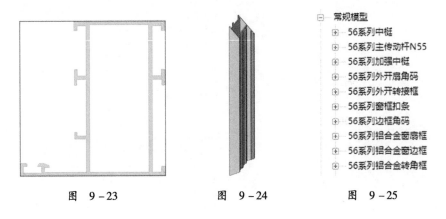

　　图　9 - 23　　　　　　图　9 - 24　　　　　　图　9 - 25

9.2.3　创建参数化玻璃

　　1）新建"族"文件→选择"常规模型"，在"属性"栏中勾选"基于工作平面"，其他选项均不勾选。将文件保存为"单片玻璃"。在"族类型"对话框中新建"共享参数"：材质（默认）、高度（默认）、宽度（默认）、厚度（默认）。

 注意： 中空玻璃的所有组成材料的参数全部为"实例参数"，不必选择"共享参数"。

　　2）在"前立面"视图中绘制参照平面，并与相关的参数关联，创建实心拉伸，四边与宽度、高度对应的参照平面对齐并锁定，如图 9 - 26 所示。

　　3）切换至"参照标高"视图。绘制两条参照平面并与"厚度"参数关联。将实心拉伸的造型操纵柄对齐并锁定到参照平面上。

　　4）切换至"三维"视图。依次执行"创建"→"放样"→"拾取路径"命令，先拾取玻璃的竖向边，如图 9 - 27 所示，然后再拾取其他连续的边，单击"✓"退出拾取边模式。单击"编辑轮廓"，切换至"参照标高"视图，绘制两个三角形用于切割玻璃边，如图 9 - 28 所示，将两个三角的两条边分别对齐到参照平面并锁定，连续单击"✓"命令，完成编辑。

　　5）选中玻璃体将"属性"对话框中的材质赋值为"玻璃"，并单击材质的关联按钮与族类型的共享参数"材质"关联。

　　6）测试厚度变化时倒角的正确性。测试各参数的正确性，保存并关闭文件。

　　如果想要达到 Revit 参数门窗的效果，玻璃也可以通过参数设置改变为想要的类型。例如，可以通过参数设置成 1 片、2 片、3 片、4 片；2 片的时候可以是夹胶也可以是中空，并且夹胶层和中空层厚度要可变，每片玻璃的颜色要可以单独设置等。

7）新建"常规模型"族文件，勾选"基于工作平面"与"共享"复选框，保存为"玻璃"。创建本族需要的参数，如图 9 – 29 所示。

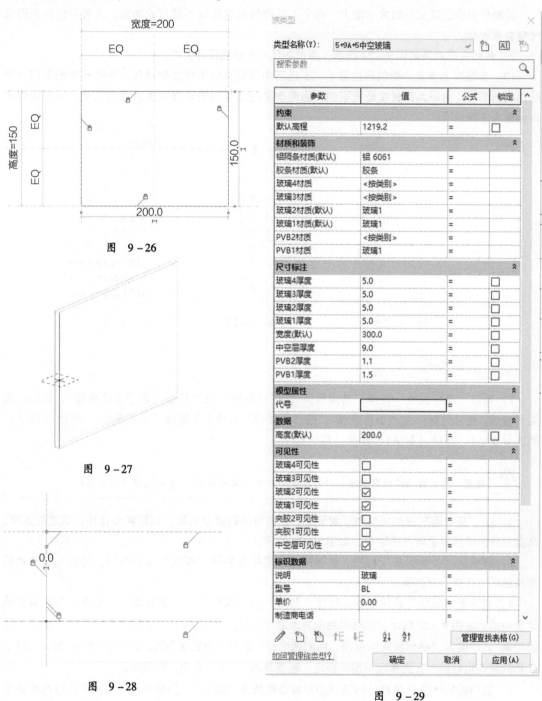

图 9 – 26

图 9 – 27

图 9 – 28

图 9 – 29

将"标识数据"分组下"型号"参数的值设置为"BL"或"说明"参数的值设置为"玻璃"，可以将此参数用于明细表中的筛选及分类。

8）在"参照标高"视图中水平绘制8条参照平面，依次与"玻璃4厚度""PVB2厚度""玻璃2厚度""中空层厚度""玻璃1厚度""PVB1厚度""玻璃3厚度"相关联，将中空层厚度的两条参照平面与参照平面中心（前/后）EQ等分。完成后效果如图9-30所示。

9）切换到"前立面"视图，在水平和垂直方向分别绘制两条参照平面，并分别与"宽度""高度"参数相关联，如图9-31所示。

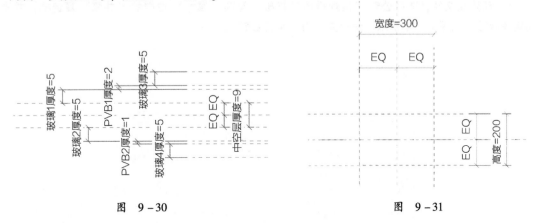

图 9-30   图 9-31

10）新建"族"文件，参照单片玻璃的过程创建"铝隔条"族文件，如图9-32所示。

11）切换到"参照标高"视图，将前面制作好的"单片玻璃"和"铝隔条"族文件载入到文件中，形成嵌套族文件。

在"创建"选项卡下，单击"构件"按钮，勾选"放置在工作平面上"，在"属性"栏中切换为"单片玻璃"族，在绘图区空白区域单击放置单片玻璃。

将第一片玻璃的厚度造型操纵柄分别与"玻璃1厚度"对应的两条参照平面对齐并锁定。在"前立面"视图中，分别将第一片玻璃的4个造型操纵柄与"宽度""高度"对应的参照平面对齐并锁定。

选中第一片玻璃，将材质通过关联命令与新建的"玻璃1材质（默认）"相关联。将可见通过关联命令与新建的"玻璃1可见性"相关联。

12）参照以上步骤，分别将其他玻璃和铝隔条、密封胶对相关参照平面对齐锁定，并关联相关参数。完成后观察效果，如图9-33所示。测试各参数，并保存文件。

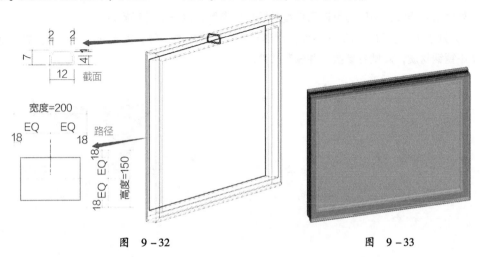

图 9-32   图 9-33

9.2.4 创建五金件及辅材

门窗上的五金件及辅材一般为供应商提供的标准件，除合页和铰链外基本形态上不会发生变化。所以本节只介绍可开启铰链的创建，其他材料请自行创建。

1）新建族文件，选择公制"常规模型"样板，勾选"属性"栏中的"共享"复选框，并添加相关参数，如图 9 – 34 所示。保存文件为"平开铰链"。

参数	值	公式	锁
约束			
默认高程	1219.2	=	☐
材质和装饰			
材质(默认)	AL-02	=	
尺寸标注			
长度(默认)	203.0	=	☑
铰链尺寸(默认)	8.0	= 长度 / 25.4	☑
a(默认)	-65.00°	=	☐
W1(默认)	124.5	= 长度 - 78.5 mm	☑
模型属性			
代号(默认)	A30078	=	
标识数据			
型号	五金件	=	
单价(默认)	0.000000	=	
类型图像			

图　9 – 34

2）在"参照标高"视图中绘制两条垂直参照平面，并与参照平面中心（左/右）等分约束，与"长度"参数关联。

绘制 3 条参照线，第 1 条参照线两端与"长度"关联的参照平面锁定，第 2 条一端与第 1 条参照线的一端对齐锁定，另一端用角度参数"a"来关联，第 3 条连接第 1 条和第 2 条参照线，如图 9 – 35 所示。

此处使用参照线，是因为可以用角度参数控制参照线以一端进行旋转。

3）分别以 3 条参照线为工作平面，创建平开铰链相应的构件，如图 9 – 36 所示。将创建的构件赋予不锈钢材质，测试各参数，并保存文件。

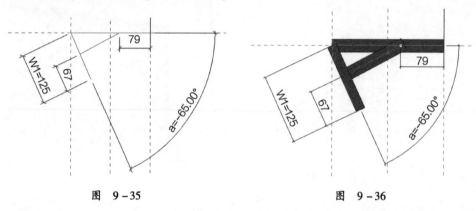

图　9 – 35　　　　　　　　　　　　　　图　9 – 36

9.2.5　创建参数化平开窗

1）新建族文件，选择"公制窗"样板，载入门窗所需要型材类族、玻璃族、五金类族、辅材类族。保存文件为"参数化门窗"。

2）在"参照平面"视图中，先插入两个窗框构件，通过旋转或镜像的方式保证窗框的室内室外面以及朝向正确，将对齐锁定到相应的位置上，如图 9 – 37 所示。在"外部视图"或"内部视图"中将窗框上下的造型操纵柄分别与"高度"关联的两条参照平面对齐并锁定。在"左右"视图中放置上下两个窗框构件，用类似的方法对齐并锁定。完成后效果如图 9 – 38 所示。

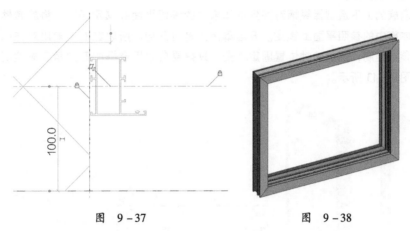

图　9 – 37　　　　　　　　　　　　　　　图　9 – 38

3）在"参照标高"视图中绘制两条参照平面，并分别创建"固定宽度"和"开启宽度"参数，如图 9 – 39 所示。放置两个中梃构件，并与新建的参照平面对齐锁定，上下对齐锁定，完成后效果如图 9 – 40 所示。

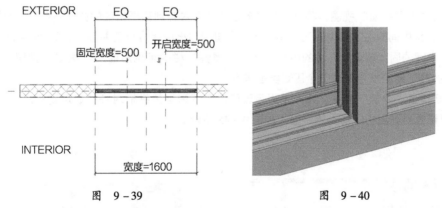

图　9 – 39　　　　　　　　　　　　　　　图　9 – 40

4）根据以上操作步骤，自行完成开启扇嵌套族。开启扇嵌套族应包含的构件：开启扇型材、组角角码、玻璃、玻璃垫块及压线、开启扇胶条、合页或铰链、开启执手、玻璃胶条或玻璃胶。组角钢片、固定螺丝、排水孔等可自行配置。

开启扇嵌套族制作要求如下：①玻璃可自定义配置，与开启扇框保证装配间距的同时随框的规格变大或变小；②执手保证在开启扇竖向中心部位；③开启扇能参数控制完成开启角度0°～90°之间；④所有材质可以关联至上一级族文件；⑤未提及的可自行定义。完成后的效果如图 9-41 所示。

 注意：制作一些构件族或嵌套族时，为了在主体族中更好地对齐及锁定，可在当前族中增加与主体族一致的参照平面。

5）制作固定玻璃嵌套族。因本窗是向外开启，按照制作工艺安装固定玻璃需要加装转换框。本族应包含的构件：转换框型材、组角角码、玻璃、玻璃垫块及压线、密封胶条、玻璃胶条或玻璃胶。完成后的效果如图 9-42 所示。

6）打开"参数化门窗.rfa"文件。将开启扇嵌套族及固定玻璃嵌套族载入进来。

选中开启扇族，将开启角度、扇宽度、型材材质等参数分别单击参数后面的关联按钮，在主体族中创建同名族参数。

将开启扇族的上下造型操纵柄对齐到主体族中的参照平面并锁定距离，将旋转轴对应的参照线对齐到主体族中的参照平面上锁定。开启扇因为是可开启，所以左右不能用对齐的方式进行控制，可以用参数控制，因旋转轴位置固定不变，只需要自动用窗框的开启角度去控制开启扇的宽度即可，如图 9-43 所示。

参数	值	公式	锁
构造			
墙闭合	按主体	=	
开启扇宽度(默认)	420.0	=开启宽度-35-17.5+12	☐
构造类型			

图 9-41　　图 9-42　　　　　　　图 9-43

7）在"参照平面"视图，将固定玻璃的进出位置对齐到窗框相应的位置并锁定。切换至"外部"视图，将中间的固定玻璃四边分别对齐到中梃或边框的相应位置并锁定，如图9-44所示。

选中中间的固定玻璃及右边的中梃，单击"属性"栏中可见后面的"关联"按钮，在弹出的"关联族参数"对话框中新建2个固定类型参数。

8）切换至"外部"视图，将边部固定玻璃的上下造型操纵柄对齐并锁定到相应的参照平面，将右边对照线对齐到相应的参照平面，如图 9-45 所示。

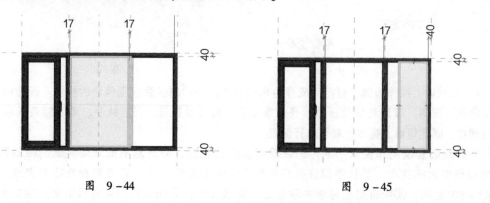

图 9-44　　　　　　　　　　　　图 9-45

9) 绘制新的参照平面，并关联到新建参数"边玻璃中"，如图 9 – 46 所示，编辑边玻璃中对应的公式为：if{双固定玻璃,（开启宽度 – 17mm – 40mm）/2,（宽度 – 开启宽度 – 17mm – 40mm）/2}＋35。选中此玻璃，单击"属性"栏中宽后面"关联"按钮，在弹出的"关联族参数"对话框中新建"边固定玻璃宽度"实例参数。单击"族类型"按钮，在弹出的"族类型"对话框中，编辑"边固定玻璃"对应的公式为：if（双固定玻璃, 开启宽度 – 17mm – 40mm, 宽度 – 开启宽度 – 17mm – 40mm）。

10) 将所有的材质参数关联到分类的主体族的材质参数，并测试效果。

测试参数化效果：①开启角度参数可控制开启扇的开合适度；②当勾选"双固定玻璃"的可见性值时，本窗玻璃为一个开启，两个固定，并且玻璃自动适应宽度和高度；③当不勾选"双固定玻璃"的可见性值时，本窗玻璃为一个开启，一个固定，并且玻璃自动适应宽度和高度（效果如图 9 – 47 所示）；④测试"宽度""高度"参数变化无错误。

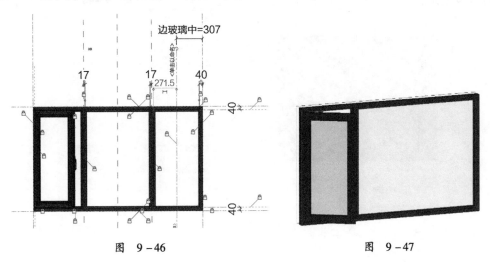

图　9 – 46　　　　　　　　　　　　　　　　　图　9 – 47

9.3　改造地面

装饰装修地面一般由 3 部分组成，即基层（结构层）、垫层（中间层）和面层（装饰层）。为满足防水、防潮、保温隔热、找平、线管敷设等工艺和功能上的要求，往往还要在基层和面层之间增加若干中间层。BIM 技术可以方便地对装修地面面层材料赋予材质并进行装饰排版，也可以很直观地对中间层进行构造分层。

装饰装修地面装饰材料有：木地板、石材、织物、塑料材料、金属材料等。各种材料结合使用时对装修收口方法的选用也是至关重要的。饰面的构造、功能不同，对收口的强度、美观的要求也不一样。不同的收口方法和不同的细部处理也可能产生不同的装饰效果。

下面将结合案例讲述几种地面装饰的创建思路：套房入口处石材地面的石材分割排版、地毯的分层工艺和通过"零件"功能生成三维工艺说明图、嵌入式地面收口条的创建方法。

9.3.1　铺设地砖

打开案例文件，进入"楼层平面：原始地面"平面视图，选取入门口处楼板（或框选择后再过滤选择楼板）。

1）单击"编辑类型"按钮，打开"编辑类型"对话框，单击"复制"按钮，将其名称重命名为"装饰地面 – 大理石"。

2）单击"结构"按钮，单击参数后面的"编辑"按钮，打开"编辑部件"对话框；单击"插入"按钮，添加多个构造层，并为其指定功能、材质、厚度，单击"向上"→"向下"按钮调整其上、下位置，如图 9 – 48 所示。

3）修改面层 1［4］构造层材质：单击"石材"材质，通过单击材质浏览器中"外观"选项卡下的"图像"，可以更改对应材质的图像路径，如图 9 – 49 所示。

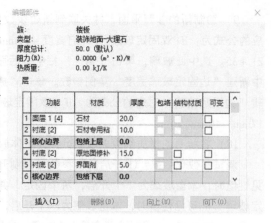

图　9 – 48

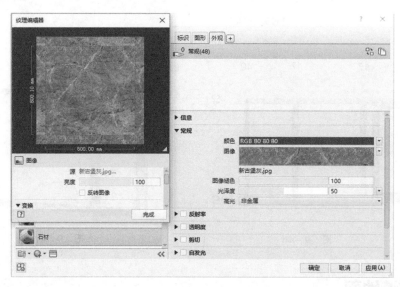

图　9 – 49

4）单击材质浏览器中"图形"选项卡下的"表面填充图案"，修改"前景图案"为"模型式填充图案"。新建"800 * 800 大理石"模型式填充图案，如图 9 – 50 所示。

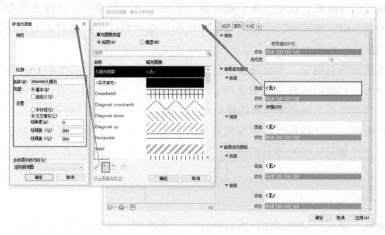

图　9 – 50

5）设定图形显示选项为"线框显示"。根据设定的模型填充图案，通过〈Tab〉键切换选择大理石边界，标注每块大理石尺寸。通过〈↑〉、〈↓〉、〈←〉、〈→〉键也可以调节地砖拼缝位置，如图 9 – 51 所示。

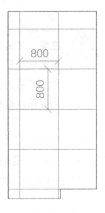

9.3.2　分割地面装饰层零件

Revit 中的零件图元通过将设计意图模型中的某些图元分成较小的零件来支持构造建模过程，我们可以通过零件功能进行地面设计。

通过面层分割创建地面装饰层，打开案例文件，进入"三维"视图，隔离显示进门区楼板，在"修改/楼板"选项卡"创建"面板中单击"零件"按钮，如图 9 – 52 所示。

图　9 – 51

图　9 – 52

分割零件：选中的构件被指定为零件后，可通过绘制分割线草图或选择与该零件相交的参考图元，将该零件分割为较小零件。若想要对分割的零件形状重新编辑，可执行"编辑分区"命令对零件重新绘制形状。

合并零件：当分割的零件具有重叠部分并且材质创建和拆除阶段全相同时，可以执行"合并零件"命令将零件合并成为单独的零件，选择要合并的零件单击"编辑合并的零件"命令，可对已经合并的零件进行编辑以添加或删除零件。

重设形状：当在选择"属性"面板上勾选"显示造型操纵柄"命令对构件形状进行编辑后，可通过重设形状恢复其原始状态。

排除零件与恢复零件：选择生成的排除或恢复零件，使其不包含或包含在材质提取、明细表和其他列表或计算中。仅在光标下亮显或选定时，排除的零件才可见。可以根据需要将排除的零件恢复到模型。

 注意： 默认情况下，当楼板被指定为零件时，楼板在"楼层平面"视图将无法看见，此时调整"视图范围"的"底部"和"视图深度"，使其范围增大，即可看见被指定成为零件的楼板。

使用拾取线方式拾取表面填充图案网格线，最后单击"完成编辑模式"按钮，完成大理石分割，如图 9 – 53 所示。

图　9 – 53

> ⚠ **注意**：可通过"属性"栏上"零件可见性"参数设置零件显示状态，①显示零件：各个零件在视图中可见，从中创建零件的原始图元不可见且无法高亮显示或选择；②显示原状态：各个零件不可见，不可进行编辑，但用来创建零件的图元是可见的，并且可以选择；③显示两者：零件和原始图元均可见，并能够单独高亮显示和选择。

将"属性"栏上"零件可见性"设置为"显示零件"状态，设定图形显示选项为"真实显示"，按〈Tab〉键切换选中被分割出的石材，在"属性"栏中，取消勾选"通过原始分类的材质"。单击材质选项中的"石材"按钮，可以为分割零件设置不同的材质。如图 9 – 54 所示。

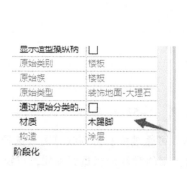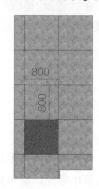

图　9 – 54

9.3.3　创建地毯构造层

打开案例文件，选择"客房内楼板"，进入"编辑部件"对话框，添加多个构造层，并为其指定功能、材质、厚度，如图 9 – 55 所示。

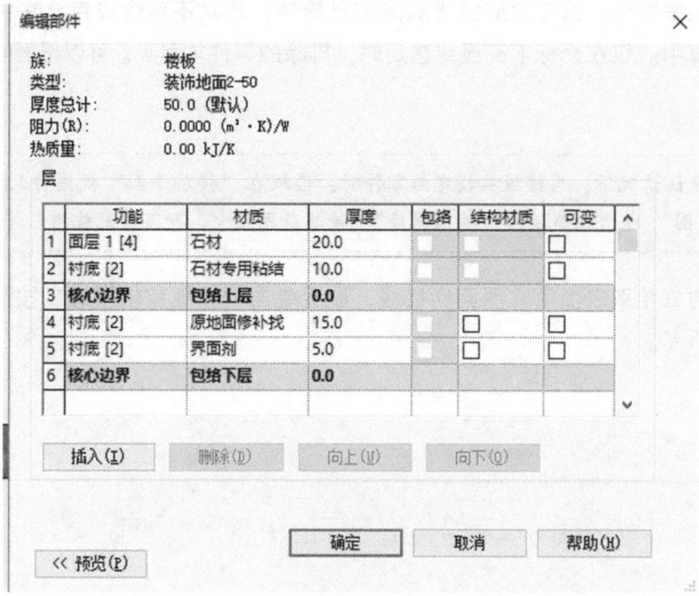

编辑部件　　　　　　　　　　　　　　　　　　×

族：　　　　　楼板
类型：　　　　装饰地面2-50
厚度总计：　　50.0（默认）
阻力(R)：　　 0.0000 (m²·K)/W
热质量：　　　0.00 kJ/K

层

	功能	材质	厚度	包络	结构材质	可变
1	面层 1 [4]	石材	20.0			□
2	衬底 [2]	石材专用粘结	10.0			□
3	**核心边界**	**包络上层**	**0.0**			
4	衬底 [2]	原地面修补找	15.0	□		□
5	衬底 [2]	界面剂	5.0	□		□
6	**核心边界**	**包络下层**	**0.0**			

插入(I)　　删除(D)　　向上(U)　　向下(O)

<< 预览(P)　　　　　　　确定　　取消　　帮助(H)

图　9 – 55

通过与建立大理石地面一样的方法，进行零件分割。按〈Tab〉键切换选中被分割出的石材面层并选择"创建零件"功能，随即选择要分割的模型表面单击"分割零件"按钮。在弹出的选项里单击"编辑草图"，然后单击"设置"，在弹出的工作平面栏中选择"拾取一个平面"，再单击地毯面层拾取面，绘制地毯缺角草图线，重复上述操作绘制多层，并依次进行标注，结果如图9-56所示。

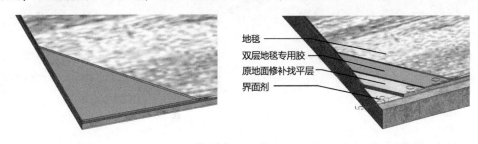

图 9-56

9.3.4 处理大理石与地毯收口

1）单击"新建"→"族"，选取"基于面的公制常规模型 .rft"族样板，单击"打开"命令进入族编辑器模型。切换至"立面：右"视图。

2）单击"创建"选项卡→"形状"面板→"空心拉伸"命令，在系统自带基于面的模型上边缘画出如图9-57所示的轮廓。单击"模式"面板上的"√"命令完成绘制。切换至"楼层平面：参照标高"视图，参照新建的平面进行拉伸并锁定，如图9-58所示。

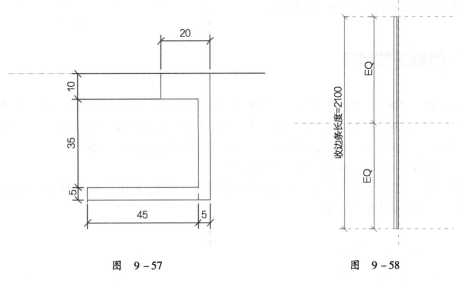

图 9-57　　　　　　　　　　　图 9-58

3）单击"修改"命令面板下的"剪切"按钮，依次选择系统自带平面体和收口条空心形状，完成空心形体的剪切，如图9-59所示。

 注意：基于面的公制常规模型，它的"主体"就是"面"。这个面既可以是屋顶、楼板、墙、天花板等系统族的表面，也可以是桌子、台面等构件族的表面。相对来说，该族会比基于主体的族更灵活。如果是基于系统族的表面，则该族可以修改它们的主体，并可在主体中进行复杂的剪切。

4）单击"创建"选项卡→"形状"面板→"拉伸"按钮，对照在空心剪切的形体上，用拉伸建立出嵌条实体模型，并赋予"古铜金"材质，嵌入空心形状内，如图9-60所示。

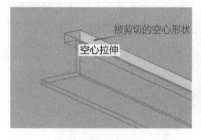
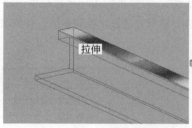
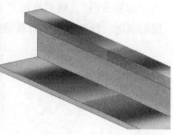

图 9-59   图 9-60

 注意："空心形状"工具用于创建切入实心几何图形的负形状（空心），其模型创建功能与"实心形状"工具基本相同。

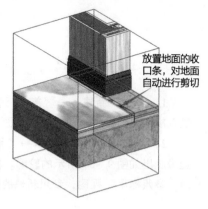

放置地面的收口条，对地面自动进行剪切

5）单击"模式"面板中的"载入族"按钮，弹出"载入族"对话框。

在"载入族"对话框中，浏览此收口条模型文件，单击"打开"按钮载入该族，将此族嵌入地毯地面与石材地面的边界处，即完成此收口条边界模型。此时放置地面的收口条，对楼板地面自动完成剪切，如图9-61所示。

图 9-61

9.4 创建天花吊顶

吊顶在整个装饰装修中占有相当重要的地位，是装饰装修常见的装饰手法。对室内顶面做适当的装饰，不仅能够区分室内的功能布局、美化室内环境、营造丰富多彩的室内空间艺术形象，而且还是遮挡室内原始天花内构造与设备的一种手法。室内装饰中常见的吊顶材料有：石膏板、矿棉板、铝扣板、木板、金属板、PVC、GRG等材料。

下面将结合案例讲述室内项目中常用到的石膏板造型吊顶、金属扣板吊顶的创建思路，同时讲述如何高效创建参数化吊顶龙骨。

9.4.1 创建石膏板吊顶

1. 创建石膏板天花平顶

1）打开9.3节完成的案例文件，单击"常用"选项卡下"建筑"面板中"楼板：建筑"按钮。在"属性"栏中选择标高为"吊顶位置"。进入"类型属性"对话框，创建名称为"天花板-25"的天花板类型。进入"编辑部件"对话框，添加多个构造层，并为其指定功能、材质、厚度，如图9-62所示。

2）进入绘制轮廓草图模式。单击"线"按钮，用"绘制线"或"拾取线"工具绘制封闭楼板轮廓。如果出现交叉线条，则执行"修剪"命令编辑成封闭楼板轮廓，如图9-63所示。完成草图后，单击"完成楼板"创建楼板。

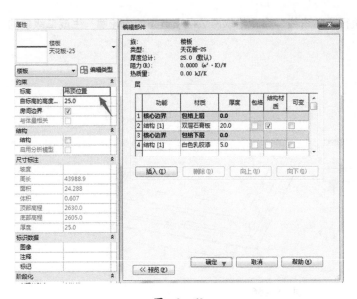

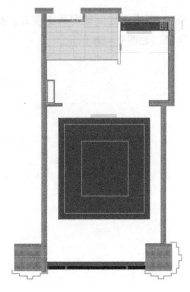

图　9 – 62　　　　　　　　　　　　　　图　9 – 63

2. 创建两级吊顶造型

以"公制轮廓.rft"族样板新建族文件，使用"线"命令绘制如图 9 – 64 所示的公制轮廓族。并将此族以"天花轮廓 – 白色乳胶漆.rfa"为文件名载入到项目中。

单击"常用"选项卡→"建筑"面板→"楼板：楼板边"按钮，放置楼板边缘，进入"类型属性"对话框，新建名称为"两级天花造型"的新楼板边缘类型。将轮廓设置为导入的"天花两级顶轮廓"，并修改"材质"为"白色乳胶漆"，完成设置。

如图 9 – 65 所示，移动鼠标指针至天花板两级顶造型边缘位置，将高亮显示楼板边缘轮廓。单击拾取该边缘。单击"修改 \ 放置楼板边缘"选项卡"放置"面板中"重新放置楼板边缘"按钮，将沿所拾取的楼板边缘作为路径生成放样实体。按〈Esc〉键退出放置楼板边缘状态。

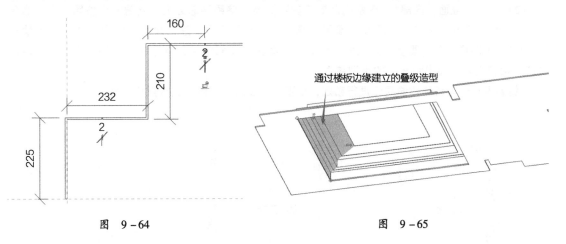

图　9 – 64　　　　　　　　　　　　　　图　9 – 65

 注意：执行"楼板"命令来建天花板与执行"天花板"命令来创建天花板是一致的。但"楼板：楼板边"边命令更容易创建天花边缘，如石膏线、边缘造型的轮廓。

参照"石膏顶平顶"的创建方法，以创建楼板的方式建立二级顶平顶，标高调整为"二级顶",再进入绘制轮廓草图模式,执行"拾取线"命令拾取两级吊顶造型的内轮廓,生成二级顶的平顶,如图 9 – 66 所示。

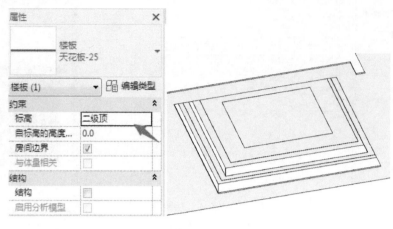

图 9 – 66

9.4.2 创建金属面板吊顶

1. 建参数化幕墙嵌板

1) 以"公制幕墙嵌板.rft"为族样板新建族文件,进入"楼层平面:参考标高"视图,新建"参照平面"命名为"嵌板",与系统自带"中心(前/后)"参照平面注上尺寸,设定为"8",单击"尺寸",新建一个为"金属面板厚度"的类型参数。在系统自带"中心(左/右)"参照平面的两侧各建一个参照平面,命名为"超出平面",设定这两个参照平面相对"中心(左/右)"参照平面成等距 EQ 关系。另外在系统自带"中心(左/右)"参照平面的两侧各建一个参照平面,命名为"实际平面",距离"超出平面"注上尺寸,设定为"7",单击"尺寸",新建一个为"超出距离"的类型参数,如图 9 – 67 所示。

2) 进入"立面:内部",在系统自带"参照标高"参照平面之上,新建一个参照平面,命名为"顶部",建立一个参照平面在"参照标高"参照平面之上,注上尺寸,设定为"7",新建一个为"超出距离"的类型参数。建立一个参照平面在"顶部"参照平面之下,注上尺寸,设定为"7",都设定为"超出距离"的类型参数。

将参照平面与新的拉伸图元进行锁定,如图 9 – 68 所示。单个嵌板建模完成。

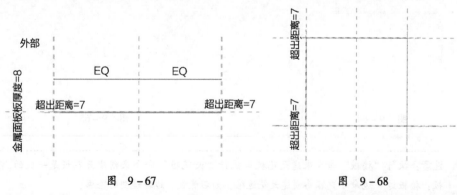

图 9 – 67　　　　　　　　　　　　　图 9 – 68

3) 单击"创建"选项板→"形状"面板→"放样"按钮,沿着最外侧的参照平面创建放样路径,并锁定在外侧的参照平面上,完成路径编辑。单击"编辑轮廓"转到"立面:左"视图,打开视图，绘制放样轮廓，如图 9-69 所示。完成放样模型绘制。

4）执行"拉伸"命令，沿着内侧的参照平面绘制矩形线，并锁定在内侧的参照平面上，设置拉伸深度为"3"，完成拉伸模型。切换到"参照标高"参照平面上，将拉伸厚度"3"的嵌板模型锁定在"中心（前/后）"参照平面上，如图 9-70 所示。

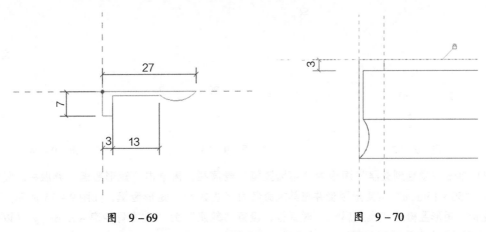

图 9-69 图 9-70

5）进入"立面：内部"，新建 4 个参照平面，标注尺寸距离最外侧参照平面为"60"，并锁定尺寸。执行"拉伸"命令沿参照平面建立 4 个拉伸深度为"14"的空心形状。切剪出金属嵌板与龙骨交接的齿口，如图 9-71 所示。完成金属嵌板的创建。将族保存为"金属面板.rfa"。

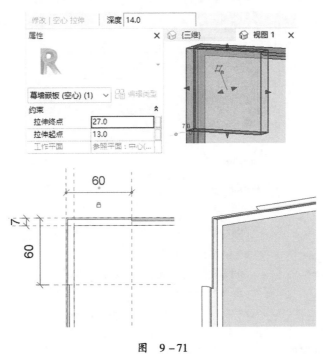

图 9-71

6）以"公制轮廓.rft"族样板新建族文件，即如图 9-72～图 9-74 所示的公制轮廓族。并将其分别命名为"主龙骨轮廓-A.rfa""次龙骨轮廓-A.rfa""边龙骨轮廓-A.rfa"，载入到项目中。

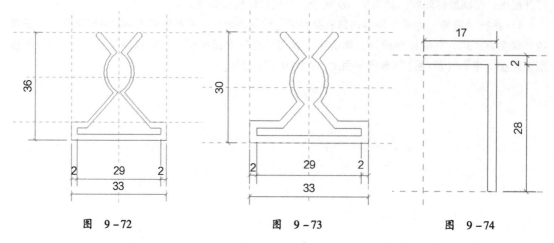

图 9 - 72   图 9 - 73   图 9 - 74

7）单击"项目浏览器"面板中"幕墙竖梃"卷展栏，再单击"矩形竖梃"卷展栏。复制系统自带"50×150mm"的矩形竖梃并将其重命名为"主龙骨"矩形竖梃，如图9-75所示。进入"主龙骨"矩形竖梃的"类型属性"对话框，设置"轮廓"为"主龙骨轮廓-A. rfa"。并以同样的方式建立"次龙骨"矩形竖梃、"边龙骨"矩形竖梃，如图9-76所示。

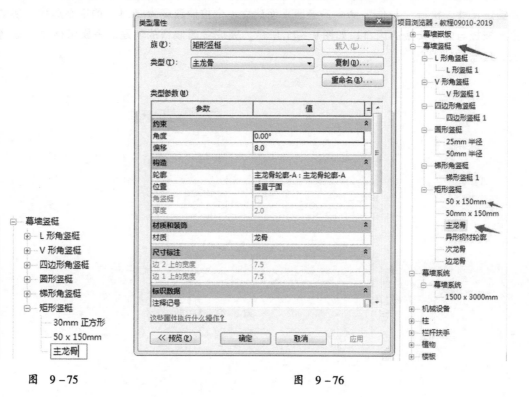

图 9 - 75   图 9 - 76

2. 创建金属嵌板吊顶

用迹线屋顶工具转建玻璃斜窗来创建金属嵌板。

单击"常用"选项卡→"建筑"面板→"屋顶"→"迹线屋顶"按钮，取消"定义坡度"的勾选。进入"类型属性"对话框，添加金属嵌板和主龙骨、次龙骨、边龙骨竖梃，如图9-77所示。完成金属嵌板设置。

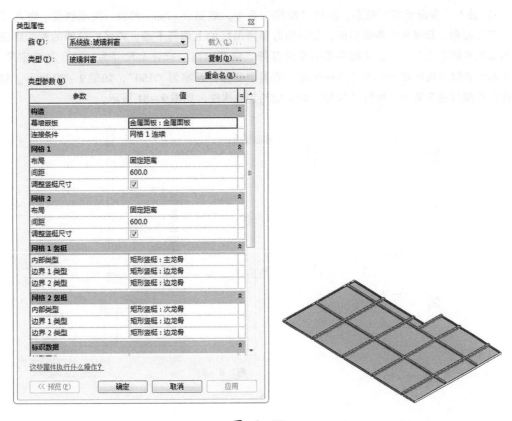

图 9－77

9.4.3 创建参数化龙骨及配件

1. 创建参数化吊杆

1) 以"公制常规模型"为族样板新建族文件, 进入"立面: 左"视图, 执行"拉伸"命令绘制如图 9－78 所示的构件, 中心与"参照平面: 中心 (左/右)"对齐, 深度为"20"。

2) 以相同方式创建其他构件, 如图 9－79 所示。

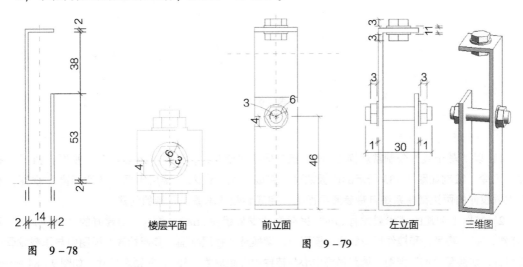

图 9－78

楼层平面　　前立面　　左立面　　三维图

图 9－79

3）进入"参照标高"视图，执行"拉伸"命令，绘制 $R=3mm$ 的圆，完成创建。进入"立面：左"视图，新建两个参照平面，分别作为参照吊杆的上端与下端。将吊杆拉伸的两边锁在上下两端的参照平面上，下端参照平面与系统自带"参照标高"标注上尺寸为"83"并锁定尺寸。上下两个参照平面新建一个为"吊杆长度"的类型参数，设定为"150"，如图 9-80 所示。载入膨胀螺栓族放置在族中，执行"拉伸"命令绘制其他构件，如图 9-81 所示。

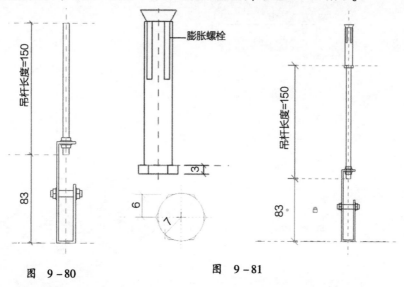

图 9-80　　　　　　　　图 9-81

2. 创建挂件

以"公制常规模型"为族样板新建族文件，执行"拉伸"命令，绘制挂件轮廓并拉伸厚度。再建立齿口"空心形状"并剪切出挂件模型，如图 9-82 所示。

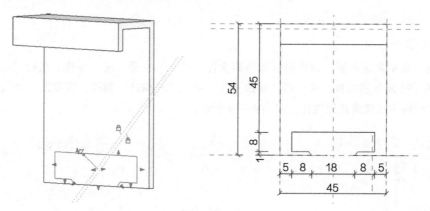

图 9-82

3. 创建参数化龙骨

1）以"基于线的公制常规模型.rft"族样板新建族文件，进入"立面：左"视图，执行"拉伸"命令，绘制如图 9-83 所示的嵌板截面，完成绘制。进入"楼层平面：参照标高"视图，承载龙骨拉伸的两边锁在系统自带参照平面上，完成参数化承载龙骨族的创建。

2）将以上创建的"承载龙骨.rfa"另存为"龙骨组件.rfa"，载入之前建好的"吊杆.rfa"和"挂件.rfa"。将吊杆和挂件模型放置在模型中，切换至"楼层平面：参照标高"视图中与承载龙骨中心对齐，切换至"前"视图中调整吊杆中心与挂件中心距离为"50"，并锁定尺寸，如图 9-84 所示。

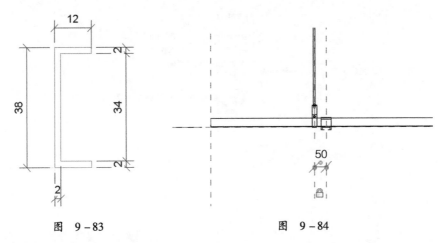

图 9-83   图 9-84

3）单击"族类型"命令，增加名称为"吊杆长度""龙骨间距""距边长度"参数类型为"长度"的实例参数，初始值都设定为"500"。增加名称为"吊杆数量"、参数类型为"整数"的实例参数，如图 9-85 所示。

图 9-85

4）单击吊杆模型，将"属性"栏中"吊杆长度"的参数值关联上新建"族参数"中的"吊杆长度"，如图 9-86 所示。

5）在"前"视图中将吊杆和挂件模型打组，命名为"吊杆挂件组"。在左侧新建一个参照平面，将吊杆挂件组模型对齐锁定在新参照平面上。标注新参照平面与系统自带参照平面的尺寸，并给予之前建好为"吊件距边"的实例参数，设定为"200"。

6）在"前"视图中右侧新建一个参照平面，标注新参照平面与系统自带参照平面的尺寸，并给予之前建好的"龙骨间距"的实例参数，如图 9-87 所示。

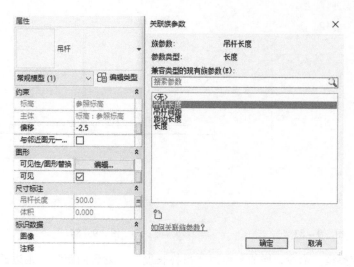

图 9-86

7）选择吊杆挂件模型组，单击"修改"面板下"阵列"按钮。选择"线性"阵列，勾选"最后一个"向右拖动吊杆挂件模型组，如图9-88所示。

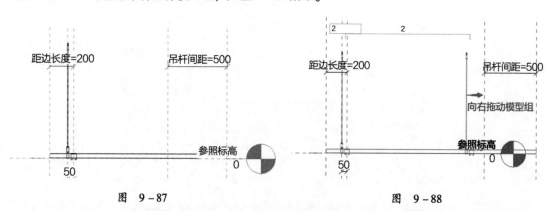

图 9-87　　　　　　　　　　　　　　　　图 9-88

8）将"阵列"后的吊杆挂件组模型对齐锁定在右侧新参照平面上，并修改阵列数参数为之前创建的"吊杆数量"参数。打开"族类型"对话框，设置"吊杆数量"族参数的公式为（长度-距边长度-吊杆间距）/吊杆间距+1，如图9-89所示。完成"龙骨组件.rfa"族的创建。

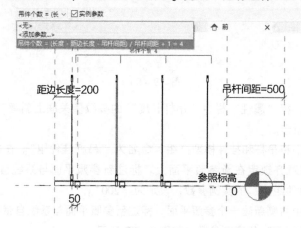

图 9-89

9）将"龙骨组件.rfa"族载入项目，用基于线的"龙骨组件.rfa"模型绘制出整体龙骨，如图 9-90 所示。

10）调整"吊件距边"和"龙骨间距"的参数值，使之与金属嵌板的间距值一致。完成整体龙骨的装配，此时挂件模型与主龙骨的卡接完全吻合。最终完成参数化吊顶，如图 9-91 所示。

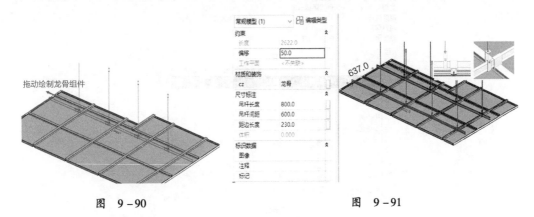

图 9-90　　　　　　　　　　　　图 9-91

9.5 创建墙饰面

墙面的装饰在装饰装修中起着至关重要的作用。其主要作用是保护墙体，增强墙体的坚固性、耐久性，延长墙体的使用年限，改善墙体的使用功能，提高墙体的保温、隔热和隔声能力，提高室内的艺术效果，使整体风格更协调，更容易搭配其他物品和家居，美化环境，提升人的愉悦感。室内墙面装饰材料主要有：木材、石材、釉面砖、皮革、织物、壁纸、涂料等。

下面将结合案例讲述室内项目中用到的木饰面墙体、软包硬包墙面的创建思路。

9.5.1 创建木饰面墙体

1. 编辑墙体

1）选择"建筑"→"墙"，新建卫生间隔墙墙体。选择墙体，自动激活墙体"属性"栏，进入"编辑类型"对话框，新建墙体类型，将其重命名为"新建隔墙-130"。设置新建墙体的底部约束为"地面完成面"，顶部约束为"吊顶位置"，如图 9-92 所示。

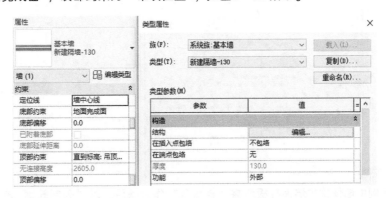

图 9-92

2）进入"编辑部件"对话框，添加多个构造层，并为其指定功能、材质、厚度，单击"向上""向下"滑动块调整其上、下位置，如图 9 – 93 所示。

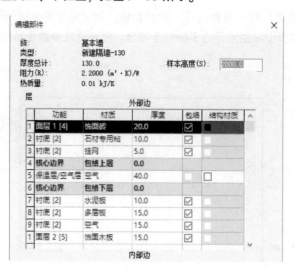

图 9 – 93

 注意：墙体分层结构中设置空气层是有些墙体是内部有钢架或挂板条，设置空气层以后可以再放置模型。

3）修改面层 2 ［5］构造层饰面材质：单击"饰面木板"材质，通过单击材质浏览器中"图形"选项卡下的"截面填充图案"修改"前景图案"为"绘图式填充图案"。选择"木材 – 表面1"填充图案。依次设置其他构造层截面填充图案，单击"编辑部件"对话框左下角"预览"按钮，选择"视图 V"为"剖面：修改类型属性"视图，如图 9 – 94 所示。

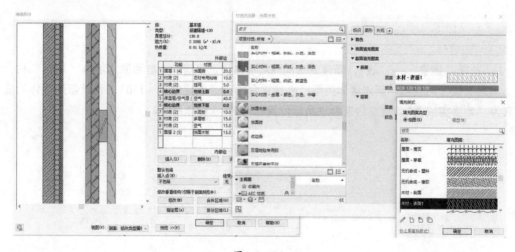

图 9 – 94

2. 创建墙饰条

1）创建案例中墙体体内墙面挂板所需"挂板条"作为备用。以"公制轮廓 . rft"为族样板新建族文件，创建如图 9 – 95 所示的公制轮廓族。将该族另存为"挂件条 . rfa"并载入到项目中。

2）在"编辑部件"对话框中，单击左下角"预览"按钮，切换"视图 V"为"剖面：修改类型属性"视图。此时才能够单击"墙饰条"按钮，弹出"墙饰条"对话框。选择"添加"添加两条墙饰条，设置轮廓为之前载入的"挂件条"轮廓。距离分别设置为"850"和"1900"，表示两条挂件条距地高度。修改"偏移"为"-30"使之嵌入墙体对应位置，如图 9-96 所示。完成分层结构墙体的绘制，进入三维视图查看构件效果，如图 9-97 所示。

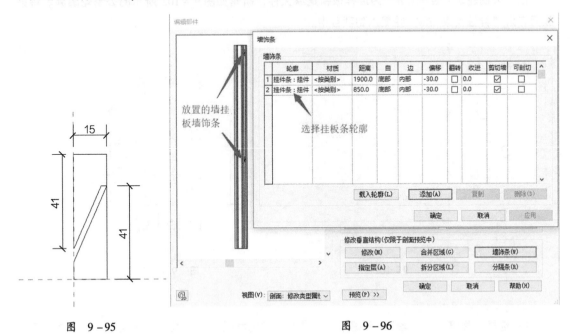

图 9-95　　　　　　　　　　　　　　　　　　图 9-96

9.5.2 创建墙面硬包

1. 建立硬包嵌板族

1）以"公制幕墙嵌板.rft"为族样板新建族文件，进入"楼层平面：参照标高"视图。执行"拉伸"命令，沿"中心/（前后）"参照平面绘制矩形线，如图 9-98 所示。

2）进入"立面：内部"视图。将模型拉伸四边锁定在系统自带的 4 个参照平面上，如图 9-99 所示。

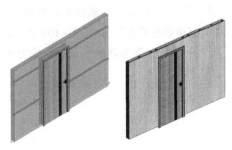

图 9-97

3）在"立面：内部"视图。执行"空心放样"命令，在"绘制路径"面板上单击"拾取路径"命令，沿着模型外边缘拾取路径线，并锁定在外侧的参照平面上，完成路径编辑。单击"编辑轮廓"转到"立面：右"视图，打开视图，绘制放样轮廓，如图 9-100 所示。

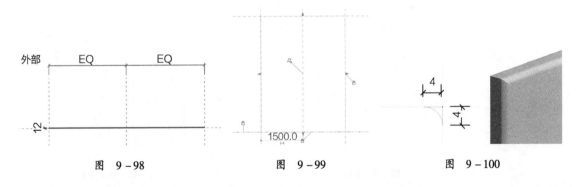

图 9-98　　　　　　　　　图 9-99　　　　　　　　　图 9-100

4）进入"立面：右"视图，执行"拉伸"命令，创建挂板条模型，并锁定在参照平面，如图 9 – 101 所示，将该族另存为"硬包嵌板 . rfa"并载入到项目中。

2. 建立收口条竖梃轮廓

以"公制轮廓 – 竖梃 . rft"为族样板新建族文件，新建如图 9 – 102 所示的公制轮廓族。将该族另存为"异性钢板 . rfa"并载入到项目中。

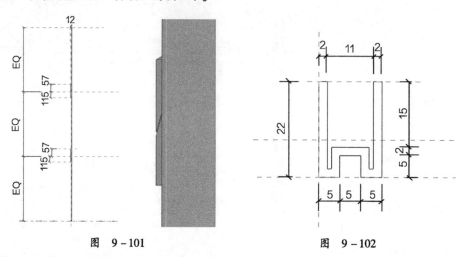

图　9 – 101　　　　　　　　　　　图　9 – 102

3. 完成整体硬包幕墙

1）选择"建筑"→"墙"，新建幕墙。进入"编辑类型"对话框，新建类型，将其重命名为"硬包墙面"。修改幕墙嵌板为之前载入的"硬包嵌板"。添加垂直竖梃与水平竖梃轮廓为之前载入的"异型钢材轮廓"，如图 9 – 103 所示。

2）执行"幕墙网格"命令，添加两条竖梃，如图 9 – 104 所示，完成墙体硬包嵌板模型。

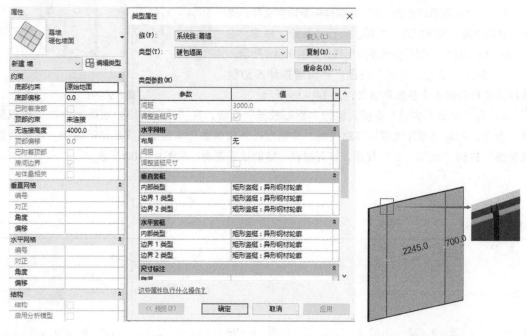

图　9 – 103　　　　　　　　　　　图　9 – 104

9.6　创建楼梯与栏杆

9.6.1　创建楼梯

楼梯作为建造物垂直交通设施之一，首要作用是联系上下交通；其次，楼梯作为建筑物主体结构还起着承重作用，除此之外，楼梯有安全疏散、美观装饰等功能。在做建筑设计时，可以利用楼梯可塑性很强的实体特征创造出各种有特色的空间和具有各种气氛的环境。一部成功的楼梯设计会给建筑创作增添亮点，增高品位，并且有助于建筑创作水平的提高，增加设计美观效果。

1. 创建楼梯（楼梯段、休息平台）

在 Revit 中可以使用"楼梯"工具，在项目中添加各种各样的楼梯。楼梯由楼梯段、休息平台和栏杆扶手三部分构成。在绘制楼梯时，可以沿楼梯自动放置指定类型的扶手。在创建楼梯前应定义好楼梯类型属性中的各种楼梯的参数。

（1）楼梯的设置

1）将视图切换为平面视图。将整理好的 CAD 图纸导入到一层平面视图中，如图 9－105 所示。在"建筑"选项卡—"楼梯坡道"面板中单击"楼梯"按钮，自动切换创建楼梯的面板，选择楼梯的样式"按草图绘制"。

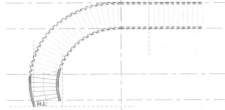

图　9－105

2）通过"属性"栏复制新楼梯为"大堂楼梯"，并修改楼梯属性，如图 9－106 所示，根据设计图纸调整楼梯的"计算规则"，包括楼梯的踢面高度、踏板深度、梯段宽度。

 注意：踢面高度、踏板深度决定楼梯台阶数量。

图　9－106

3）通过楼梯的"类型属性"对话框中"类型参数"菜单栏，可以给楼梯加一个简单的装饰效果，如图 9 – 107 所示，通过"梯段类型"对梯段样式、结构深度、梯段材质、踏板、踢面进行一系列的设置，"平台类型"设置亦同。通过相应的参数设置可以给楼梯踏板、踢面部分装饰层（地板、瓷砖等）赋予不同材质。"类型属性"设置好后，在平面视图区域进行绘制楼梯。

4）为楼梯添加梯边梁，在"类型属性"对话框中单击"支撑"设置左、右两边支撑，如图 9 – 108 所示。设置完成后单击"确定"按钮关闭所有对话框。

图　9 – 107

5）进入"F1"楼层平面视图中，执行"创建草图"命令，绘制楼梯"边界、踢面、楼梯路径"，先绘制楼梯"边界"，选三点画弧并执行"直线"命令绘制楼梯的边界，同样也可以拾取导入的 CAD 底图进行绘制（绘制边界线为绿线）；再进行绘制楼梯的"踢面"，绘制楼梯踢面时需注意楼梯的休息平台，进行间隔绘制（踢面为黑线）；最后进行楼梯的"楼梯路径"的绘制，绘制楼梯路径时需要楼梯的起跑方向（路径为蓝线），如图 9 – 109 所示。单击"√"完成绘制。

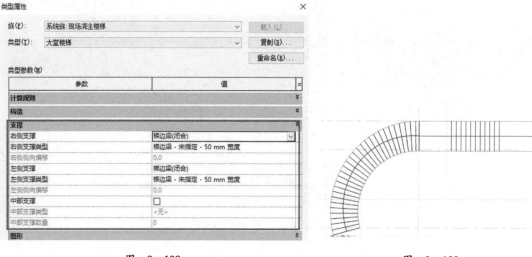

图　9 – 108　　　　　　　　　　　　　　　图　9 – 109

2. 制作楼梯装饰面

楼梯木地板踏步制作：打开"楼梯模型.rvt"，如图9-110所示。

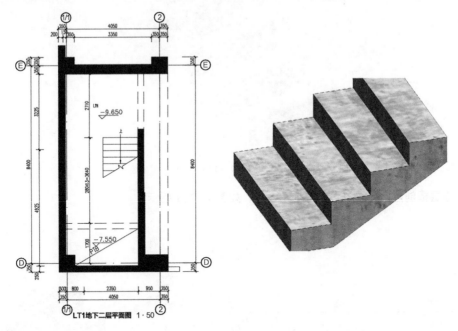

图　9-110

根据精装设计楼梯节点图纸创建装饰面层的BIM模型，如图9-111所示。模型创建有多种方法可以实现（构件族库制作方法、内建模型制作方法等），下面以族方法进行制作讲解。

1）木龙骨的创建：以"基于面的公制常规模型"族样板新建族文件，进入"立面：右"视图，执行"拉伸"命令绘制木龙骨的形状，并创建相应的参数，如图9-112所示。

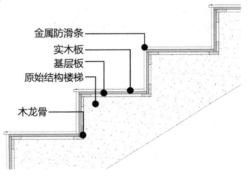

图　9-111

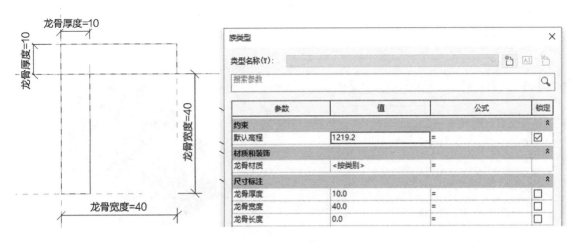

图　9-112

2）将创建完成的模型导入项目当中进行布置，如图 9 – 113 所示。

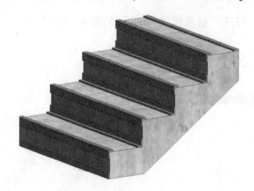

图　9 – 113

3）基层板创建，方法与木龙骨基本一致，如图 9 – 114 所示。

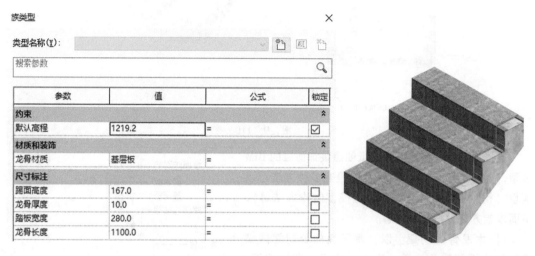

参数	值	公式	锁定
约束			≈
默认高程	1219.2	=	☑
材质和装饰			≈
龙骨材质	基层板	=	
尺寸标注			≈
踏面高度	167.0	=	☐
龙骨厚度	10.0	=	☐
踏板宽度	280.0	=	☐
龙骨长度	1100.0	=	☐

图　9 – 114

4）实木板创建，方法与木龙骨基本一致，如图 9 – 115 所示。

参数	值	公式	锁定
约束			≈
默认高程	1219.2	=	☑
材质和装饰			≈
金属防滑条	金属防滑条	=	
龙骨材质	基层板	=	
尺寸标注			≈
踏面高度	167.0	=	☐
龙骨厚度	10.0	=	☐
踏板宽度	280.0	=	☐
龙骨长度	1100.0	=	☐

图　9 – 115

9.6.2　创建扶手

楼梯扶手是楼梯上重要的组成部分，无论是室内楼梯扶手，还是室外楼梯扶手，其目的都是保证人们的安全。另外，设计美观的楼梯扶手也能为装饰增分。大气宽敞的酒店大堂或复式空间，楼梯是必不可少的部分。若想使得整个空间都很美，那楼梯扶手的设计同样不能懈怠。

本小节主要讲解钢化玻璃栏杆扶手制作，如图 9 – 116 所示。

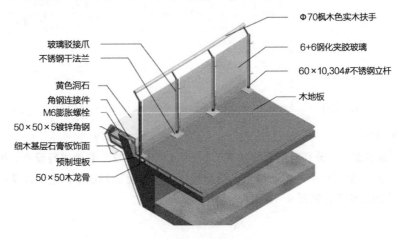

图　9 – 116

在 Revit 中使用扶手和楼梯工具可以创建任意形式的扶手和楼梯模型。扶手和楼梯属于 Revit 系统族，可以通过定义类型参数形成各类型参数化的扶手楼梯。

使用扶手工具，可以单独绘制扶手，也可以在绘制楼梯、坡道等主体结构构件时自动创建扶手。在创建扶手前，需要定义扶手的类型和结构。

1）扶手创建：在"建筑"选项卡中"楼梯坡道"面板"栏杆扶手"下拉列表中，单击"绘制路径"按钮，系统自动切换至"创建扶手路径"，绘制栏杆扶手路径。

2）在"属性"栏"类型选择器"中选择扶手类型。单击"编辑类型"按钮。在"类型属性"对话框中，进行编辑"扶栏结构"样式编辑，选择已经设置好栏杆轮廓，赋予不同的高度与材质。这里制作钢化玻璃栏杆扶手中没有其他结构样式进行添加，如图 9 – 117 所示。

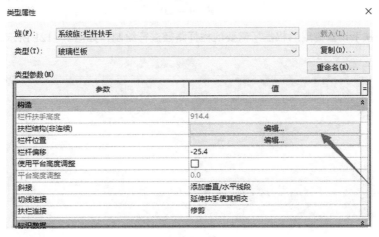

图　9 – 117

3）单击"类型属性"对话框中"栏杆位置"参数后的"编辑"按钮，弹出"编辑栏杆位置"对话框。设置相应的"栏杆族"，将已设置好的玻璃嵌板族进行载入，进行选择；然后在将制作好的栏杆立柱（带玻璃抓点）族进行载入和选择，如图 9 – 118 所示。设置好"相对前一栏杆的距离"和"顶部、底部的偏移"，如图 9 – 119 所示。

玻璃嵌板　　　　扶手立柱

图　9 – 118　　　　　　　　　　　　　　　　　　　图　9 – 119

4）在类型属性面板中分别有"顶部扶手""扶手 1""扶手 2"参数进行设置。根据所创建钢化玻璃的样式，对"顶部扶手"进行设置，根据栏杆高度设置顶部扶手高度，以及扶手类型，并选择采用圆形木质的扶手，如图 9 – 120 所示。

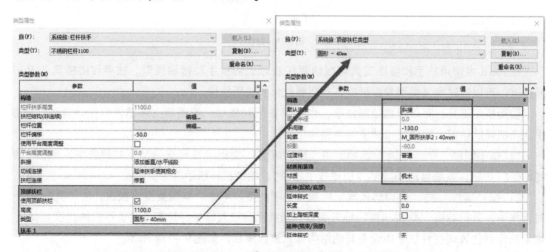

图　9 – 120

5）在栏杆扶手设置完成后根据所需要的栏杆路径进行绘制，如图 9 – 121 所示。

图　9 – 121

9.7　创建室内陈设

室内空间通过在陈设品与室内环境的协调、造型及色彩感知使空间变得更有灵气，一个室内空间若没有陈设品就会像是鸟儿没有了翅膀，书本没有了文字，一切变得索然无味。

而陈设品就好比室内空间的"文字"，不仅使室内空间变得充实也使空间更具有特点。好的陈设品模型可以构造良好的视觉效果，并且参数化的陈设品更能为不同的空间打造不同效果，提高模型搭建的速度。

9.7.1　创建功能性陈设

功能性陈设是指具有一定应用价值的陈设品，如家用电器、灯具、家具等。通过 Revit 制作参数化陈设品，可根据不同空间快速搭建模型。本节以参数化沙发为例进行讲述。

1）选择公制常规模型族样板并打开，进入"楼层平面：参照标高"视图中，绘制参照平面，标注并创建参数，如图 9 – 122 所示。

2）进入"前立面"视图中，创建参照平面，标注并创建参数，如图 9 – 123 所示。测试参数，进行调整。

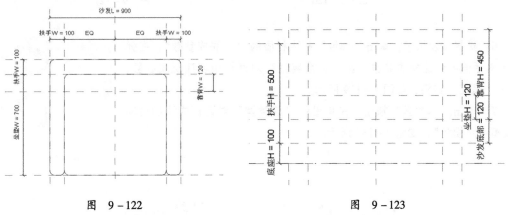

图　9 – 122　　　　　　　　　　　　图　9 – 123

3）在"楼层平面：参照标高"视图中执行"拉伸"命令创建沙发扶手截面并锁定，如图 9 – 124 所示。

4）进入"前立面"视图中，调整扶手高度与已有参数并锁定，如图 9 – 125 所示。

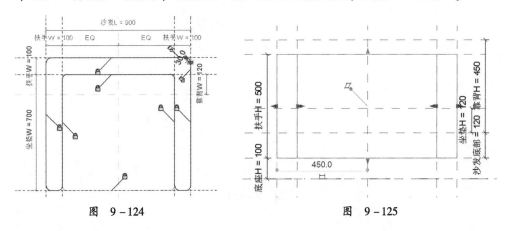

图　9 – 124　　　　　　　　　　　　图　9 – 125

5）执行"空心放样"命令剪切扶手边缘。单击"创建"选项卡中"空心放样"命令，在"修改 | 放样"选项卡中，执行"拾取路径"命令，延扶手边缘拾取，如图 9 – 126 所示，单击"√"，跳转至"前立面"视图中，绘制形状，如图 9 – 127 所示，单击"√"完成创建，如图 9 – 128 所示。

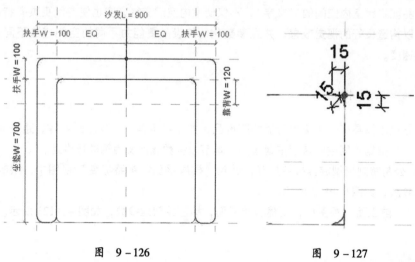

图 9 – 126 图 9 – 127

6）选择沙发扶手，单击"属性"栏中材质的"关联族参数"，在弹出的对话框中新建材质参数，在"参数属性"对话框中创建材质参数，单击"确定"按钮，如图 9 – 129 所示。

7）单击"族类型"按钮，在弹出的"族类型"对话框中添加材质"皮革 – 深褐色"，如图 9 – 130 所示。

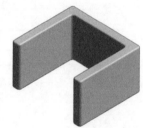

图 9 – 128

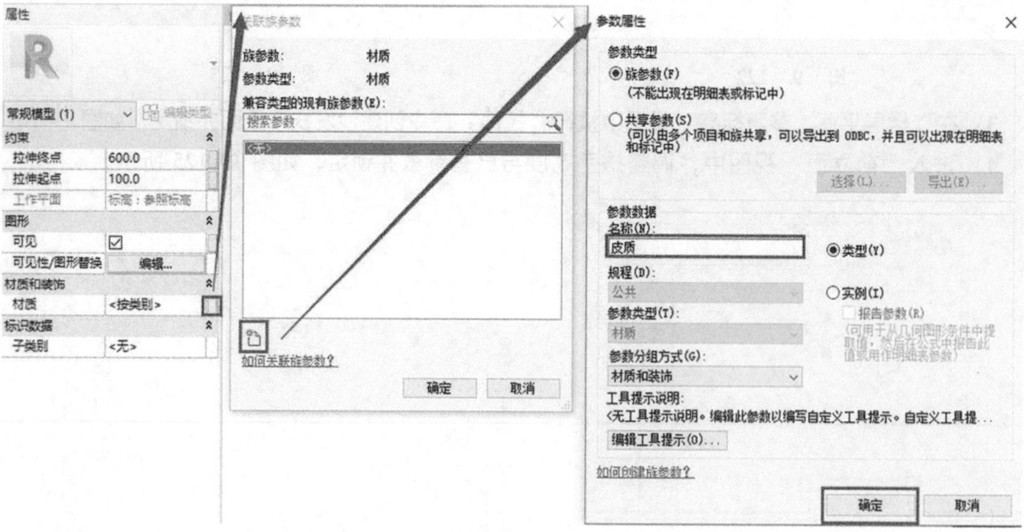

图 9 – 129

图　9 – 130

图　9 – 131

8）重复上述步骤创建沙发底部，如图 9 – 131 所示。

9）进入"参照标高"视图，执行"融合"命令创建沙发底座，进入"前立面"视图，锁定底座高度，如图 9 – 132 所示。

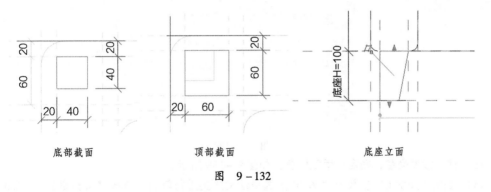

底部截面　　　　　　顶部截面　　　　　　底座立面

图　9 – 132

10）选择创建完成的底座，进行镜像并锁定其他沙发底座，如图 9 – 133 所示。为底座添加"不锈钢"材质参数，材质为"不锈钢 – 抛光"，如图 9 – 134 所示。

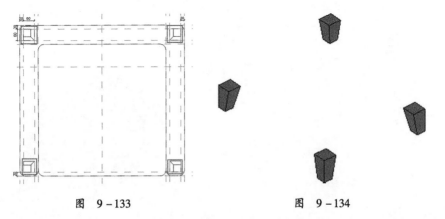

图　9 – 133　　　　　　　　　　图　9 – 134

11）使用"公制常规模型"族样板新建族文件创建沙发坐垫，如图 9 – 135 所示。执行"空心放样"命令剪切沙发边缘，添加"材质参数"也为"皮革 – 深褐色"，如图 9 – 136 所示。

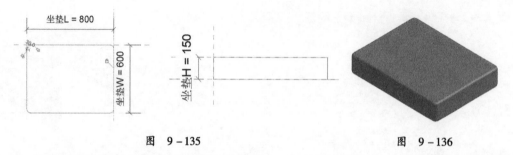

图　9 – 135　　　　　　　　　　　　　　图　9 – 136

12）将沙发坐垫载入沙发族中，选择沙发坐垫族，在"类型属性"对话框中绑定"族参数"，如图 9 – 137 所示。

图　9 – 137

13）移动沙发坐垫，锁定在固定位置，如图 9 – 138 所示。

14）修改"沙发 L"参数为"2600"。选择沙发坐垫进行阵列，选择"阵列数量"添加参数，设为"坐垫数量"，如图 9 – 139 所示。

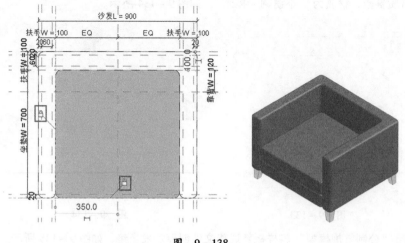

图　9 – 138

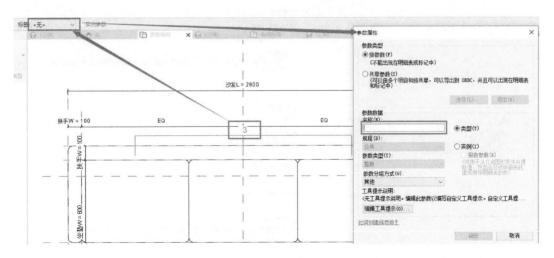

图 9 – 139

15）设置参数，添加公式，使"沙发 L"与"坐垫数量"产生联动，如图 9 – 140 所示，进入"三维"视图查看模型效果，以"沙发 01"为文件名保存。

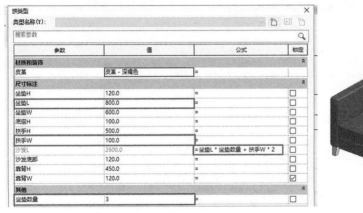

图 9 – 140

16）根据上述操作制作不同样式的沙发族，如图 9 – 141 所示，以"沙发 02"为文件名保存。

17）使用"公制常规模型"族样板新建族文件，将"沙发 01"与"沙发 02"载入族中，随意放置一个，选择放置构件，在"参数属性"对话框中添加族"类型"参数，名称设置为"沙发"，如图 9 – 142 所示。

18）单击"族类型"对话框，在弹出的对话框，下拉"族类型"参数值可切换族类型，将模型以"沙发"为文件名保存，如图 9 – 143 所示。

图 9 – 141

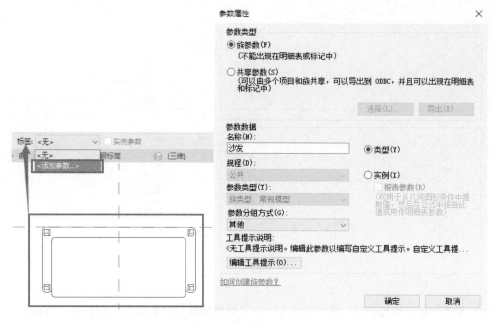

图 9-142

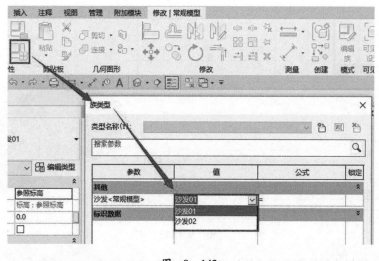

图 9-143

9.7.2 创建装饰性陈设

装饰性陈设是指没有实用价值仅作为观赏的装饰品。在 Revit 软件中,除了可以通过命令绘制模型样式,也可将其他软件中已有模型导入 Revit 中进行使用,本文只以工艺装饰品为例,讲解将 3ds Max 模型导入至 Revit 软件中。

1. 导出 3ds Max 模型

1) 打开"案例文件"文件夹,打开"工艺装饰品"3ds Max 模型,选择工艺品其中任意一部分,单击"命令"面板中"修改"按钮,在"修改器"列表中单击"专业优化"按钮,如图 9-144所示。

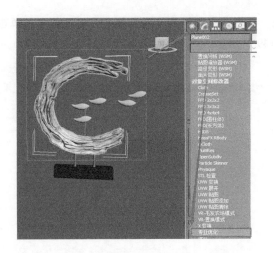

图　9－144

2）单击"优化级别"卷展栏中的"计算"按钮，计算选择构件现有面数，如图 9－145 所示；单击"计算"按钮，计算构件现有面数，如图 9－146 所示，更改"顶点%"参数值，减少面数，如图 9－147 所示。

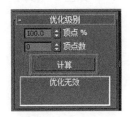　　　　

图　9－145　　　　　图　9－146　　　　　图　9－147

 注意：一般保证构件的模型面数少于 30000 个。

3）单击鼠标右键，在弹出的列表中单击"转换为可编辑网格"按钮。

4）单击"选择"卷展栏中的"边"按钮，在"边"子对象层级内选择所有的边，单击"曲面属性"卷展栏中"不可见"按钮，如图 9－148 所示。

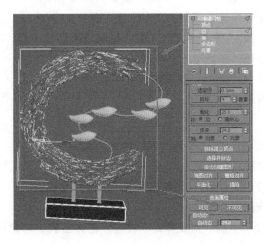

图　9－148

5）单击"对象颜色"按钮，在弹出的"对象颜色"对话框中，单击"按对象"命令切换至"按层"按钮，如图 9-149 所示。

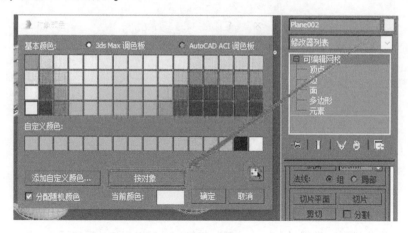

图　9-149

6）单击工具栏中的"切换层资源管理器"，在弹出的"场景资源管理器/层资源管理器"对话框中单击"新建层"按钮，并对"层"进行命名，命名为"01"，如图 9-150 所示。重复上述操作，将所有构件以此分层，并且相同材质为同一层。

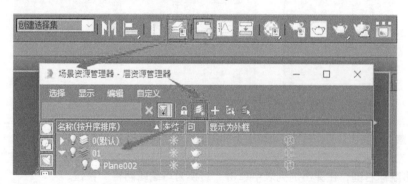

图　9-150

7）单击"应用程序"菜单中的"导出"按钮，在弹出的"选择要导出的文件"对话框中选择保存的文件位置，输入文件名为"工艺装饰品"及选择"保存类型"为"AutoCAD（ *. DWG)"，单击"保存"按钮。在弹出的"导出到 AutoCAD 文件"对话框中，选择导出版本为"AutoCAD 2007 DWG"，单击"确定"按钮，如图 9-151 所示。

2. 导入 Revit

1）选择"公职常规模型"族样板并打开，单击"插入"选项卡中的"导入 CAD"按钮。在弹出的"导入 CAD 格式"对话框中选择导出的"工艺装饰品.DWG"文件，单击"打开"按钮。解锁后，将构件移动到参照平面中心。

图　9-151

2）单击"管理"选项卡中的"对象样式"按钮。在弹出的"对象样式"对话框中进入"导入对象"选项卡，修改层材质，如图 9-152 所示。

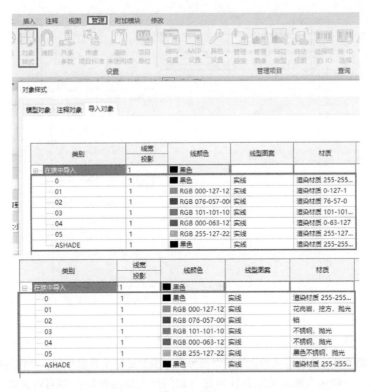

图　9 – 152

3）进入"三维"视图，查看模型，将模型以"工艺装饰品"为文件名保存，如图 9 – 153 所示。

9.7.3　使用设计选项

在项目的推进过程中，可使用设计选项探索多个设计方案。在设计过程的任何时候，都可拥有多个设计方案。通过设计选项解决设计中备选方案的创建，在 Revit 中每个设计选项均包含一个主选项和一个或多个次选项。在默认情况下，项目视图将显示主模型和每个集中的主选项。本节使用提供的案例文件，为文件布置两个家具方案。

1）打开案例文件，将为酒店客房布置设计两个方案，分别放置 1 张双人床或两张单人床，如图 9 – 154 所示。

图　9 – 153

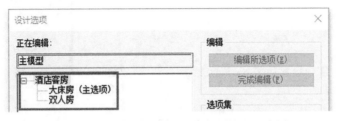

图　9 – 154

2）单击"管理"选项卡中的"设计选项"按钮，在弹出的"设计选项"对话框中以"酒店客房"为选项集名称创建选项集，再分别创建两个"选项"，并分别命名为"双人房"和"大床房"，设置"大床房"为主选项，如图 9 – 155 所示。

图　9－155

主模型：未使用设计选项定义的建筑模型部分。主模型是整个建筑模型，不包括任何设计选项。

设计选项集：一种包含解决特定设计问题（如门厅或楼层布局）的可选方案的集合。请参见创建设计选项集。

设计选项：一种可能解决设计问题的解决方案。请参见添加一个或多个次设计选项和处理设计选项。

主选项：设计选项集中的首选设计选项。与次选项相比，主选项与主模型的关系更紧密。主模型和主选项中的图元可以相互参照。一个集中只有一个设计选项可成为主选项。所有其他选项都为次选项。默认情况下，每个项目视图可同时显示主模型和每个集中的主选项。请参见将次选项提升为主选项。

3）在创建"设计选项"后，单击"设计选项"，选择"大床房"，单击"编辑所选项"按钮。按照图纸布置模型，如图9－156所示。

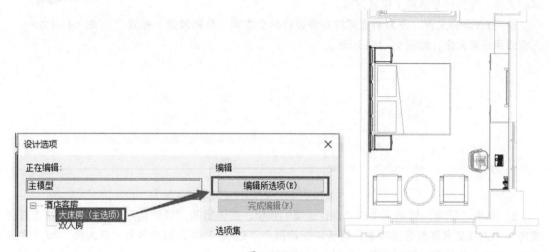

图　9－156

4）切换进入"双人房"，按照图纸布置模型，如图9-157所示。

5）当方案确定后，在"设计选项"对话框中设置确定的方案为主选项，然后选择该选项所在的选择集，单击"设为主选项"按钮，接受最终结果。

 注意：若创建选项及所需构件在"主模式"中，可通过复制或剪切工具放置到相应的选项集中。"主模型"模式下，需勾选掉右下方的"排除选项"才能选中"主选项"集下的构件，设计选项统计"主选项"构件。

图 9-157

9.8 改造水电

水电改造是装修的第一步，准确的水电设计方案是装饰装修开工必须具备的基本条件。水电工程的好坏直接关系到居住的舒适程度及安全性。装饰工程完成后，一旦出现安全隐患，损失都比较大，而且维修起来往往具有较大的破坏性。因此，从设计方面，必须把握安全性与舒适性并重的原则，做到有的放矢，避免造成后期损失。

在运用 BIM 技术后，绘制好机电系统的模型，可以模拟进行三维可视化的校验检查，进行装修完成面的净空分析，以及机电各个专业与装修各分部工程间的碰撞检查，对设备、管线进行合理细致的调整，同时可以对现场施工进行指导，避免出错。

下面将结合给水排水系统和插座讲述装饰装修水电 BIM 模型的创建和应用。

9.8.1 室内水路布置

1. 给水管道绘制

（1）管道系统设置 在"项目浏览器"中找到"管道系统"，选中"家用热水"类型，打开"类型属性"对话框，单击"复制"按钮，在弹出的"名称"对话框内，将类型名称改为"酒店热水系统"，即可创建一个热水系统。在"类型属性"对话框中，单击"材质和装饰"后的图标，如图9-158所示。

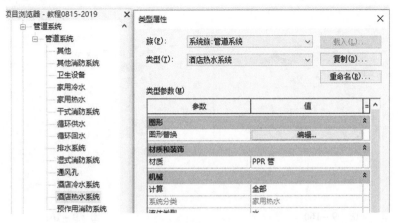

图 9-158

新建一个材质，命名为"PPR 管"，并在"外观"选项卡中修改其颜色。在"图形"选项卡中勾选"使用渲染外观"后，单击"确定"按钮，回到"类型属性"对话框，如图 9-159 所示。

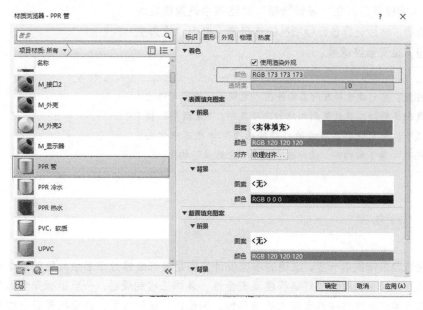

图　9-159

单击"图形替换"右侧的"编辑"按钮，更改图形颜色，单击"确定"按钮，如图 9-160 所示。用同样的方法可创建"酒店冷水系统"。

（2）管道类型与布局设置　单击"系统"→"管道"，在"属性"栏中单击"编辑类型"按钮。单击"复制"按钮复制管道，命名为"冷水管"后单击"确定"按钮。单击"布管系统配置"右边的"编辑"按钮，根据管材说明要求设置管道，如图 9-161 所示。

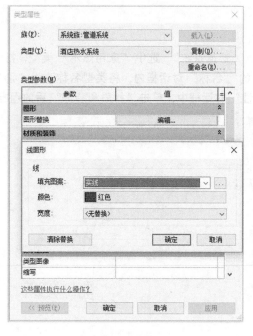

图　9-160

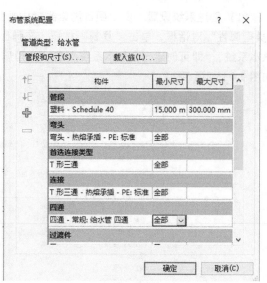

图　9-161

（3）管道绘制 在"系统"选项卡中，单击"卫浴和管道"面板中的"管道"按钮，在自动弹出的"放置管道"上下文选项卡中的选项栏里输入或选择需要的管径（如25），修改偏移量为该管道的标高（如 -150），在绘图区域绘制水管。首先选中系统末端的水管，单击起始位置，移动光标到需要转折的位置，再次单击，沿着底图线条再继续移动光标，直到该管道结束的位置。单击，按〈Esc〉键即可退出绘制，然后选择另外一条管道进行绘制。其他管线绘制方法与水管类似，详见《机电 BIM 工程师教程》。在管道转折的地方，会自动生成弯头，如图 9 - 162 所示。

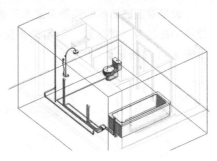

图 9 - 162

（4）分水器管道连接件添加 单击"模式"面板中的"载入族"按钮，弹出"载入族"对话框，载入之前绘制好的"分水器.rfa"文件，如图9 - 163 所示。此时的分水器模型只是常规模型。

进入默认三维视图，单击"创建"选项卡"连接件"面板中的"管道连接件"，拾取分水器模型上的管口，放置管道连接件。选中连接件，单击属性栏"尺寸标注"分组下"直径"后面的"关联族参数"，在弹出的"关联族参数"对话框中，选择"公制直径"，完成管口直径的关联，如图9 - 164 所示。用同样的方式可对其他的管口直径进行关联。

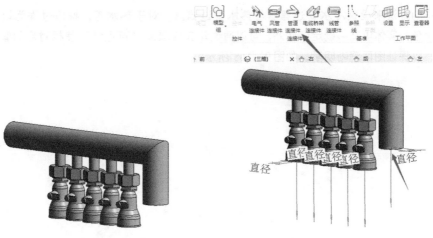

图 9 - 163   图 9 - 164

关联完成后，将族文件另存为"分水器管件连接.rft"载入项目中，右击分水器管道口，选择"绘制管道"，即可从分水器绘制管道，如图 9 - 165 所示。

用同样的办法即可完成全部给水排水管的绘制，如图 9 - 166 所示。

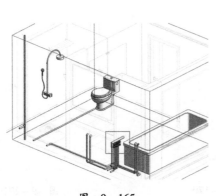

图 9 - 165

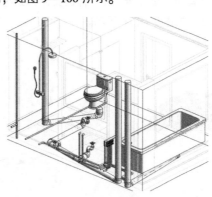

图 9 - 166

2. 管道过滤器设置

设置管道过滤器的步骤为进入三维视图→可见性/图形→过滤器→添加→编辑/新建→新建过滤器→命名为"排水管"→勾选类别→添加过滤条件→将新建好的过滤器添加至过滤器面板中，如图 9 – 167 所示。

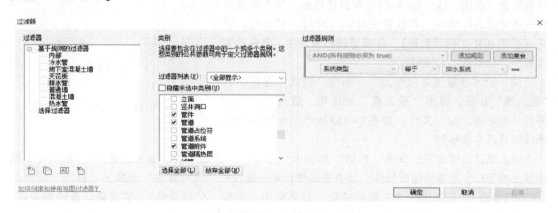

图　9 – 167

用同样的办法来设置冷水管过滤器与热水管过滤器。对于热水管，操作过程为填充图案替换→指定颜色→实体填充→确定。此外，可以通过勾选或取消"可见性"使相对应的管道系统显示或隐藏，以保证图面清晰明了，如图 9 – 168 所示。

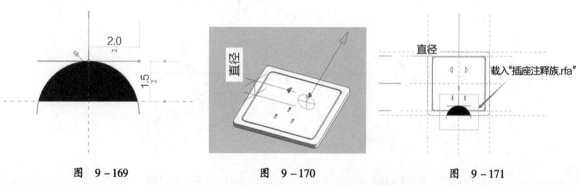

图　9 – 168

9.8.2　插座族平面表达

新建公制常规注释族，绘制插座二维表示图案，如图 9 – 169 所示。将族命名为"插座注释族"。

打开已有的"插座族.rft"样板文件，如图 9 – 170 所示。载入"插座注释族.rfa"，放置于合适的位置上，如图 9 – 171 所示。

| 图　9 – 169 | 图　9 – 170 | 图　9 – 171 |

单击插座的实体模型，在"属性"栏中单击"可见性/图形替换"右侧的"编辑"按钮，取消勾选"前/后视图""左/右视图"，然后单击"确定"按钮，保存为"插座族.rfa"，如图9-172所示。

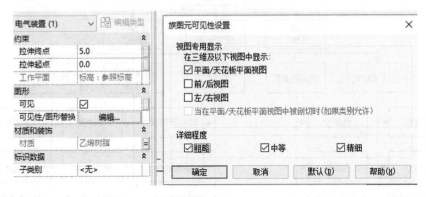

图 9-172

将"插座族.rfa"载入项目中。因为载入了注释族，同时关闭了插座模型的可见性，所以载入后插座在平面图上显示的是注释族的图形。

在"系统"选项卡中，单击"导线"面板中的"弧形导线"按钮，绘制插座连线图，如图9-173所示。

9.9　创建幕墙

在创建幕墙模型之前，首先梳理所需要的幕墙材料，将其分类。分类的时候一般从两个方面考虑：第一，按所需统计的类别分。例如，有的需要统计构件数量，有的需要统计尺寸，有的需要统计面积。第二，按构件在项目中的状态分。例如，有的状态不发生变化，有的只是长度变化，有的长度和宽度都会变化。根据以上特点，应分别使用不同的族环境，再针对性地创建相应的族样板。

创建族样板的目的是，通过族样板的预定义属性，快速创建同类别且统一标准的族文件。一般幕墙项目需要以下族样板：埋件（转接件）、铝（钢）型材、玻璃、其他板材、五金件、紧固件、辅材。

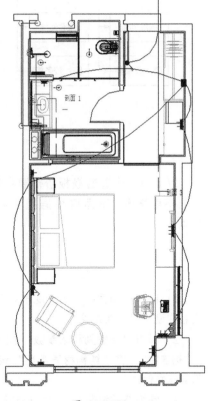

图 9-173

Revit 软件自带的幕墙功能，是通过幕墙竖梃（即骨架，包含立柱和横梁）与面板来构建模型的。这种方法的优点是建模速度快，对机器内存的消耗相对较低；缺点是立柱无法按实际长度统计，零配件无法精确统计，不能满足生产施工需要。

本节介绍可以实现材料统计的方法，供教学使用，不作为建模标准。在实际项目中，应根据建模目的、进度要求及机器性能来综合决定模型细节的处理，尽可能对模型进行轻量化处理。考虑到过度建模带来的副作用，部分材料单只需要创建相应的数据即可。

幕墙各构件族之间的关系如图 9－174 所示。

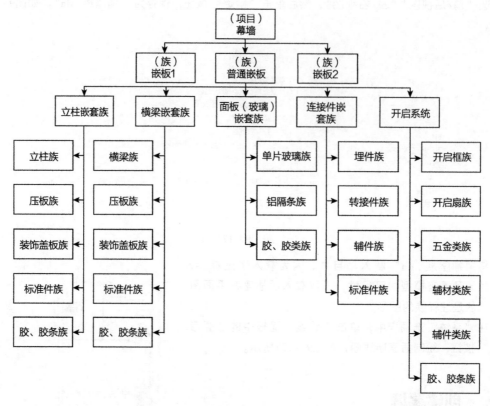

图　9－174

以上为一个普通嵌板所需要的基本构件，构件关系相对比较复杂，有的甚至多层嵌套，此处不再赘述。下面将根据图 9－174 的内容及关系，来创建族文件，并对其进行嵌套处理。

9.9.1　结构连接族

1）以"基于面的公制常规模型"为族样板新建族文件。将文件保存在"五金"文件夹下，族名称设为"盘头螺栓"。

2）单击"族类别和族参数"按钮，打开"族类型和族参数"对话框。在"族类别"中选中"结构连接"，将"结构材质类型"设置为"钢"；在"族参数"中勾选"共享"，将族文件设置为共享文件。

3）切换至前视图，在"中心参照（左/右）"右边 2.5mm 处绘制参照平面，向右复制新的参照平面，距离为 3mm。在"参照标高"下面 25mm 处绘制参照平面，向下复制新的参照平面，距离为 1mm。

4）单击"创建"选项卡→"形状"面板→"旋转"按钮。单击"边界线"命令，绘制如图 9－175 所示的边界，单击"轴线"按钮，使用"拾取线"命令拾取"中心参照（左/右）"作为旋转轴，然后完成编辑模式，得到螺栓模型，如图 9－176 所示。

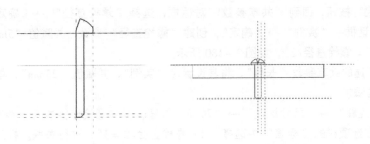

图　9 – 175　　　　　　　　　　　　图　9 – 176

5）打开"族类型"对话框，添加实例参数"d"，值为2.5；添加实例参数"d1"，公式为"＝d＋3mm"；继续添加参数。选中"共享参数"，单击"选择"按钮，出现"未指定共享参数文件"提示框，如图 9 – 176 所示，单击"是"按钮继续。在"编辑共享参数"对话框中，单击"创建"按钮，创建"幕墙参数.txt"文件，如图 9 – 177 所示。

图　9 – 177

在"编辑共享参数"对话框中，单击"组"下面的"新建"按钮，新建"尺寸"参数组，如图 9 – 178 所示。然后在"尺寸"参数组下新建参数"螺栓直径"，如图 9 – 179 所示。继续新建一个"长度"参数。

图　9 – 178

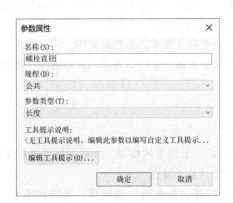

图　9 – 179

单击"确定"按钮，回到"共享参数"对话框，选择"螺栓直径"→"确定"按钮，打开"参数属性"对话框→"实例"→"确定"，创建"螺栓直径"参数，并赋值"5mm"。定义"d"参数，公式为"=螺栓直径/2"，如图 9－180 所示。

添加前面创建的共享参数"长度"，将其设置为"实例"，并赋值"25mm"，单击"确定"按钮完成族参数的添加。

6）单击"注释"→"尺寸标注"→"对齐"按钮，标注螺栓半径的两个参照平面，选中尺寸标注"3"，在选项栏的"标签"中选择"d＝螺栓直径/2＝3"，进行关联。标注另外两个参照平面，如图 9－181 所示。再标注参照标高与下面一个参照平面，选中尺寸标注"25"，在选项栏的"标签"中选择"长度＝25"，进行关联。

7）切换至参照标高视图，单击"创建"选项卡→"形状"面板→"空心形状"下拉列表→"空心拉伸"。绘制拉伸形状，标注后，选择"d1＝6"标签进行关联，如图 9－182 所示。在"属性"栏中设置"拉伸终点"为"5"，设置"拉伸起点"为"2.5"。单击"√"退出编辑模式，得到盘头螺栓族模型。

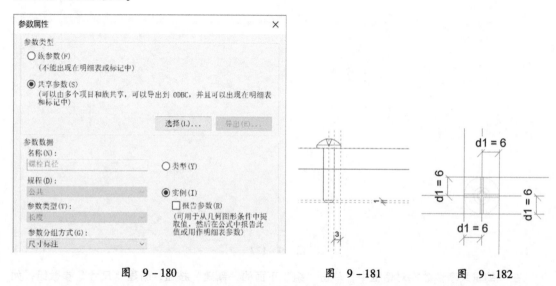

图 9－180   图 9－181   图 9－182

8）单击"族类型"按钮，打开"族类型"对话框。单击"添加"→"共享参数"→"选择"→"编辑"→新建"材质"组→新建"材质"参数（参数类型选为"材质"）→选择"实例"后单击"确定"→将"型号"参数赋值为"连接"→确定。选中螺栓模型，在实例属性框里，激活"材质"项后的关联命令，与共享参数"材质"进行关联。

9）测试族。打开"族类型"对话框，分别更改"螺栓直径"和"长度"值，观察螺栓模型的变化是否符合要求。保存族文件。

根据以上案例自行创建"六角螺栓""化学锚栓""压板螺栓"及"盘头螺钉"等。

9.9.2 附件

1. 创建族样板文件

1）以"公制常规模型"为族样板新建族文件，"属性"栏中勾选"基于工作平面""共享"，取消勾选"总是垂直"。

2）打开"族类型"对话框，添加如图 9－183 所示的共享参数，并将"型号"参数赋值为"附件"，单击"确定"按钮。

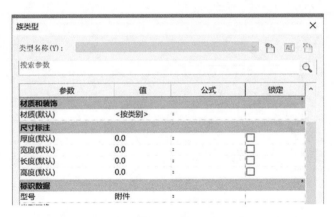

图 9-183

3) 保存文件, 路径 (可自定义) 下文件名称设为 "幕墙附件"。在 "资源浏览器" 中找到 "幕墙附件 . rfa", 将后缀名修改为 "幕墙附件 . rft"。

2. 创建埋板族

1) 单击 "新建" → "族" → "幕墙附件", 保存文件在 "附件" 文件夹下, 文件名设为 "埋板"。

2) 打开 "族类型" 对话框, 将 "高度" 参数删除, 然后新建族参数 "孔半径" 和 "孔边距" 为 "实例", 设置 "孔边距" 公式为 " = 厚度 * 3 + 孔半径"。将 "厚度" 参数赋值为 "8"。

3) 在参照标高视图中, 绘制 "参照平面" 并关联参数, 如图 9-184 所示。需要注意的是两个尺寸标注 "40" 标注后需要单击 ⬚ 与参照平面锁定。

4) 单击 "创建" 选项卡 → "形状" 面板 → "拉伸" 按钮, 绘制矩形, 将 4 条边分别与 "长度" 和 "宽度" 参照平面对齐后锁定。单击 "绘制" 面板, 选择 "圆形" 工具, 勾选 "半径" 并设置为 "6.5 mm"。单击左上角竖向 "孔边距" 与横向 "孔边距" 交点处, 绘制两个圆形。在 "绘制" 面板中选择 "直线" 工具, 将两个圆的上象限点相连, 再将两个圆的下象限点相连。单击 "修改" 面板中的 "拆分图元" 按钮, 将左圆的右半部分拆分, 再将右圆的左半部分拆分。输入 "TR", 将刚绘制的形状修剪为调节孔。选中整个调节孔, 单击 "修改" 面板中的 "镜像" 按钮, 以 "中心 (前/后)" 为轴, 向右侧镜像。再选中这两组调节孔, 以 "中心 (左/右)" 为轴, 向下方镜像。将 8 个圆心和参照平面的交点对齐后锁定。标注 8 个圆的半径, 并与 "孔半径" 参数分别关联, 如图 9-185 所示。单击 ✓ 退出编辑模式。

5) 切换至前视图, 在 "参照标高" 参照平面上绘制新的参照平面, 标注后与 "厚度" 参数关联。将 "拉伸起点" 和 "拉伸终点" 分别与 "厚度" 参照平面对齐后锁定。

6) 选中模型, 激活材质对应的关联命令, 与共享参数 "材质" 关联。

7) 测试后保存文件。

其他单体元件族在绘制 "〈草图〉线" 部分均需要与参照平面对齐后锁定, 操作方法不再赘述。

根据 "幕墙附件 . rft" 创建 "旁板" "玻璃垫片" "绝缘消声垫片" "钢垫板" "胶条" "执手" 等族。

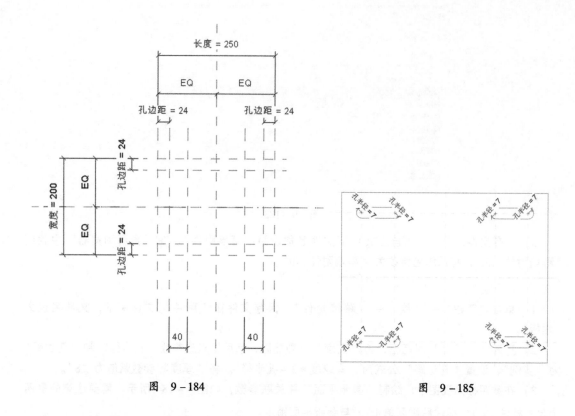

图 9 – 184   图 9 – 185

9.9.3　型材族

本书 9.2 节已经讲解过型材样板的创建步骤，可供参考。如果需要补充更多的信息，也可以在此基础上创建样板族。

1）单击"新建"→"族"→"幕墙型材"按钮，将文件保存在"型材"文件夹下，文件名设为"横梁"。

2）打开"族类型"对话框，删除"高度"参数，新建族参数"槽宽"为"实例"，并对其他参数赋值，如图 9 – 186 所示。

3）切换至左视图，绘制横梁的截面。创建实体拉伸，或者导入已有的 DWG 文件，用"拾取线"命令创建横梁的截面。退出编辑模式，再使用"拉伸"命令创建横梁盖板模型，如图 9 – 187 所示。

提示：用 Revit 绘制时，线宽需要大于 0.78mm，型材间的微小差异可以忽略不计。

4）绘制参照平面，并关联相关参数，将横梁盖板两端的横向造型操纵柄与横梁内壁对齐后锁定，保证横梁盖板的规格适应横梁的变化。

5）选中横梁模型，激活材质对应的关联命令，与共享参数"材质"关联。再选中横梁盖板模型，激活材质对应的关联命令，与共享参数"材质"关联。

6）切换至参照标高视图，垂直方向上新建"参照平面"，标注为"长度"，与拉伸关联。

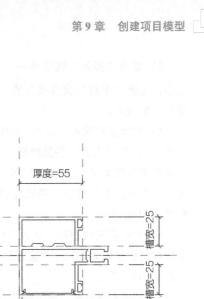

图　9 – 186　　　　　　　　　　　　　　图　9 – 187

7）载入项目测试后保存文件。

根据以上型材族案例自行创建"立柱""套芯""角铝""压板""盖板"及"隔热条"等族。

9.9.4　嵌套族

1．创建角铝组

1）单击"新建"→"族"→"公制常规模型"→"属性"栏，勾选"基于工作平面"，并取消勾选"总是垂直"。保存文件在"组件"文件夹下，文件名设为"角铝组"。

2）打开"族类型"对话框，添加"素材材质"（见图 9 – 188）、"不锈钢材质"（见图 9 – 189）、"角铝壁厚""M6 螺栓长度""M5 螺栓长度""角铝长度"等参数。

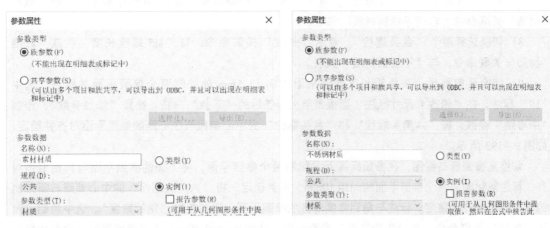

图　9 – 188　　　　　　　　　　　　　　图　9 – 189

3）单击"插入"选项卡→"从库中载入"面板→"载入族" 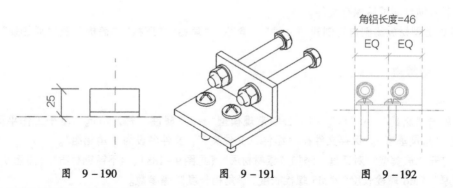 按钮，在"载入族"对话框中，选择"型材"文件夹下的"角铝.rfa"文件和"五金"文件夹下的"盘头螺栓""六角头螺栓"族载入。

4）切换至前视图，单击"创建"选项卡→"模型"面板→"构件"按钮（或者输入〈CM〉快捷键），在"属性"栏里选择"角铝"后，单击"编辑类型"按钮，在弹出的"类型属性"对话框里重命名类型为"角铝3825"。在"修改 | 放置构件"选项卡→"放置"面板里，单击"放置在工作平面上"按钮，将鼠标移到参照平面的交点位置，按空格键调整模型，单击放置角铝，如图9-190所示。

5）切换至三维视图，输入〈CM〉快捷键，在"属性"栏里选择"六角头螺栓"下的M6类型，在角铝长度为25mm的面上放置两个螺栓，然后将"盘头螺栓"放置在长度为38mm的面上，如图9-191所示。

6）切换至前视图，将角铝下边与"参照标高"锁定。新建两个参照平面，与角铝长度方向造型操纵柄对齐并锁定。标注参照平面与"角铝长度"参数关联，并平分两个参照平面，如图9-192所示。单击选中角铝，激活"属性"栏里"长度"后面的关联命令，在弹出的"关联族参数"对话框里选择"角铝长度"，单击"确定"按钮。测试"角铝长度"参数是否可以变化。单击选中角铝，激活"属性"栏里"材质"关联命令，在弹出的"关联族参数"对话框里选择"素材材质"，单击"确定"按钮。

图 9-190　　　　　图 9-191　　　　　图 9-192

7）切换选择两个"六角头螺栓"。激活"长度"关联命令，与"M6螺栓长度"关联；激活"材质"关联命令，与"不锈钢材质"关联。

8）切换选择两个"盘头螺栓"。激活"长度"关联命令，与"M5螺栓长度"关联；激活"材质"关联命令，与"不锈钢材质"关联。

9）切换至前视图，在角铝长度参照平面内侧13.5mm处绘制两个参照平面并标注。选中"19"标注，在"修改 | 尺寸标注"面板里单击标签后的"下拉"按钮，选择"添加参数"，添加"中心距"参数，将"六角头螺栓"和"盘头螺栓"的中心参照与中心距的参照平面对齐并锁定，如图9-193所示。

切换至参照标高视图，在参照标高上方绘制两个参照平面，将上面的参照平面与角铝上边对齐，标注新绘制的两个参照平面的间距10mm，将其锁定。将"六角头螺栓"的中心参照与新绘制的参照平面对齐并锁定。标注与角铝宽度对齐的参照平面，添加参数"角铝宽度"。选中角铝，激活"宽度"关联命令，与"角铝宽度"参数关联，如图9-193所示。测试角铝宽度参数变化是否正常。用同样的方法关联"角铝高度"参数，如图9-194所示。

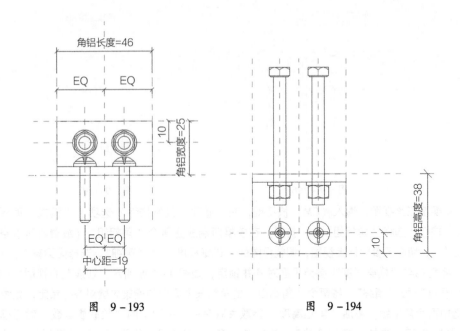

图　9-193　　　　　　　　图　9-194

10）切换至参照标高视图，将角铝上边与"中心（前/后）"锁定。用同样的方法限定"盘头螺栓"距角铝边 10mm。

11）选中角铝，激活"壁厚"参数关联命令，与"角铝壁厚"参数关联。

12）选中两个"六角头螺栓"，激活"属性"栏里"可见"参数的关联命令，在弹出的"关联族参数"对话框里单击"添加参数"按钮，添加"六角头螺栓"参数，参数分组方式选择"构造"，单击两次"确定"按钮完成。

13）选中所有构件→"修改 | 选择多个"选项卡→"可见性"面板→单击"可见性设置"按钮→设置可见性→确定。

14）测试各参数后保存文件。

2. 创建横梁组

1）单击"新建"→"族"→"公制常规模型"→"属性"栏中取消所有勾选参数。保存文件在"组件"文件夹下，文件名设为"横梁组"。

2）输入〈CM〉快捷键，在弹出的"是否载入族"对话框中单击"是"按钮，在"载入族"对话框中选择"型材"文件夹下的"横梁.rfa"，绘制竖向参照平面。将横梁长度造型操纵柄与参照平面对齐并标

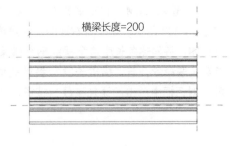

图　9-195

注，选中尺寸标注"200"，在选项栏的"标签"中单击"添加参数"按钮，在弹出的"参数属性"对话框中添加"横梁长度"参数。选中横梁构件，单击"长度"关联命令与"横梁长度"关联，如图 9-195 所示。切换至右视图，绘制参照平面，添加"横梁厚度"参数与横梁的"厚度"参数关联，如图 9-196 所示。绘制两个参照平面"横梁宽度"与横梁"宽度"参数关联，如图 9-197 所示。

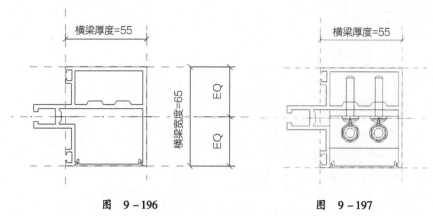

图 9-196   图 9-197

3）切换至三维视图，输入〈CM〉快捷键，在"修改 | 放置构件"选项卡"模式"面板里单击"载入族"按钮，选择"角铝组.rfa"打开。在横梁两端放置两个"角铝组"（放置时可按空格键调整构件方向）。切换至参照标高视图，调整视图的"详细程度"为"精细"。选择横梁输入"HH"隐藏图元。将角铝与"横梁长度"参照平面对齐并锁定，如图9-198所示。切换至右视图，调整视图的"详细程度"为"精细"，将两个"角铝组"的角铝长度方向与横梁内壁对齐并锁定，如图9-199所示。选中两个角铝组，激活"角铝高度"参数关联命令，在弹出的"关联族参数"对话框里单击"添加参数"按钮，添加"角铝高度"，单击"确定"。切换回三维视图，测试横梁的"长度"及"厚度"参数是否会相应变化。选中两个角铝组，将M5螺栓"长度"改为"20"。

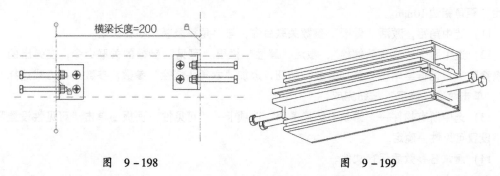

图 9-198   图 9-199

4）输入〈CM〉快捷键载入族，将"型材"文件夹下"隔热条"构件载入，放置到横梁上，如图9-200所示。切换至右视图，将隔热条与横梁对齐并锁定，如图9-201所示。切换至参照标高视图，将隔热条长度造型操纵柄与横梁长度参照平面对齐并锁定。选中隔热条，激活"长度"参数关联命令，与"横梁长度"参数关联。激活"厚度"参数关联命令，在弹出的"关联族参数"对话框中单击"添加参数"按钮，添加"隔热条厚度"参数与之关联。

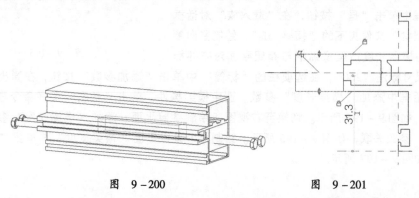

图 9-200   图 9-201

5）输入〈CM〉载入族，将"型材"文件夹下"压板"构件载入，放置到隔热条上，如图9－202所示。

6）切换至右视图，将压板的中心参照与参照标高对齐并锁定，如图9－203。切换至参照标高视图，将压板右侧长度造型操纵柄与参照平面"中心（左/右）"对齐并锁定。选中压板，激活"长度"参数关联命令，在弹出的"关联族参数"对话框中单击"添加参数"按钮，添加"压板长度"参数与之关联。激活"宽度"参数关联命令，在弹出的"关联族参数"对话框中单击"添加参数"按钮，添加"压板宽度"参数与之关联。输入〈CM〉快捷键载入族，将"五金"文件夹下"压板螺丝"构件载入，放置到压板上。切换至右视图，将压板螺丝的中心参照与参照标高对齐并锁定，如图9－204所示。激活"长度"参数关联命令，在弹出的"关联族参数"对话框中单击"添加参数"按钮，添加"压板螺丝长度"参数与之关联。

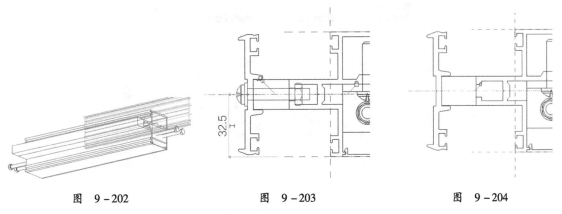

图　9－202　　　　　　　图　9－203　　　　　　　图　9－204

7）绘制参照平面，与压板底面对齐并锁定。标注参照平面，选中尺寸标注"38"，在选项栏的"标签"中单击"添加参数"按钮，在弹出的"参数属性"对话框中添加"槽厚"参数，如图9－205所示。打开"族类型"对话框，修改"压板螺丝长度"参数的公式为"＝槽厚－13"，修改"隔热条厚度"参数的公式为"＝槽厚－19"，修改"压板宽度"参数的公式为"＝横梁宽度－2.3"。

8）切换至前视图，将压板的长度修改为"150"，将横梁长度修改为"1000"。将压板螺丝的横向中心参照与压板的横向中心参照对齐并锁定。选中压板，在"修改"面板中单击"阵列"按钮，选中"最后一个"单选框，勾选"约束"。

单击压板左端作为阵列起点，移动到左侧参照平面上，单击作为阵列终点，完成阵列。将阵列出来的压板左端与参照平面对齐并锁定。单击阵列的压板，选择"阵列数量"参数，在标签后的下拉列表里单击"添加参数"按钮，在弹出的

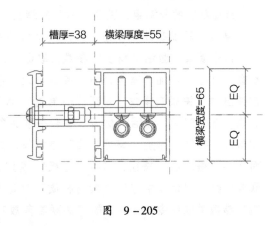

图　9－205

对话框中添加"压板数量"参数。单击右侧的压板，在"修改 | 模型组"选项卡"成组"面板中

单击"编辑组"按钮，在"编辑组"面板中单击"添加"按钮，选择"压板螺丝"后，单击 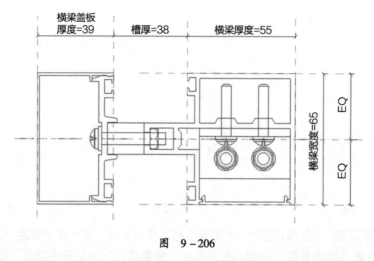 完成编辑。打开"族类型"对话框，修改"压板数量"公式为"＝（横梁长度－压板长度＊2）/（压板长度＋300）＋1"。

9）输入〈CM〉载入族，将"型材"文件夹下"盖板"构件载入，放置压板上。切换至右视图，将盖板与槽厚参照平面对齐并锁定。将盖板的中心参照与参照标高对齐并锁定。切换至参照标高视图，将"盖板长度"修改为"1000"，将盖板长度造型操纵柄与横梁长度参照平面对齐并锁定。选中盖板，激活"长度"参数关联命令，与"横梁长度"参数关联。激活"厚度"参数关联命令，在弹出的"关联族参数"对话框中单击"添加参数"按钮，添加"横梁盖板厚度"参数与之关联。激活"宽度"参数关联命令，与"横梁宽度"参数关联。绘制新的参照平面与盖板正面对齐并锁定，添加标注与"横梁盖板厚度"参数关联，如图 9 – 206 所示。

图 9 – 206

10）选中两个角铝组，依次激活"角铝壁厚""M5 螺栓长度""M6 螺栓长度""角铝宽度""素材材质""不锈钢材质"参数关联命令，在弹出的"关联族参数"对话框中单击"添加参数"按钮，添加同名参数与之关联。

选择左侧的角铝组，激活"六角头螺栓"参数关联命令，在弹出的"关联族参数"对话框中单击"添加参数"按钮，添加"角铝穿钉"参数（参数分组方式为"构造"）与之关联。选中横梁，激活"材质"参数关联命令，在弹出的"关联族参数"对话框中单击"添加参数"按钮，添加"室内材质"参数与之关联。选中隔热条，激活"材质"参数关联命令，在弹出的"关联族参数"对话框中单击"添加参数"按钮，添加"隔热条材质"参数与之关联。选中盖板，激活"材质"参数关联命令，在弹出的"关联族参数"对话框中单击"添加参数"按钮，添加"室外材质"参数与之关联。单击"修改 | 模型组"选项卡→"成组"面板→"编辑组"按钮，选中"压板"模型，激活"材质"参数关联命令，在弹出的"关联族参数"对话框中选择"素材材质"参数与之关联。选中"压板螺丝"模型，激活"材质"参数关联命令，在弹出的"关联族参数"对话框中选择"不锈钢材质"参数与之关联，单击 ✓ 完成编辑。

11）在右视图中创建实体拉伸，绘制截面，如图 9 – 207 所示，完成编辑。继续创建实体拉伸，切换至参照标高视图，将刚创建的两个实体拉伸的长度与横梁长度参照平面对齐并锁定。选择横梁处的拉伸，激活"材质"参数关联命令，在弹出的"关联族参数"对话框中选择"室内材质"参数与之关联。选择盖板处的拉伸，激活"材质"参数关联命令，在弹出的"关联族参数"对话框中选择"室外材质"参数与之关联。按角铝长度为 25mm 的面的大小创建矩形拉伸"垫片"，长度与"角铝壁厚"参数关联，与左侧螺栓对齐。选中"垫片"，将材质参数与"素材材质"关联，并将可见参数与"角铝穿钉"参数关联，如图 9 – 208 所示。

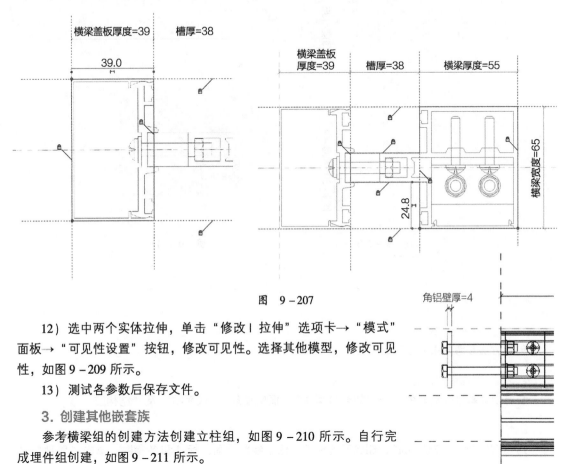

图　9 – 207

12）选中两个实体拉伸，单击"修改 | 拉伸"选项卡→"模式"面板→"可见性设置"按钮，修改可见性。选择其他模型，修改可见性，如图 9 – 209 所示。

13）测试各参数后保存文件。

3. 创建其他嵌套族

参考横梁组的创建方法创建立柱组，如图 9 – 210 所示。自行完成埋件组创建，如图 9 – 211 所示。

图　9 – 208

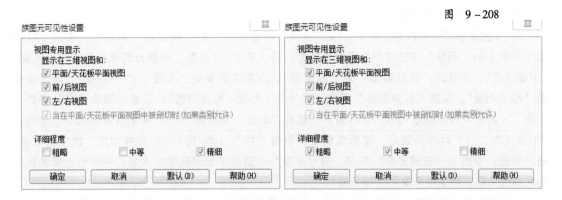

图　9 – 209

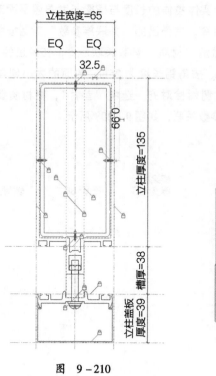

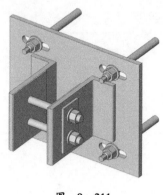

图 9−210   图 9−211

9.9.5 面板族

1. 创建中空玻璃族

创建方法参考本书 9.2 节。

2. 创建面板嵌套族所需的其他族文件

自行创建幕墙开启窗的各种"铝合金型材""框扇胶条""双面贴"及"结构胶"族。

3. 创建幕墙开启窗

1）打开"固定玻璃.rfa",删除所有模型,保留参照平面、标注和各参数。单击"管理"选项卡→"设置"面板→"清除未使用项"按钮,在弹出的"清除未使用项"对话框中单击"确定"按钮,另存为"幕墙窗.rfa"。

2）切换至参照标高视图,将 3 个横向参照平面删除。打开"族类型"对话框,单击"族类型"面板中的"删除"按钮来删除原玻璃类型。将"宽度""高度"参数分别修改为"玻璃宽度""玻璃高度",并修改"参数类型"为"族参数"。添加共享参数"宽度"和"高度",添加族参数"固扇缩量"。设置"玻璃宽度"参数公式为"=宽度−固扇缩量",设置"玻璃高度"参数公式为"=高度−固扇缩量"。输入〈CM〉快捷键,放置"扇玻璃.rfa",将扇玻璃竖向中心参照与"中心（左/右）"对齐并锁定,将扇玻璃上参照与"中心（前/后）"对齐并锁定。选中扇玻璃,将"宽度"参数与"玻璃宽度"关联,将"高度"参数与"玻璃高度"关联。将其他全部参数与同名参数关联。将型号修改为"开启窗"。

3）切换至三维视图,放置"双面贴.rfa",两横两竖共 4 条。切换至参照标高视图,将 4 条双面贴的下参照平面与"中心（前/后）"对齐并锁定。将两条竖向双面贴的外参照与"a"

参照平面对齐并锁定。将两条横向双面贴的两端造型操纵柄与两条竖向双面贴的内参照对齐并锁定。切换至前视图，将两条横向双面贴的外参照与"a"参照平面对齐并锁定，两条竖向双面贴的上下端造型操纵柄与"a"参照平面对齐并锁定。测试宽度和高度参数。放置"结构胶.rfa"，在参照标高视图中将结构胶下参照与"中心（前/后）"对齐并锁定。切换至前视图，将结构胶内圈造型操纵柄与4个"a"参照平面对齐并锁定。选中结构胶，将"材质"参数与"聚硫胶"材质关联，将参数"a"的赋值修改为"11"，将参数"b"的赋值修改为"14"。测试宽度和高度参数。

4）切换至参照标高视图，在参照平面上方10mm处绘制参照平面"扇"，标注"=10"，将其锁定。在三维视图中放置4条开启扇。切换至后视图，将4条开启扇的长度造型操纵柄与结构胶最外边的参照对齐并锁定，如图9-212所示。测试宽度和高度参数。

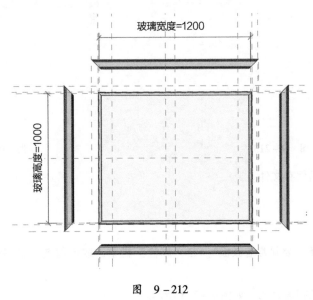

图 9-212

切换至参照标高视图，将4条开启扇的下参照与"扇"参照平面对齐并锁定。在后视图中，将开启扇的外参照与结构胶最外边参照对齐并锁定。选择4条开启扇，将"材质"参数与新添加族参数"室内材质"关联。设置"室内材质"为"钢，油漆面层，象牙白，有光泽"。放置开启扇的4条胶条，并设置对齐。测试宽度和高度参数。将4个胶条的"材质"与"胶条材质"关联。

5）切换至参照标高视图，在"扇"参照平面上方59.6mm处绘制参照平面"框"，标注"=60"，将其锁定。在三维视图中放置4条开启框（可借助辅助模型放置），在参照标高视图中将开启框后面参照与"框"参照平面对齐并锁定。切换至后视图，把外侧4个参照各向外复制一个，距离为5mm。标注4个参照平面，将标注"=5"锁定。将4条开启框的外参照与新参照平面对齐并锁定，各开启框的长度造型操纵柄也与此参照平面对齐并锁定。选中4条开启框，将"材质"参数与"室内材质"关联。放置4个框扇胶条到开启框，对齐方法不再赘述。载入"执手.rfa"，放置在下开启扇上，在后视图中将执手竖向中心参照与"中心（左/右）"对齐并锁定。放置8个"角码.rfa"，与开启框和开启扇锁定，并将"材质"与"素材材质"关联。

6）选择除玻璃族以外的全部模型，设置"粗略"和"中等"视图模式下不可见。切换至三维视图，创建实体放样。单击"拾取路径"按钮，拾取开启框外圈作为放样路径。切换至右视图，编辑放样轮廓，如图9-213所示。

单击两次  完成放样编辑。选中此拉伸，将"材质"参数与"室内材质"关联，设置其在"精细"视图模式下不可见。切换至前视图，单击"注释"选项卡→"详图"面板→"符号线"按钮，捕捉左下角参照平面相交点作为起点，以上边参照平面与竖向中心参照平面的交点为终点（此处需要锁定），再以右下角参照平面的交点作为终点来绘制两条符号线，如图9-214所示。

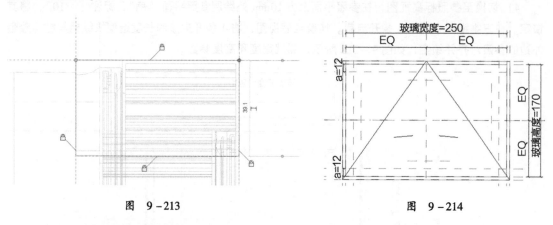

图 9-213　　　　　　　　　　　　　　　　　图 9-214

7）测试各参数后保存文件。

9.9.6　嵌板族

1）新建族，选择"公制幕墙嵌板"。在"属性"栏中，取消勾选"总是垂直"，保存为"全明框幕墙.rfa"。

2）创建族参数及相关公式，如图9-215所示。

图 9-215

图 9-215（续）

在参照平面视图中绘制 3 个参照平面，并分别与"立柱厚度""胶条厚度""槽厚"参数关联并锁定，如图 9-216 和图 9-217 所示。要注意室内室外方向。

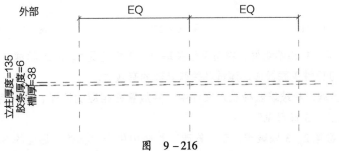

图 9-216

在外部立面视图中绘制 7 个参照平面，并与相关参数关联，如图 9-218 所示。

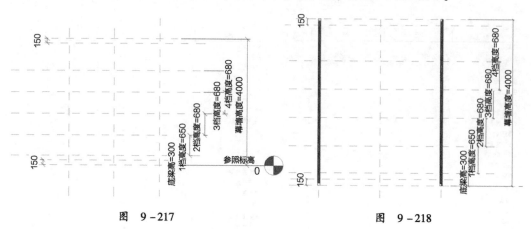

图 9-217   图 9-218

3）在外部立面视图中，载入立柱组件族，将中心对齐至幕墙嵌板竖向两边的参照平面并锁定，对齐前注意从其他视图中观察室内外方向要一致。将上下端的造型操纵柄对齐并锁定到最上下端的参照平面，如图 9-219 所示。切换至参照平面视图，将两个立柱组件对齐到立柱厚度对应的参照平面并锁定。

按材质类型，分别将嵌套族的材质参数与主体族相应的参数进行关联，并保证有效传递。

4）载入"埋件组"，输入〈CM〉快捷键放置 4 个到文件中，上下左右分别对齐到相应位置并锁定，完成后的效果如图 9-220 所示。

按材质类型，分别将嵌套族的材质参数与主体族相应的参数进行关联，并保证有效传递。

5）载入"横梁组"，放置一个后，通过左（右）视图、前（后）视图来调整室内外面并锁定到相应位置上，长度方向上使用造型操纵柄分别对齐到立柱的内壁。选中族后将不同的材质关联至相应的主体中的参数，并保证有效传递。按同样的方法再放置 4 个横梁组件，如图 9-221 所示。

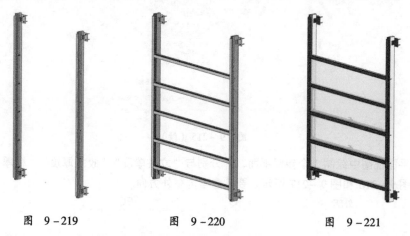

图 9-219   图 9-220   图 9-221

选中从下往上第 2 根横梁组件，将可见性关联至"2 杆可见"。以此类推，分别将第 3 根、第 4 根、第 5 根进行可见性关联操作。测试各关联参数的有效性。

6）根据上一步骤，将玻璃嵌板载入文件中，并放置在相应的位置。分别将可见性关联至"1 玻可见""2 玻可见""3 玻可见"……

选中从下往上数第 2、3 块玻璃，在"修改"面板中单击"标签"后面的下拉菜单，选择"新建参数"，创建一个"固定/开启"参数。

　注意：此方法需要固定玻璃与开启窗为同一种族类别。另外还有一种方法可以实现，即在载入主体族前先将固定玻璃与开启窗做成一个组合族，通过可见性来控制实现固定功能或开启功能。将各玻璃的材质分别关联到主体族中相应的族参数。

7）为了材料统计的精确性，完成此族文件后，需要将一个立柱组、横梁组的可见性关联至族参数中，并选择为不可见。

8）测试参数化效果：

①埋件组的进出位、埋件的长宽及厚度等规格可以设置并能相应地变化；

②各种玻璃、型材、五金、辅材的材质设置正常；

③通过调整分格数量，族文件能相应地变化。

　注意：测试族功能时，一部分功能需要载入新的族文件或项目中才可以测试出来。例如可见性、详细程度功能。

测试此族文件，应能参变出如图 9 - 222 所示的效果。

图　9 - 222

9.9.7　在项目环境中创建幕墙

1）打开项目，单击"建筑"选项卡→"构建"面板→"墙体"→"类型选择器"按钮，切换类型为"幕墙"，单击"编辑类型"按钮，在"类型属性"对话框中选择"复制"，输入名称为"施工幕墙"，设置类型属性，如图 9 - 223 所示。

2）幕墙的上标高、下标高、整体宽度以及竖向分格尺寸按图纸操作。

3）将"全明框幕墙.rfa"载入本项目中。修改施工幕墙的类型属性，将幕墙嵌板的参数选择为："全明框幕墙：全明框幕墙"。

4）选中施工幕墙左右两边的"全明框幕墙"嵌板，修改相关参数，如图 9 - 224 所示。选中施工幕墙中间的"全明框幕墙"嵌板，修改相关参数，如图 9 - 225 所示。同时选中这 3 个嵌板，修改"类型属性"中的"材料材质"，如图 9 - 226 所示。

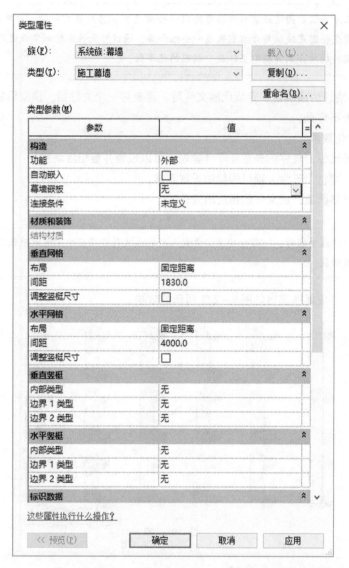

图 9-223

5）观察完成后的幕墙效果，如图 9-227 所示。

通过本案例可以总结出以下问题：

①绘制幕墙嵌板族的程序非常复杂繁琐。这是因为本嵌板基本上达到真实效果，并且可以在软件中自动提取材料清单，包括型材清单、玻璃清单、五金清单、附件清单等。

②绘制过程中加了参数化设置，所以在项目中的绘制及设置非常简单。

③虽然幕墙中有不同的分格形式，但是只通过一个族文件就可以解决，大大简化了族文件的制作量及存储量，更方便了文件管理及升级。

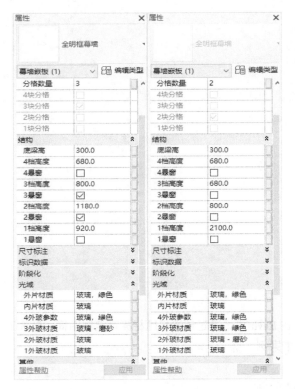

图 9-226

图 9-224　　　　　　图 9-225　　　　　　图 9-227

~~✧✦ **本章练习题** ✦✧~~

一、单项选择题

1. 共享参数是以（　　）格式保存的。

　A. RFT　　　　　　B. RFA　　　　　　C. RVT　　　　　　D. TXT

2. 可以用角度参数来有效控制的图元是（　　）。

　A. 实体形状　　　　B. 嵌套图元　　　　C. 参照平面　　　　D. 参照线

3. 在使用设计选项创建模型时，可在（　　）布置不同的方案。

　A. 选项集　　　　　B. 视图　　　　　　C. 选项　　　　　　D. 项目

4. 下列关于零件的说法中不正确的是（　　）。

　A. 零件被排除后，在明细表中不可被统计

　B. 零件只能分割一次

　C. 修改零件形状后，可通过重设形状恢复其创建时的形状

　D. 分割零件后，可以使用"编辑分区"命令修改零件形状

二、多项选择题

1. 可被"系统族：幕墙"选择为嵌板的有（　　）。

　A. 基本墙　　　　　B. 幕墙：幕墙　　　C. 空系统嵌板　　　D. 系统嵌板：实体

2. Revit 软件自带的幕墙功能，（　　）获取型材、玻璃、五金等清单。

　A. 可以自动　　　　　　　　　　　　B. 无法直接

　C. 优化的公制幕墙嵌板族可以　　　　D. 优化的公制幕墙嵌板族也不可以

3. 可以对共享参数执行的操作有（　　）。

　A. 新建　　　　　　B. 查看　　　　　　C. 重命名　　　　　D. 移动到另一个参数组

4. 在"参数属性"对话框中，（　　）格式属于"结构"的规程。

　A. 截面积　　　　　B. 质量密度　　　　C. 体量　　　　　　D. 质量/单位长度

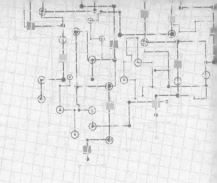

第 10 章　施工图

10.1　图纸附表

10.1.1　创建自定义标题栏

图框是工程图纸中限定绘图区域的线框。在 Revit 中，通过创建标题栏族可定制图框。装饰工程一般用 A3 或 A2 图纸，具体视情况确定。本案例选择 A2 图纸。

1）打开族样板文件，绘制图框。选择 A2 公制族样板文件，单击打开后，会出现一张空白图纸。使用"创建"面板中的直线、裁剪等工具，绘制如图10 -1所示的图框。

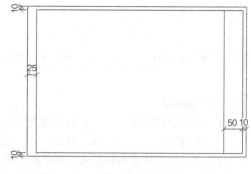

图　10 -1

2）使用"图案填充"工具，为标题栏添加分隔线。单击"创建"选项卡→"详图"面板→"填充区域"→"属性"面板→"编辑类型"按钮，在弹出的"类型属性"对话框中将"前景填充样式"修改为"实体填充"，如图10 -2所示。

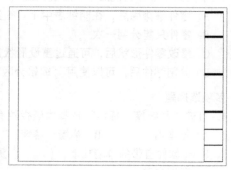

图　10 -2

3）在标题栏中添加文字。单击"创建"选项卡→"文字"面板→"文字"按钮，为标题栏添加恒定文字，如公司名称等。在"属性"栏中，编辑"文字"类型属性，复制文字族，并将文字修改成5mm 高。重命名文字类型为"5mm"，并为标题栏添加公司信息及项目信息，如图10 -3所示。

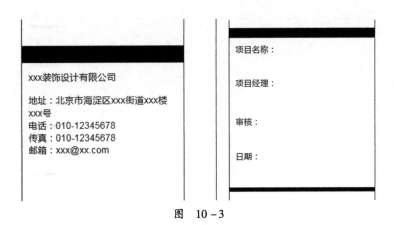

图　10-3

以上的文字信息在项目中是恒定的。此外，有一些文字，例如日期、审核人员名称等，随着项目的不同而不同。这时就需要用到标题文字。单击"文字"左边的"标题文字"，选择或创建合适高度的文字，单击页面，弹出"标题文字"对话框，选择添加合适的内容，如图10-4所示。

4）单击"创建"选项卡→"文字"面板→"标签"按钮，在弹出的"编辑标签"对话框左侧列表内寻找相应字段。若没有，单击对话框左下角"添加参数"按钮（图10-5），新建共享参数，创建"门窗参数.txt"文件。在"编辑共享参数"对话框中，新建"图纸"参数组，然后在"图纸"参数组下新建参数：建设单位、版本、修改内容等。

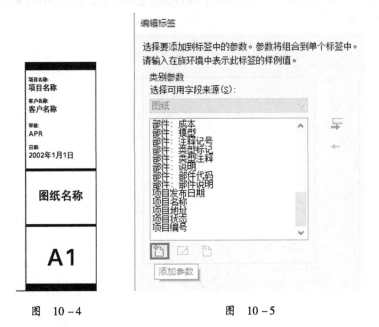

图　10-4　　　　　　　　　　　图　10-5

5）重复上一步骤，依次给所有需要添加标签的参数（如项目名称、图纸名称等）添加标签。如果原有字段列表中含有需要的标签字段，则不需要新建；如缺少则新建。添加完成后，移动到合适位置，标签文字大小则根据需要来调整。

6）单击"插入图片"按钮，插入公司图标（即图10-6中蓝色圆形处），完成标题栏制作，如图10-6所示。

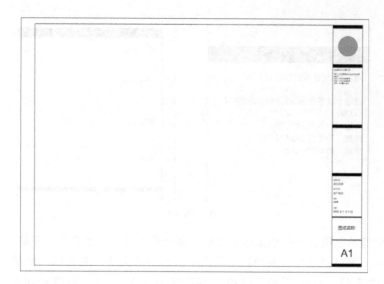

图 10-6

10.1.2 保存与导入自定义标题栏

完成标题栏制作之后，需要将其保存并导入项目中使用。

1) 将族文件以"公司标题栏"为文件名，保存到合适的位置。如图 10-7 所示，并将其载入案例文件中进行测试。

图 10-7

2) 载入项目后，新建图纸，单击"管理"选项卡→"设置"面板→"项目参数"按钮，将图纸中创建的"共享参数"添加至项目中。

单击"视图"选项卡→"图纸组合"面板→"图纸"按钮，在弹出的"新建图纸"对话框中找到"公司标题栏"文件，新建图纸，如图 10-8 所示。此外，也可通过"项目浏览器"新建图纸。

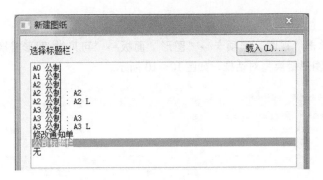

图　10 - 8

3）单击"确定"按钮打开，项目中即出现一张使用了自定义标题栏的图纸。后续可以在图纸之上添加其他内容。本案例中，图纸重命名为"平面布置图"，图号命名为"A - 01"，如图 10 - 9 所示。

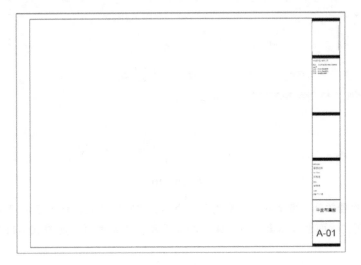

图　10 - 9

10.2　平面图

10.2.1　平面布置图制作

在"项目浏览器"中选择平面布置图，然后右击，在弹出的快捷菜单中选择"复制视图"→"带细节复制"，并将其命名为"装饰 - 平面布置图"。

 注意：①"复制"选项是指只复制原始视图的模型图元。

②"带细节复制"选项是指复制原始视图的模型图元、注释以及详图。

③"复制作为相关"选项是指：视图副本（即相关视图）会与主视图和其他相关视图保持同步，这样当在一个视图中进行视图专有的修改（例如视图比例和注释）时，所有视图中都会反映此变化。相关视图从主视图继承视图属性和视图专有图元。主视图和相关视图之间的这些视图属性将保持同步。

1. 修改显示模式

在平面图中，单击"视图"选项卡→"图形"面板→"可见性/图形替换"按钮，弹出"平面布置图的可见性/图形替换"对话框，如图 10 – 10 所示。

图　10 – 10

如果有内容需要关闭，取消对应内容的第一竖排的"√"即可。例如取消"家具"的可见性，"家具"不再出现在平面上（本案例中"床"图元不属于"家具"），如图 10 – 11 所示。

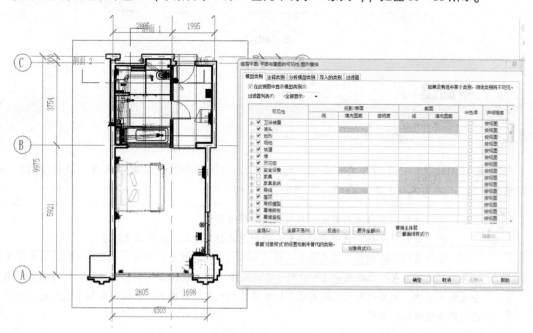

图　10 – 11

将家具显示出来，单击"线"，将其修改成红色，效果如图 10－12 所示。

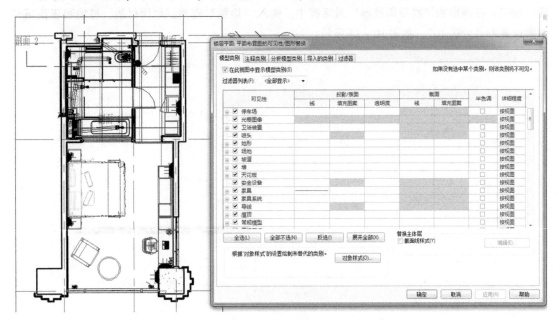

图　10－12

单击"填充图案"，将"前景"的"填充图案"改成"上对角线"，家具内即可填充上对角线图案，如图 10－13 所示。

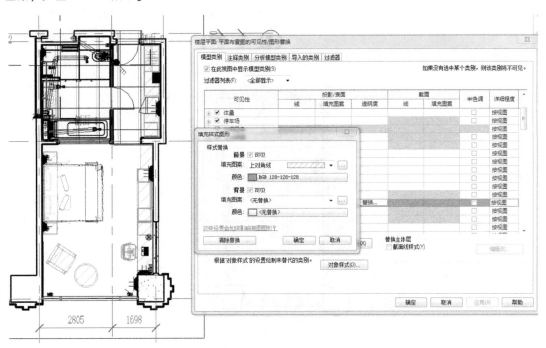

图　10－13

用以上方法可以调整任何一个构件的可见性及显示效果。

地面铺装图可与平面布置图绘制在同一张图纸中。若布置地面铺装图，则需要找到地面材料，将填充图案设置成需要的效果。

使用"材质修改器"同样可以修改显示模式。单击"管理"选项卡→"设置"面板→"材质"按钮，在弹出的"材质浏览器"对话框中，输入"地毯"查找到地面材质，将地毯表面填充图案设置为"分区 10"，如图 10 – 14 所示。

图 10 – 14

平面图中出现了铺地图案，如图 10 – 15 所示。此外，也可复制新视图，单独创建地面铺装图。

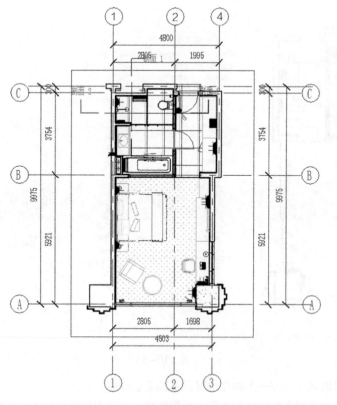

图 10 – 15

2. 创建尺寸标注

出图中，尺寸标注是非常重要的，平面布置图中虽然已经清楚地表达各部分的形状及相互间的关系，但还必须注上足够的尺寸，才能明确各部分的实际大小和相对位置。本案例中，平面布置图需制作两道尺寸线。单击"注释"选项卡→"尺寸标注"面板→"对齐"按钮，捕捉图中要标注的构体即可进行尺寸标注。

3. 制作文字注释

单击"注释"选项卡→"标记"面板→"材质标记"按钮，在绘图区域内单击需要标注的构件，即可对构件自动进行材质标记，如图 10－16 所示。重复上述操作，将需要标注的构件依次进行标注。

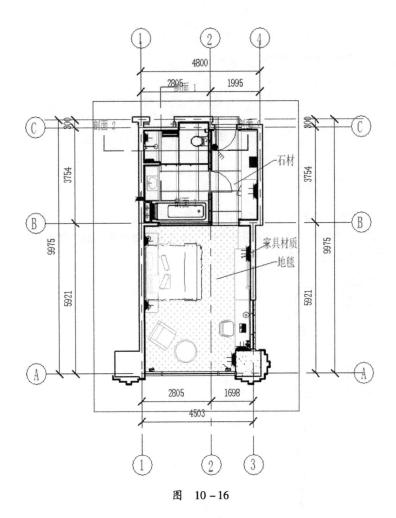

图　10－16

4. 隐藏剖面符号

单击"属性"栏中的"可见性/图形替换"按钮，在弹出的"可见性/图形替换"对话框中，选择"注释类别"选项卡，找到"剖面"及"剖面框"，将其取消可见，隐藏剖面符号，如图 10－17 所示。剖面符号及立面索引可在之后的平面图中单独列出。

图 10-17

10.2.2　平面尺寸图制作

1）复制平面布置图，将其命名为"装饰-平面尺寸图"。

2）通过"属性"栏中的"可见性/图形替换"功能将楼板的填充颜色替换成白色，如图10-18所示。关闭"灯具""电气""轴网"等无关图元。

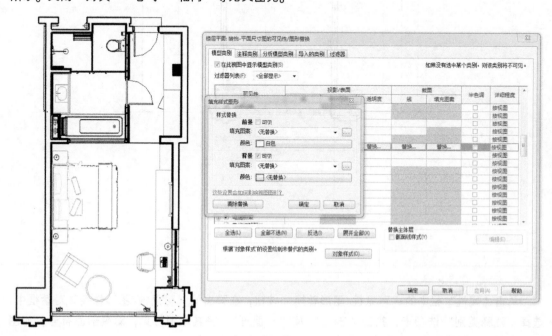

图 10-18

　　3）平面尺寸图上需要标注家具的大小及定位。单击"注释"选项卡→"尺寸标注"面板→"对齐"按钮，对具体需要标注的位置进行尺寸标注，如图 10 – 19 所示。

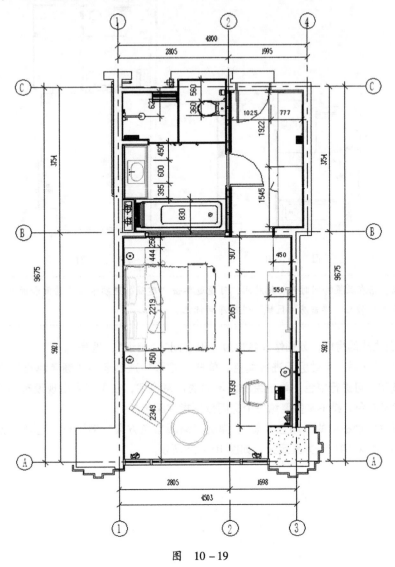

图　10 – 19

10.2.3　平面填色图制作

　　Revit 软件还可以制作平面填色图，以表达平面分区。

　　1）复制平面布置图，将其命名为"装饰 – 平面填色图"。

　　2）创建平面填色图时，首先需要创建房间。单击"建筑"选项卡→"房间和面积"面板→"房间"命令按钮，自动跳转至"修改 I 放置房间"选项卡。勾选"在放置时进行标记"，在"类型选择器"中选择标记房间的样式。将鼠标移动至平面图中，即可出现系统的线条提示，用两条交叉的直线来确定房间的位置。确定房间位置后，单击依次进行放置，如图 10 – 20 所示。

　　若想在一个空间内定义多个房间区域，可单击"建筑"选项卡→"房间和面积"面板→"房间分隔"按钮。本案例将制作走道、卫生间、客房 3 个房间。绘制完成之后，使用"房间"工具，在刚建好的空间中单击鼠标左键，将会生成 3 个"房间"，如图 10-21 所示。

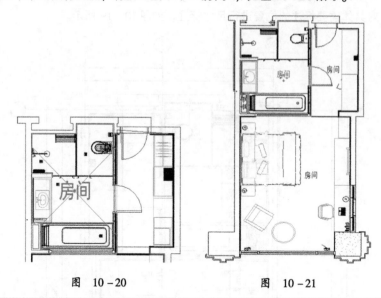

图 10-20 　　　　　　　　　图 10-21

 注意： *若在放置房间时未标记房间，可通过单击"建筑"选项卡→"房间和面积"面板→"标记房间"按钮，单击房间区域，进行房间标记。*

3）单击已生成的房间，分别修改名称为"卫生间""走道""客房"。

4）生成房间之后，可对房间进行填色。单击"注释"选项卡→"颜色填充"面板→"颜色填充图例"按钮即可进行填色。单击绘图区域内的任意位置，在平面中出现没有向视图指定的填色方案 - 未定义颜色。接下来需要给每个房间分别指定颜色。

单击"属性"面板中的"颜色方案"，弹出"编辑颜色方案"对话框。选择"方案类别"为"房间"，在对话框右侧进行方案定义，如图 10-22 所示。

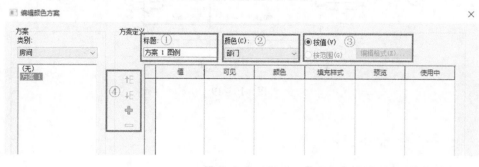

图 10-22

①在"方案定义"字段中，输入颜色填充图例的标题。将颜色方案应用于视图时，标题将显示在图例的上方。在"颜色填充图例"的"类型属性"中可以设置显示或隐藏颜色填充图例标题。

②从"颜色"列表中，选择将用作颜色方案基础的参数，并确保为所选的参数定义了值。在"属性"栏中可以添加或修改参数值。

③若要按特定参数值或范围填充颜色，则需选择"按值"或"按范围"。当选择"按范围"时，单位显示格式在"编辑格式"按钮旁边显示，单击"编辑格式"按钮可进行修改。在"格

式”对话框中，取消勾选“使用项目设置”，然后从菜单中选择适当的格式设置。

颜色方案定义值可根据需要修改。至少：编辑下限范围值。此值只有在选择了“按范围”时才显示。小于：此为只读值。此值只有在选择了“按范围”时才显示。标题：编辑图例文字。此值只有在选择了“按范围”时才显示。值：此为只读值。此值只有在选择了“按值”时才显示。可见：指明此值在颜色填充图例中是否填充颜色并且可见。颜色：指定值的颜色选项，单击可修改颜色。填充样式：指定值的填充样式。单击可修改填充样式。预览：显示颜色和填充样式的预览。使用中：指明在项目中此值是否正在使用。对于所有列表项目，此为只读值，但添加的自定义值例外。

④通过单击行号选择一行。单击“↑”或“↓”在列表中向上或向下移动行。这些选项只有在选择了“按值”时才可用。此外，还可以单击“＋”向“方案定义”添加新值。若要允许对链接模型中的图元（例如房间和面积）填充颜色，可以勾选“包含链接中的图元”。例如，设置颜色方案，分别给卫生间、客房、走道空间指定颜色，生成平面填色图，如图10-23所示。

5）平面填色图中，家具挡住了填色。此时将视图模式调整成线框模式即可，如图10-24所示。

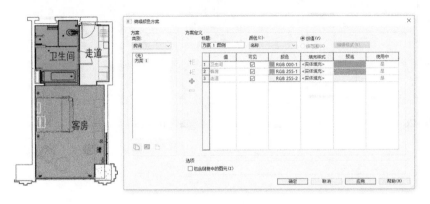

图　10-23　　　　　　　　　　　　图　10-24

10.2.4　立面索引图

立面索引图可以用来快速找到剖面图及立面图。复制平面布置图，将其命名为“装饰-立面索引图”。家具颜色可改成浅灰色。单击“视图”选项卡→“创建”面板→“立面”按钮，在平面图上添加立面图。制作并添加剖面图和立面图到图纸中之后（剖面图和立面图制作见本书10.4节），Revit软件会自动根据图纸编号完成索引内容的填写，如图10-25所示。

因为立面图及剖面图已经布置在图纸5中，所以索引图立面标记已经更新成“图纸5”及对应的图号。

绘制完成之后，需将其他平面视图中的剖面、立面索引关闭。关闭方式为使用“可见性/图形替换”面板，将对应内容取消显示。

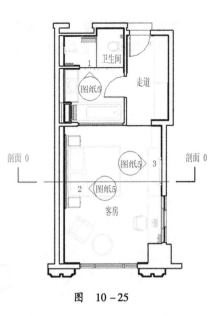

图　10-25

10.2.5 平面图图纸创建

将"装饰 – 平面布置图"插入"平面布置图"图框中，发现之前的视图边框很大，比例不协调，需进行调整，如图 10 – 26 所示。

进入"装饰 – 平面布置图"平面视图，在"属性"面板中，开启"裁剪视图"和"裁剪区域可见"。拖拽视图边框，即可以裁剪视图范围。在"属性"面板中关闭"裁剪区域可见"。进入平面图纸中，调整视图位置。用同样的方法可调整其他平面视图，并放置在对应的图框中，如图 10 – 27 所示。

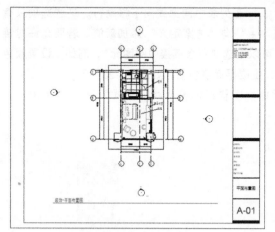

图　10 – 26

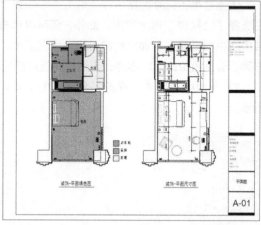

图　10 – 27

10.3　天花图

10.3.1　天花布置图

找到"项目浏览器"中的天花平面图。在本案例中，该视图已被命名为"地面完成面（天花）"。复制视图，并重命名为"装饰 – 天花布置图"，如图 10 – 28 所示。

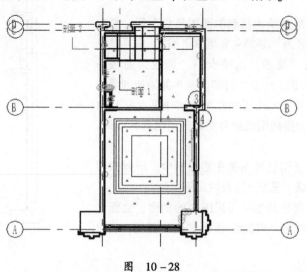

图　10 – 28

图中剖面符号若不需要显示,则可以将其隐藏。使用"材质标记"命令可为天花布置图添加材质标记。选择图中对应内容,添加材质标记,并为天花布置图添加两道尺寸线。通过"属性"面板中的"可见性/图形替换",将照明设备 – 平面线条颜色改成黑色,完成天花布置图制作,如图10 – 29所示。

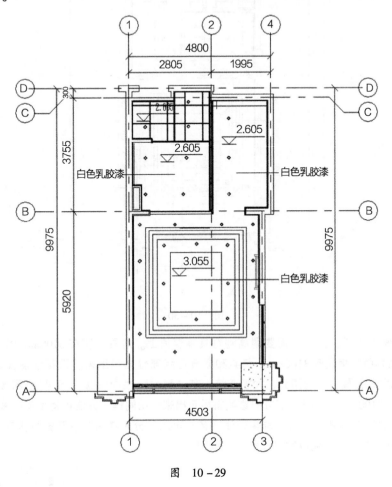

图　10 – 29

10.3.2　天花尺寸图

复制"装饰 – 天花布置图"视图,并将其重命名为"装饰 – 天花尺寸图"。对灯具位置进行尺寸标注,如图 10 – 30 所示。

10.3.3　家具及灯具定位图

当需要同时在一张图上展示灯具和家具位置,观察其位置关系时,可以用平面图调整出这类视图。复制"装饰 – 平面尺寸图"视图,并将其重命名为"装饰 – 平面家具及灯具定位图"。调整视图范围,在"属性"面板中打开"视图范围"对话框,修改参数,使家具和灯具显示出来,如图10 – 31所示。

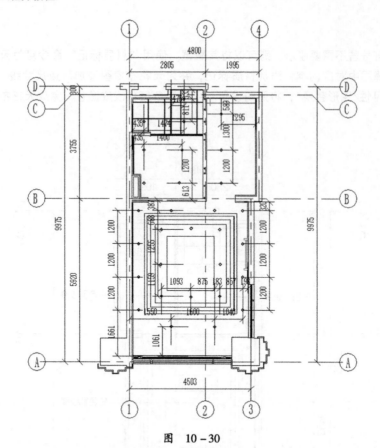

图 10-30

　　"顶部"值与"剖切面"值需要调高到灯具高度值上。灯具高度在 3100mm 以下，故将"顶部"值及"剖切面"值调到 3100mm。灯具和家具已经部分显示出来。天花板需要调整成透明状态，同时可隐藏不需要显示的图元，如管道等。在"属性"栏中设置"可见性/图形替换"，将楼板透明度调成"100%"，这样，下方的家具将显示出来。用同样的方法可将吊顶隐藏。

　　用"可见性"功能将全部家具调整成浅灰色，可以区分天花内容以及家具内容。将灯具调成黑色，如图 10-32 所示，完成家具及灯具定位图。

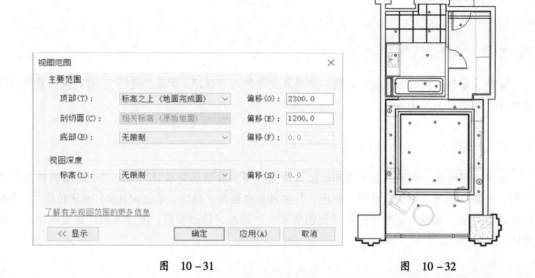

图 10-31　　　　　　　　　　　　　　图 10-32

10.3.4　天花图图纸设置

新建图纸 4——天花图。天花图图纸设置参考平面图。将"装饰 – 天花布置图""装饰 – 天花尺寸图"两张图拖拽到"天花图"图框中，如图 10 – 33 所示。

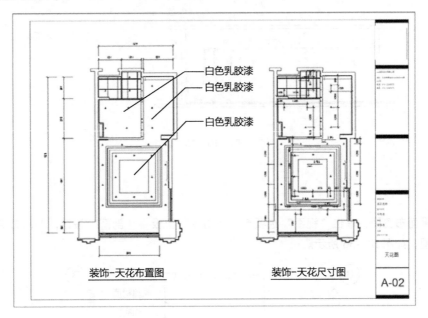

图　10 – 33

10.4　剖立面图

10.4.1　立面

在"项目浏览器"中，打开在立面索引图中创建的立面图。新创建的立面图为默认生成的立面 0 – a、立面 1 – a、立面 2 – a。分别修改其名字为"装饰 – 床头背景墙立面""装饰 – 电视机背景墙立面""卫生间立面"。

以"装饰-电视机背景墙立面"为例，说明立面调整方法。切换到"装饰-电视机背景墙立面"，如图 10 – 34 所示。

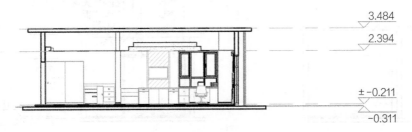

图　10 – 34

为电视机背景墙立面添加材质标记，如图 10 - 35 所示。用同样的方法处理其他立面视图。

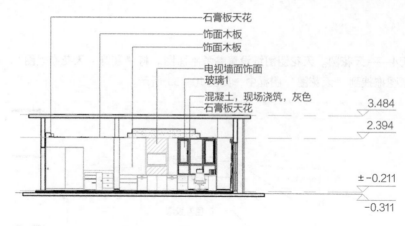

图 10 - 35

10.4.2 剖面

进入平面布置图，单击"视图"选项卡→"创建"面板→"剖面"按钮，Revit 软件即可自动生成剖面图，如图 10 - 36 所示。

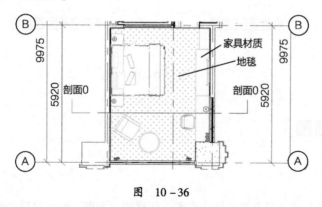

图 10 - 36

生成"剖面 0"。在"项目浏览器"中找到"建筑剖面，剖面 0"，双击打开剖面，如图 10 - 37 所示。

单击"注释"选项卡中的"材质标记"添加材质标记，如图 10 - 38 所示。

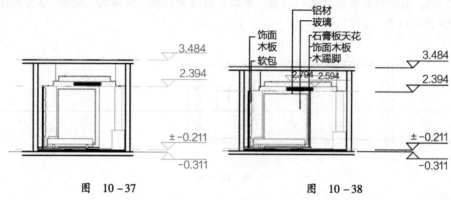

图 10 - 37   图 10 - 38

10.4.3　剖立面图纸设置

新建图纸 5——剖立面。剖立面图纸设置参考平面图。将"装饰 – 卫生间立面""装饰 – 床头背景墙立面""装饰 – 电视机背景墙立面""剖面 0" 4 张图拖拽到对应的图框中即可。

10.5　节点详图

10.5.1　绘制详图

1）这里以软包详图为例绘制详图。打开"剖面 0"视图，单击"视图"选项卡→"创建"面板→"详图索引"按钮，绘制节点区域，如图 10 – 39 所示。进入详图，如图 10 – 40 所示。将视图比例调整为 1:20。

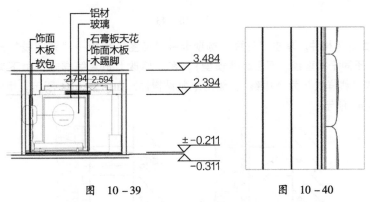

图　10 – 39　　　　　　　　　　图　10 – 40

2）绘制填充图例，在细部图的填充图例仅为详图可见，不影响全局材料显示。单击"注释"→选项卡→"填充区域"按钮，绘制填充区域边界，在"类型选择器"中选择"混凝土"为填充图案，如图 10 – 41 所示。用同样的方式，绘制其他的填充图案。如图 10 – 42 所示。

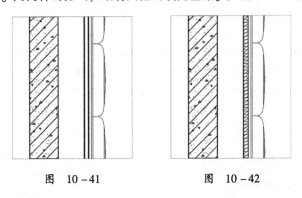

图　10 – 41　　　　　　图　10 – 42

 注意：若填充比例值太大或者太小可在"类型属性"对话框中进行修改。

选择填充完成后的填充图案，进入"类型属性"对话框，修改前景填充样式。进入"填充样式"对话框，单击左下角"编辑填充样式"图标，进入"编辑图案特性 – 绘图"对话框，将"导入比例"改为"0.3"，如图 10 – 43 所示。

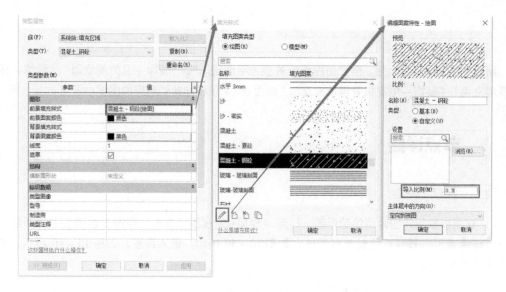

图　10－43

3）绘制木龙骨等构件。单击"注释"选项卡→"详图"面板→"详图线"按钮（详图线仅在详图中显示，不同于模型线，不会影响模型），在"修改 | 放置线样式"上下文选项卡"线样式"面板中设置"线样式"为"中线"，绘制木龙骨构件，如图 10－44 所示。用同样的方法绘制铁钉，如图 10－45 所示。

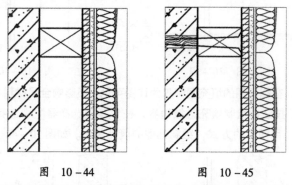

图　10－44　　　　　　　　图　10－45

4）绘制尺寸。对绘制完成的节点详图进行尺寸绘制，如图 10－46 所示。单击"注释"选项卡→"文字"面板→"文字"按钮，添加注释文字。单击注释好的文字，再单击图标添加标注线。将绘制好的详图拖拽进详图图纸中，如图 10－47 所示，方法同平面图。

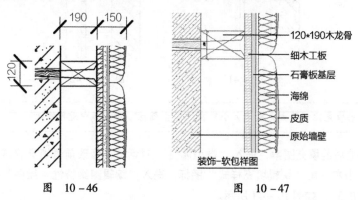

图　10－46　　　　　　　　图　10－47

10.5.2　导入 CAD 详图

进入"剖面 0"视图，单击"视图"选项卡→"创建"面板→"详图索引"按钮。勾选"修改|详图索引"选项卡→"参照"面板→"参照其他视图"，如图 10 – 48 所示。

图　10 – 48

在"项目浏览器"中，找到生成的绘制视图。进入视图，并将其重命名为"CAD 导入详图"。单击"插入"选项卡"导入"面板中的"导入 CAD 文件"按钮，弹出"插入 CAD 格式"对话框。在导入设置中，将"颜色"调成"黑白"，"单位"改成"毫米"。导入 CAD 文件如图 10 – 49 所示。

调整详图比例，并将新的视图布置到详图图纸之中，如图 10 – 50 所示。

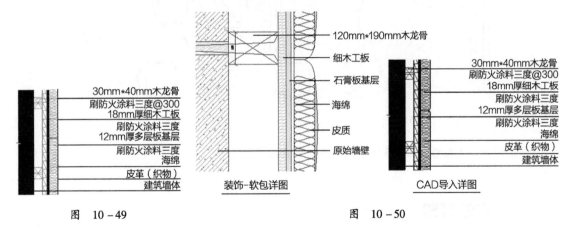

图　10 – 49　　　　　　　　　　　　　　　　　图　10 – 50

10.6　综合点位图

装饰工程涉及的综合点位图一般有插座布置图、开关布置图、水管改造图等。本案例将以插座布置图及开关布置图为例进行说明。

10.6.1　插座布置图

在平面图的基础上可以绘制插座布置图。在"属性"栏中设置"可见性/图形替换"，将隐藏的电气装置图元修改成"可见"，并对其添加尺寸，如图 10 – 51 所示。

10.6.2　开关布置图

在天花图的基础上可以绘制开关布置图。在"属性"栏中调整视图范围，将剖切高度改为"1000mm"，这样灯具开关将显示出来。

在"属性"栏中设置"可见性/图形替换",将线图元打开,并使用详图线连接灯具分组,将开关对应的灯具连接起来。为开关类型以及离地高度添加文字注释,如图 10 – 52 所示。

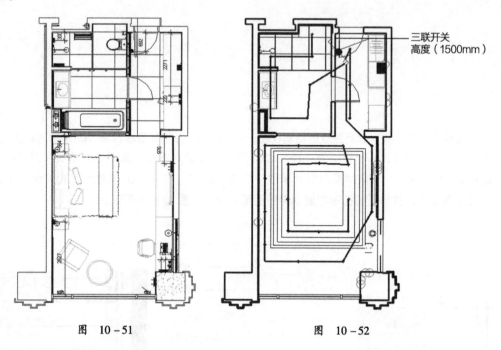

图　10 – 51　　　　　　　　　　　图　10 – 52

完成后将开关布置图及插座布置图拖拽进综合点位图纸中。

10.7　布图打印

10.7.1　布图

1. 布图

将明细表、平面图、天花图、立面图、剖面图、节点详图放置在图纸中。将图纸布好之后,图纸目录也将同步更新。

2. 图纸拼接

如果视图太大,图纸放不下,则需要复制视图,进行拼接。

这里以"原始地面"视图为例进行演示。

1)复制两次"原始地面"视图,注意要使用"复制作为相关",这样可以保证图纸随着"原始地面"视图同步更新。将一张新视图命名为"装饰 – 卫生间及走道",另一张命名为"装饰 – 客房"。

2)将"装饰 – 卫生间及走道"视图裁剪到只有卫生间及走道,如图 10 – 53 所示。将"装饰 – 客房"视图裁剪到只有客房,如图 10 – 54 所示。

3）单击"视图"选项卡→"图纸组合"面板→"拼接线"，在"装饰–客房"中绘制拼接线，如图 10–55 所示。转到立面索引图，如图 10–56 所示，可以看到拼接线已经显示在视图之中。隐藏其他视图中的拼接线，将两个新视图拖拽进装饰–平面图图纸中即可。

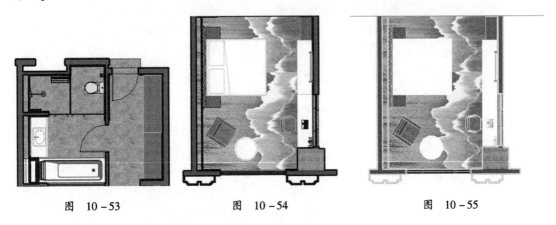

图　10–53　　　　　　　　图　10–54　　　　　　　　图　10–55

4）将两张新视图拖拽进装饰–平面图图纸中即可。

10.7.2　打印

单击"文件"菜单中的"打印"，在弹出的"打印"对话框中，进行打印设置，如图10–57所示。

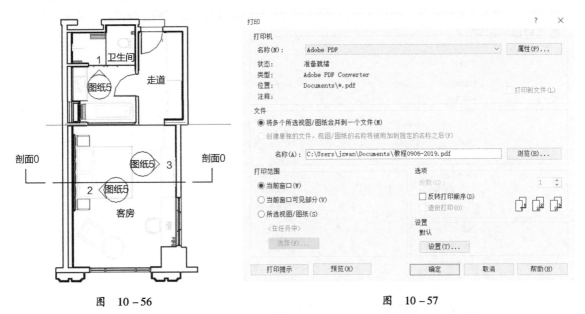

图　10–56　　　　　　　　　　　　　　　　图　10–57

（1）"文件"选项

1）将多个所选视图/图纸合并到一个文件：可以同时打印多个文件。

2）创建单独的文件。视图/图纸的名称将被附加到指定的名称之后：选择此选项可以在下方指定文件保存路径及名称。

（2）"打印范围"选项 单击所选视图/图纸，在弹出的"视图/图纸集"对话框中，可以选择视图或图纸进行打印，如图 10 -58 所示。

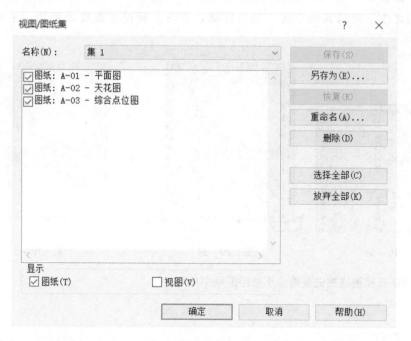

图 10 -58

（3）"设置"面板选项 单击"设置"，在弹出的"打印设置"对话框中，设置基本的打印设置，如图 10 -59 所示。在对话框中设置图纸大小、页面位置、缩放、颜色模式、页面方向（纵向或横向）。最下方的选项可以把图中半色调显示的图元打印成细线等更详细的设置。设置完成后单击"打印"即可。

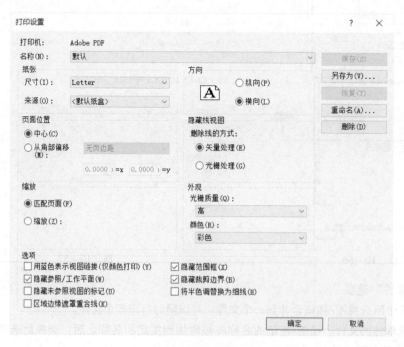

图 10 -59

❧❧ 本章练习题 ❧❧

一、单项选择题

1. 以下（　　）方法可以对图纸中的明细表进行分割。

A. 进入明细表"属性"栏修改

B. 双击"明细表"修改

C. "项目浏览器"中找到"明细表"右击修改

D. 图纸中单击明细表剖断线修改

2. 下列哪个属于注释线宽的对象（　　）。

A. 尺寸标注　　　　　B. 墙体　　　　　　　C. 门、窗　　　　　　D. 幕墙网格

3. 创建（　　）内容，Revit 可以生成填色图。

A. 空间　　　　　　　B. 长度参数　　　　　C. 房间与面积　　　　D. 面积参数

4. 用 Revit 创建平面布置图不需要显示（　　）内容。

A. 两道尺寸线　　　　B. 材质注释　　　　　C. 内尺寸线　　　　　D. 地面铺装

5. 在 Revit 中进行线型定义时，共有（　　）种可以使用的线型。

A. 1　　　　　　　　　B. 2　　　　　　　　　C. 3　　　　　　　　　D. 4

二、多项选择题

1. 以下（　　）经常用来调整材质剖面的图案填充。

A. "可见性"对话框　　　　　　　　　　B. 材质浏览器

C. "属性"栏　　　　　　　　　　　　　D. "显示效果"对话框

2. 以下（　　）方法可以隐藏图形。

A. 选中图元，右击隐藏　　　　　　　　B. 通过"可见性"对话框隐藏

C. 通过"显示效果"对话框隐藏　　　　D. 通过"属性"栏隐藏

3. 以下（　　）是装饰施工图中应该包含的。

A. 平面尺寸图　　　　B. 平面布置图　　　　C. 平面索引图　　　　D. 平面铺地图

4. 详图中应该包含（　　）内容。

A. 标高　　　　　　　B. 剖面填充图案　　　C. 文字说明　　　　　D. 尺寸

5. （　　）方式可以在 Revit 中绘制详图。

A. 使用剖切工具　　　　　　　　　　　B. 使用详图索引工具

C. 导入 CAD 详图　　　　　　　　　　D. 新建空白详图绘制

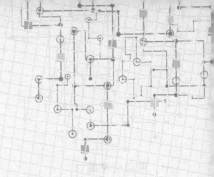

第11章 统计

11.1 明细表设置

使用明细表视图可以统计项目中的各类图元对象，生成各种各样的明细表。Revit 可以分别统计模型图元数量、材质、图纸列表、视图列表、注释块列表、装饰材料表、房间面积表等。在装饰阶段，最常用的统计表是装饰构件量统计、面积统计、装饰面层材料统计、卫生间瓷砖的统计、尺寸统计等。

除上述功能外，Revit 中还有专用的明细表视图编辑工具，可编辑表格样式或自动定位构件在图形中的位置，主要功能如图 11-1 所示。

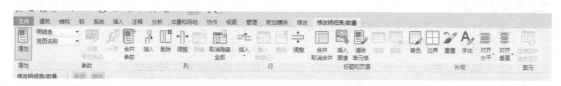

图 11-1

① "属性" 栏：可通过单击 "属性" 面板中的 "属性" 按钮，打开或关闭 "属性" 栏。

②表格标题名称：可修改表格名称及所统计内容。

③列标题：可修改统计字段，不同表格内容不同。

④设置单位格式：可设置选定列的单位格式。

⑤计算：为表格添加计算值，并修改选定列标题。

⑥插入：将列与相应的字段添加到表格。选择明细表正文中的一个单元格或列，单击 "列" 面板上的 "插入"，即可打开 "选择字段" 对话框，其作用类似于 "明细表属性" 对话框的 "字段" 选项卡。添加新的明细表字段，并根据需要调整其顺序。

⑦删除：选择单元格，然后单击 "删除列" 或 "删除行" 按钮，则可删除单元格所在的列或行。

⑧调整列宽：选择单个或多个单元格，然后选择 "调整列宽" 图标，并在对话框中指定一个值，则可调整选定的列。如选择多个列，设置的尺寸值为所有选定列宽之和，则每列宽度将等间距分配。

⑨隐藏和取消隐藏：选择一个单元格或列，然后单击 "隐藏列" 按钮，则会隐藏相应的列。单击 "取消隐藏全部" 按钮可显示所有隐藏的列。

明细表可以根据项目的需要和标准进行设置。利用明细表的统计功能，可以统计项目中各图元对象的数量、材质、视图列表等信息。

11.2　构件量统计

Revit 在装饰工程中可通过 "明细表/数量" 来对构件量进行统计。根据项目中构件自有的特性直接提取信息，即可统计构件量。本节以案例文件的灯具数量为例进行讲解。

①创建明细表。在 "视图" → "明细表" 下拉菜单中选择 "明细表/数量"，在弹出的 "新建明细表" 对话框中勾选 "照明设备"，单击 "确定" 按钮，如图 11 – 2 所示。

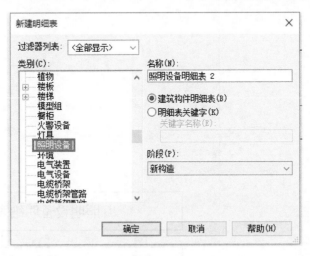

图　11 – 2

②在弹出的 "明细表属性" 对话框中，选择所需字段，并调整字段排列顺序，单击 "确定" 按钮，如图 11 – 3 所示。

图　11 – 3

③生成"照明设备明细表"后，可在"属性"栏中单击"排序/成组"右侧的"编辑"。按"类型"升序，取消勾选"逐项列举每个实例"，勾选"总计"，即可完成照明设备明细的统计，如图 11 –4 所示。

〈照明设备明细表〉		
A	B	C
族	类型	合计
床头台灯	W180 x D180 x H	1
床头台灯	W180 x D180 x H	1
书桌台灯	W244 x D244 x H	1
吊顶 LED灯	科颢18W LED	1
吊顶 LED灯	科颢18W LED	1
吊顶 LED灯	科颢18W LED	1
吊顶 LED灯	科颢18W LED	1
吊顶 LED灯	科颢18W LED	1
吊顶 LED灯	科颢18W LED	1
吊顶 LED灯	科颢18W LED	1
吊顶 LED灯	科颢18W LED	1
吊顶 LED灯	科颢18W LED	1
吊顶 LED灯	科颢18W LED	1
吊顶 LED灯	科颢18W LED	1
吊顶 LED灯	科颢18W LED	1
吊顶 LED灯	科颢18W LED	1
吊顶 LED灯	科颢18W LED	1
吊顶 LED灯	科颢18W LED	1
吊顶 LED灯	科颢18W LED	1
吊顶 LED灯	科颢18W LED	1
吊顶 LED灯	科颢18W LED	1
吊顶 LED灯	科颢18W LED	1
吊顶 LED灯	科颢18W LED	1
吊顶 LED灯	科颢18W LED	1
吊顶 LED灯	科颢18W LED	1
吊顶 LED灯	科颢18W LED	1
吊顶 LED灯	科颢18W LED	1
吊顶 LED灯	科颢18W LED	1
吊顶 LED灯	科颢18W LED	1

〈照明设备明细表〉		
A	B	C
族	类型	合计
床头台灯	W180 x D180 x H	2
书桌台灯	W244 x D244 x H	1
吊顶 LED灯	科颢18W LED	30
总计: 33		

图 11 –4

11.3 尺寸统计

在装饰工程中有些构件需要统计其长度、宽度等，Revit 可通过"明细表/数量"进行统计。本节以案例文件的隔墙中钢架基础的尺寸为例进行讲解。

1）创建 40×40 方管。以"公制常规模型"为族样板新建族文件，进入前视图。执行"拉伸"命令，绘制 40×40 方管，如图 11 –5 所示。

进入 楼层平面—参照标高视图，新建一个参照平面，将承载龙骨拉伸的两边锁在参照平面上，在参照平面与"中心（前/后）"参照平面之间添加尺寸标准，设定为"1200"。单击尺寸，新建一个名为"钢材长度"的共享实例参数。编辑共享参数的"参数组"名为"钢管参数"，"参数"名为"钢材长度"，如图 11 –6 所示。

选择钢材模型，在"属性"栏中勾选"共享"，单击"保存"，将族保存为"钢管.rfa"，如图 11 –7 所示。

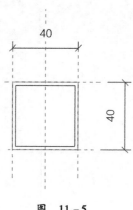

图 11 –5

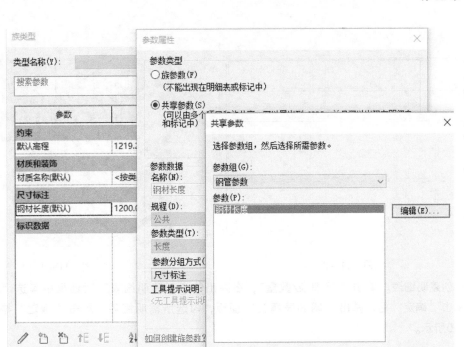

图 11-6

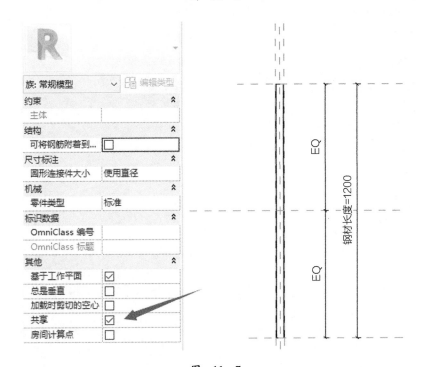

图 11-7

2）创建参数化钢管。以"公制常规模型"为族样板新建族文件，进入前视图。绘制参照平面与进入卫生间的门洞尺寸对应，载入"钢管.rfa"文件，按照参照平面放置钢管并复制，间距400mm，如图11-8所示。单击"保存"，将族保存为"参数化钢管.rfa"。

将"参数化钢管.rfa"载入项目，放置于墙体合适的位置，如图11-9所示。

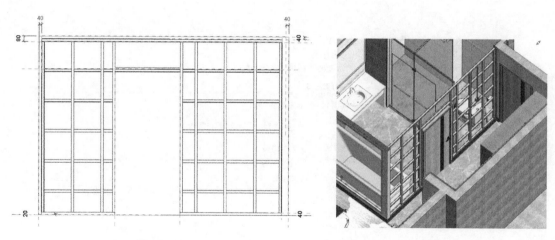

图 11 - 8   图 11 - 9

3）创建明细表。单击"明细表/数量"，在弹出的"新建明细表"对话框中勾选"常规模型"，单击"确定"后，弹出"明细表属性"面板，勾选所需明细后，单击"确定"按钮，如图 11 - 10所示。

图 11 - 10

在"明细表属性"列表框中选择"钢材长度"字段，在"格式"选项栏中选择字段格式为"计算总数"，如图 11 - 11 所示。

单击"确定"按钮后，得到钢管长度统计明细表，如图 11 - 12 所示。

图　11-11

A	B	C
族	钢材长度	合计
钢管	708	5
钢管	595	5
钢管	1700	5
钢管	8000	20
钢管	992	1
钢管	1102	1
钢管	1519	1
钢管	22365	9
钢管	3613	1
总计: 48	40893	

〈常规模型明细表 3〉

图　11-12

11.4　面积统计

Autodesk Revit 在装饰工程中的面积统计可谓灵活多变, 用户可根据构件的特点选择合适的方法, 也可在创建构件时自定义面积计算规则。

1) 根据构件的特点选择合适的方法, 例如: 系统自带的楼板、天花板、墙体、幕墙、屋顶等构件。单个构件可以通过"属性"栏直接查询面积, 如图 11-13 所示; 通过明细表也可以提取多个构件, 如图 11-14 所示。

图　11-13

A	B	C	D
族	型号	面积	体积
楼板		112.00	16.80

〈楼板明细表〉

图　11-14

对于创建好的轮廓不规则的常规模型, 可以通过明细表中的"材质提取"功能来实现。在"材质提取属性"对话框中"可用的字段"下选择"材质: 面积"即可, 如图 11-15 所示。

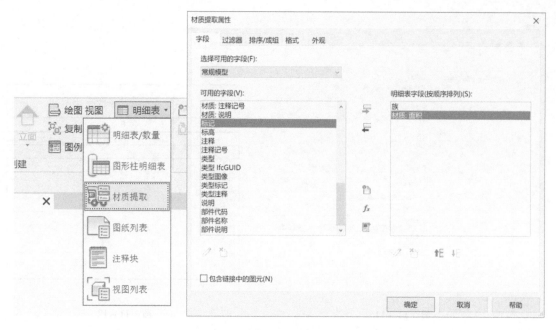

图 11-15

2）创建构件时自定义面积计算规则。在装饰装修工程中，一般门窗、幕墙玻璃的面积统计会用到此方法。因为玻璃的大小是需要随着门窗框及幕墙分格的规格来变化的，所以在创建玻璃族时，只要创建面积字段，将此字段的公式完善，公式中所用的参数能够实时变化，就可以达到提取面积的目的。

有时候项目中可能会有很多常规模型创建的构件，使用常规模型下的字段来提取面积，不容易将玻璃材料与非玻璃材料的数据分离，所以在创建玻璃或其他需要提取面积的族中要添加一个文字参数，将不同的常规模型区分开来。例如：玻璃的常规模型族中，"区分"字段的参数值设置为"中空玻璃"；型材族中，"区分"字段的参数值设置为"铝合金型材"；窗族中，"区分"字段的参数值设置为"铝合金窗"。在设置统计表样式时，就可以通过"过滤器"来区分类型，如图 11-16所示。

〈玻璃明细表〉					
A	**B**	**C**	**D**	**E**	**F**
宽度	高度	族	标高	类型	合计
673	1123	中空玻璃	标高 1	8+12A+6绿色	1
673	1223	中空玻璃	标高 1	8+12A+6绿色	1
678	928	中空玻璃	标高 1	8+12A+6绿色	2
719	1169	中空玻璃	标高 1	8+12A+6绿色	5
719	1204	中空玻璃	标高 1	8+12A+6绿色	1
719	2504	中空玻璃	标高 1	8+12A+6绿色	1
726	611	中空玻璃	标高 1	8+12A+6绿色	1
726	641	中空玻璃	标高 1	8+12A+6绿色	2
726	2611	中空玻璃	标高 1	8+12A+6绿色	1
923	1123	中空玻璃	标高 1	8+12A+6绿色	1
969	804	中空玻璃	标高 1	8+12A+6绿色	1

图 11-16

在明细表中，单击"属性"栏中"字段"后面的"编辑"按钮，在弹出的"材质提取属性"对话框中，单击"添加计算参数"按钮，弹出"计算值"对话框，添加"面积"计算值，单击"确定"按钮，如图 11 –17 所示。

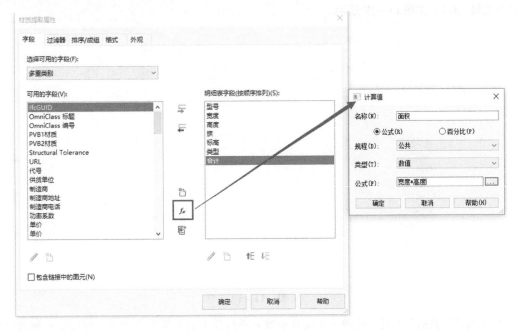

图　11 –17

切换至"格式"选项卡，在字段列表中选中"面积"字段，可以在右边修改其格式，并在最下方的列表中选择"计算总数"项，单击"确定"按钮后返回明细表视图，如图 11 –18 所示。

〈玻璃明细表〉

A	B	C	D	E	F	G
宽度	高度	族	标高	类型	合计	面积
673	1123	中空玻璃	标高 1	8+12A+6绿色	1	0.76
673	1223	中空玻璃	标高 1	8+12A+6绿色	1	0.82
678	928	中空玻璃	标高 1	8+12A+6绿色	2	1.26
719	1169	中空玻璃	标高 1	8+12A+6绿色	5	4.20
719	1204	中空玻璃	标高 1	8+12A+6绿色	1	0.87
719	2504	中空玻璃	标高 1	8+12A+6绿色	1	1.80
726	611	中空玻璃	标高 1	8+12A+6绿色	1	0.44
726	641	中空玻璃	标高 1	8+12A+6绿色	2	0.93
726	2611	中空玻璃	标高 1	8+12A+6绿色	1	1.90
923	1123	中空玻璃	标高 1	8+12A+6绿色	1	1.04
969	804	中空玻璃	标高 1	8+12A+6绿色	1	0.78
总计: 17						14.79

图　11 –18

11.5　重量统计

Revit 在装饰装修工程中的重量统计一般用于门窗幕墙工程中对铝合金型材或钢材（以下简称为型材）的统计，常用的有两种方法。

1）对于标准型材，可以将重量完全与型材的规格关联起来，型材规格任意参变的同时，可以保证重量的正确性。下面举例说明实现的步骤。

①新建常规模型族文件。新建共享参数：长度、宽度、壁厚，并将型号赋值"钢管"，保存为"标准型材.rfa"，如图 11 − 19 所示。

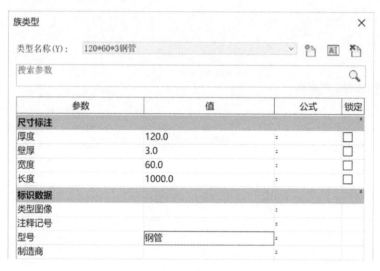

图　11 − 19

使用共享参数的目的是，在同一个项目中载入不同规格或不同族文件时，能够统一使用此参数作为明细表的字段。

在参照标高视图中绘制参照平面，并与相关参数关联，如图 11 − 20 所示。创建实体拉伸，并与参照平面进行锁定，如图 11 − 21 所示。在立面视图中，将实体拉伸的上下造型操纵柄与长度参数进行关联。

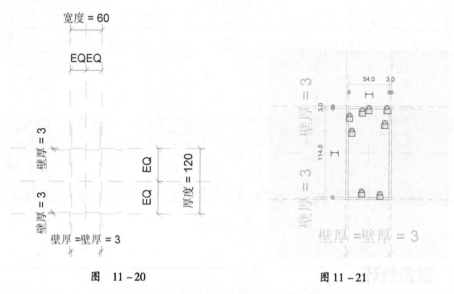

图　11 − 20　　　　　　　　图 11 − 21

②打开"族类型"对话框，新建共享参数"截面积"，如图 11 − 22 所示，并将公式修改为："=（厚度 ∗ 宽度）−（（厚度 − 壁厚 ∗ 2）∗（宽度 − 壁厚 ∗ 2））"。

图 11 – 22

图 11 – 23

新建参数"密度",如图 11 – 23 所示,并赋值为"7.8";新建共享参数"重量",如图 11 – 24 所示,并将公式修改为:"= 截面积 * 长度 * 密度"。以上 3 个新建参数请特别注意其规程及参数类型。

通过此方法创建的族文件,可自由设定型材的长、宽、厚、壁厚等参数,甚至可以修改为铝合金材料的密度来使用。此后再通过明细表功能便可以统计重量参数。

2)对于非标准型材,如截面面积不方便使用公式计算出来的铝合金型材,一般施工图纸或铝合金厂家都会标示出米重(或称为线密度),如图 11 – 25 所示。而此数据一般是每种型材独有的,所以也不需要让其受参数的影响。创建此族文件时直接引用此数值,乘以长度参数,便可以得到重量。

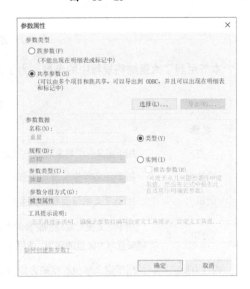

图 11 – 24

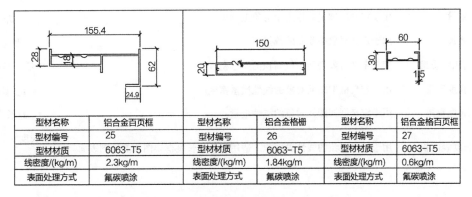

型材名称	铝合金百页框	型材名称	铝合金格栅	型材名称	铝合金格百页框
型材编号	25	型材编号	26	型材编号	27
型材材质	6063-T5	型材材质	6063-T5	型材材质	6063-T5
线密度/(kg/m)	2.3kg/m	线密度/(kg/m)	1.84kg/m	线密度/(kg/m)	0.6kg/m
表面处理方式	氟碳喷涂	表面处理方式	氟碳喷涂	表面处理方式	氟碳喷涂

图 11 – 25

这里需要注意米重（或称为线密度）参数的规程为"结构"，参数类型为"质量/单位长度"，如图 11 -26 所示。重量的参数设置同上文，公式为："=米重 * 长度"。

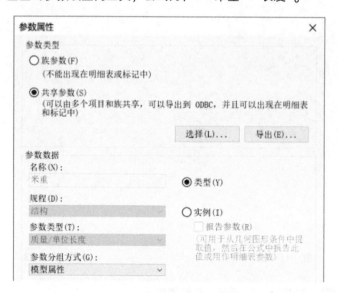

图　11 -26

本节用到了大量结构规程中的参数，为了进一步了解结构规程的数据，读者可参考表 11 -1。

表　11 -1

名称	说明	单位
力	用于定义一个对象对另一对象的作用。适用于"点荷载"力参数	力
线性力	用于定义单位长度的力强度。适用于"线荷载"力参数	力/长度
面积力	用于定义单位面积的力强度。适用于"面荷载"力参数	力/(长度^2)
力矩	用于定义使对象绕轴旋转的力的趋势。在数学上，力矩被定义为杠杆臂距离矢量与力矢量的乘积。适用于"点荷载"力矩参数	力×长度
线性力矩	用于定义单位长度的力矩强度。适用于"线荷载"力矩参数	力×长度/长度
应力	用于定义作用于物体内部相邻粒子间的力的物理数量。在数学上，应力被定义为力矢量除以面积	力/(长度^2)
单位重量	用于定义对象单位体积的重量	力/(长度^3)
重量	用于定义地球引力作用于对象上的力	力
质量	用于定义对象中物质的数量	质量
单位面积的质量	用于定义对象表面单位面积的质量密度	质量/(长度^2)
单位长度质量	用于定义框架图元对象的线性质量密度	质量/长度
单位长度重量	用于定义框架图元对象的线性重量	力/长度
单位长度表面积	用于定义对象的线性表面积。适用于单位长度框架图元的绘图表面	长度^2/长度

✦◦✦ 本章练习题 ✦◦✦

一、单项选择题

1. Revit 中幕墙的建模精细程度达到（　　　），可通过"明细表"功能提取数据。

　　A. LOD100　　　　　B. LOD200　　　　　C. LOD300　　　　　D. LOD400

2. 通过 Revit 中（　　　）功能可以获取构件族中创建的清单数据。

　　A. 材料清单　　　　B. 明细表　　　　　C. 图例　　　　　　D. 项目信息

3. 自定义族中创建了"长"和"宽"两个必要的面积计算参数，在"明细表属性"对话框中，通过（　　　）依然可以得到面积列表。

　　A. 新建参数　　　　B. 添加计算参数　　C. 合并参数　　　　D. 修改参数

4. 在明细表中，成功添加载入族的参数，是因为下列（　　　）操作。

　　A. 在项目中添加项目参数

　　B. 在"明细表属性"对话框中新建项目参数

　　C. 将族参数设置为"共享参数"，并将共享参数添加到项目中对应的族类别

　　D. 只要是族参数均可在项目中统计

二、多项选择题

1. 下列关于明细表的说法正确的是（　　　）。

　　A. 在族中新建的参数，一定可以在项目中通过明细表统计

　　B. 在"明细表属性"对话框中，可以新建项目参数创建计算值

　　C. 明细表导出格式有两种

　　D. 导出明细表时，字段分隔符共有 4 种

2. 有关明细表的说法正确的是（　　　）。

　　A. 通过在明细表中单击单元格，可以编辑该单元格

　　B. 在创建明细表后，可以更改明细表的组织和结构

　　C. 通过明细表中的"注释块"功能可以实现材质面积的统计

　　D. 从"项目浏览器"中可将明细表拖拽至图纸中放置

3. 可以进行面积统计的方法有（　　　）。

　　A. 根据项目中构件自有的特性直接提取

　　B. 通过明细表中的"材质提取"功能实现

　　C. 新建族时无须特殊设置，通过"项目"→"明细表/数量"提取

　　D. 新建族时自定义面积计算规则，通过"项目"→"明细表/数量"提取

4. 同一族样板创建的不同构件，在载入项目后创建的明细表属性中，（　　　）可以按不同的分类来统计相关的参数。

　　A. 通过过滤"族"字段　　　　　　　　B. 通过过滤"族与类型"字段

　　C. 通过过滤"注释"字段　　　　　　　D. 通过过滤"型号"字段

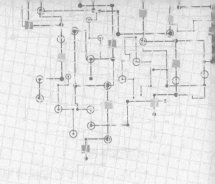

第 12 章　可视化应用

Revit 2019 集成了内置 Mental Ray 渲染引擎，可以生成真实的渲染图像，制作漫游动画。为了节约计算机内存，Revit 2019 还提供了云渲染的选择。使用渲染插件 VRay for Revit 2019 可以制作出逼真的二维效果图和 VR 效果图。

12.1　材质设置

在之前的章节中，已经使用到了模型图元的材质参数。为了提高渲染效果，需调整材质的渲染参数。下面以床单模型为例，为材质设置渲染参数。

1. 添加材质信息

进入功能区→"管理"选项卡，单击"材质"按钮，打开"材质浏览器"对话框，如图 12 – 1 所示。找到"床垫"材质，调出"外观"选项卡。

图　12 – 1

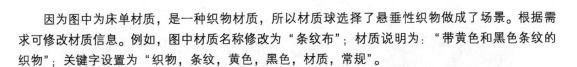

因为图中为床单材质，是一种织物材质，所以材质球选择了悬垂性织物做成了场景。根据需求可修改材质信息。例如，图中材质名称修改为"条纹布"；材质说明为："带黄色和黑色条纹的织物"；关键字设置为"织物，条纹，黄色，黑色，材质，常规"。

2. 材质外观属性

外观资源的属性取决于渲染这些资源的渲染着色器。Revit 中提供了很多属性，如：陶瓷、混凝土、不透明、透明、砖石/CMU、金属、镜子、金属漆、墙漆、石料、水、木材等，并设置了此类属性特有的参数，便于快速创建材质。新建材质时，只能新建常规属性的材质；若想使用其他材质属性，需通过"资源浏览器"找到此类材质，替换至新建材质中。

（1）镜子属性　在 Revit 中，新建材质后，在"资源浏览器"中选择"镜子属性"材质，替换至"外观"属性中，会发现"镜子属性"只可调节镜子的固有颜色及染色信息，如图 12 - 2 所示。

（2）常规材质属性

1）程序贴图。Revit 中提供了程序贴图，进一步增强了材质的真实感。右击图像，或用鼠标左键单击图像右边的下拉菜单，弹出"程序贴图"菜单。贴图共有 7 种，这些是程序中自带的贴图，有棋盘格、渐变等效果。对一些简单的材质，可以使

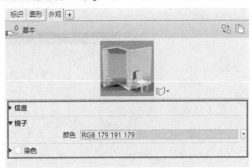

图　12 - 2

用程序贴图进行制作，例如棋盘格程序贴图。选中棋盘格程序贴图，弹出"纹理编辑器"对话框。在该对话框中可以调整程序贴图的颜色、角度、位置、重复模式等。图 12 - 3 中将颜色换成了黄色和黑色，将棋盘格纹理转 45°，形成了倾斜的纹理效果。其他程序贴图的形式类似棋盘格，只是图案纹理有所区别。

2）自定义贴图。程序贴图能够编辑生成的纹理只是极少部分，更多材质纹理制作应使用自定义贴图。双击图案，弹出"选择文件"对话框，可以选择 JPG 文件添加所需要的纹理效果。如图 12 - 4 所示，案例中添加了名为"布料 - 009"的材质贴图。

与程序贴图弹出的纹理编辑器不同的是，自定义贴图无法指定贴图组成色彩。对于 JPG 格式的材质源文件，仅可以调节其图片亮度或反转图像色彩。如果对于材质贴图色彩不满意，建议去 Photoshop 软件修改好后再调入 Revit 中。

3）"常规"选项。

①颜色：单击"颜色"按钮，将会弹出"颜色"对话框。在对话框中，可以选择材质所需要的颜色。

②图像：大部分材质不止由简单的颜色构成，还有一定的图案纹理。这些材质就需要使用到"图像"选项。

③图像褪色：控制基本颜色与漫射图像之间的复合"图像褪色"可用于调整贴图显示的程度。将"图像褪色"值调低，贴图颜色变淡，同时颜色的值越强，适合一些只需要淡淡贴图纹理的材质，如图 12 - 5 所示。

④光泽度："光泽度"是用来控制材料表面漫反射 - 镜面反射属性的参数。"光泽度"为 0 时为漫反射；"光泽度"为 100 时为镜面反射。本案例中制作的是床单的材质，是一种漫反射材质，所以保留光泽度为默认参数 0。

⑤高光：可用于选择金属材质或非金属材质。本案例中为床单材质，保持默认"非金属"即可。

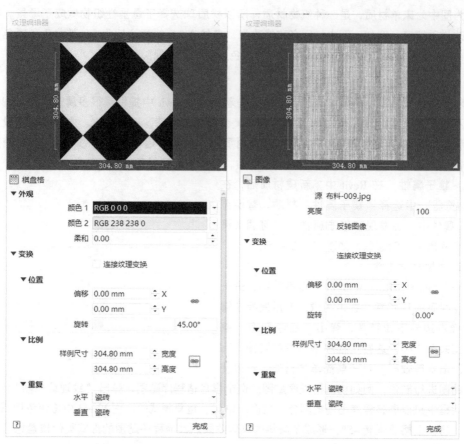

图 12-3　　　　　　　　　　　图 12-4

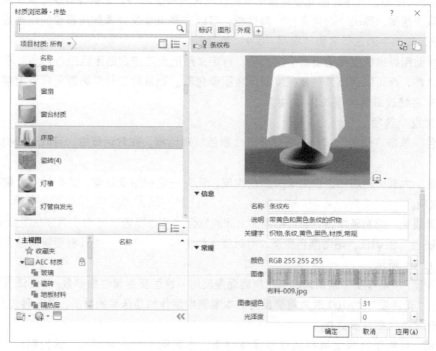

图 12-5

4）反射率。物体本身反射光的强度，可以控制材质反射入相机的光线数量。最强反射就是镜子的效果。

5）透明度。"透明度"选项可用于控制材料的透明度。"透明度"为 0 时材料不透明，"透明度"为 100 时材料完全透明。

值得注意的是，"透明度"同样可以使用贴图（包括程序贴图和自定义贴图）控制。透明度贴图是靠其中的黑、白、灰 3 种颜色来控制材质对应部位的透明度的。

本案例中使用的材料是床单材料，为不透明的织物材料，所以在案例中不需要开启"透明度"属性。

6）剪切。"剪切"选项可用于控制对应部分的材质开启情况。不同于透明度，剪切是一种类似完全透明的状态。

"剪切"同样可以使用贴图（包括程序贴图以及自定义贴图）。图 12 – 6 中使用程序贴图"棋盘格模式"对材质进行贴图。条纹布黑色部分完全不显示，白色部分完全显示，通过这种方法可以控制材质的形状。本案例中床单材质不需要开启这个属性。

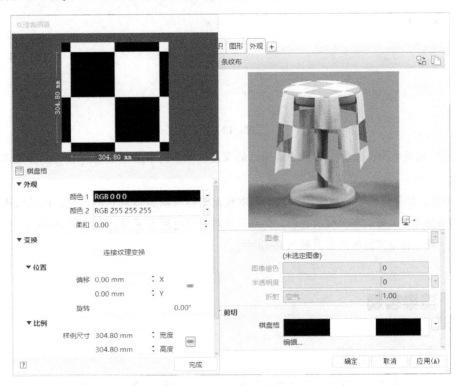

图　12 – 6

7）自发光。一些自发光的材料（如灯具等）可以使用这种材质。本案例中不需要开启该材质。

8）凹凸。凹凸贴图通道是材质中经常要使用的通道。凹凸通道中可以贴材质图控制材质的凹凸感，同样可以使用程序贴图，或者是自定义贴图。贴图中的白色代表凸起，黑色代表凹入，用这种方式通过图片控制材质凹凸，如图 12 – 7 所示。

图 12 – 7 中使用了文件名为"05121621"的材质图片制作了自定义贴图。贴图中的黑白纹理在条纹布中形成了肌理感，让条纹布产生了较高档的压花效果。

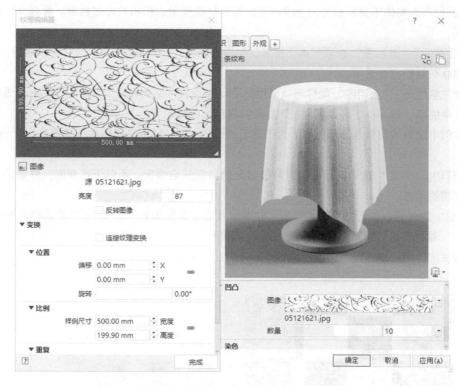

图 12-7

"凹凸"属性中的"数量"可以改变凹凸的深浅。本案例中采用数量为 10，制作淡淡的压花效果。

9）染色。如果对材质的色彩不满意，可以在此进行材质整体颜色的调整。但是值得注意的是，这种做法不能只修改部分材质色彩。如果只是对部分色彩不满意，建议在 Photoshop 软件中调整到位后，再以自定义贴图的形式载入 Revit 中。

12.2 渲染表现

12.2.1 创建渲染视图

打开给定的案例文件，在平面视图中创建相机，在"项目浏览器"中将生成的三维视图命名为"标准房间三维视图"，如图 12-8 所示。

如果对创建的三维视图角度不满意，可以切换回原始地面面板。拖动相机，调整相机的角度和焦点，可以看到画面在改变，如图 12-9 和图 12-10 所示。

在平面中，双击相机后，可以进入相机面板，调整相机高度以及其他参数。

在"相机"对话框中，"视点高度"为视点的起始高度，"目标高度"为视点的终点高度。通过调整这两个值，可以改变相机的仰角高度，如图 12-11 所示。

图　12 – 8

图　12 – 9

图　12 – 10

图　12 – 11

12.2.2　内置渲染器

视图及材质调整后就可以使用 Revit 的内置渲染器进行效果图制作。

在生成的三维视图状态下，单击"视图"选项卡→"渲染"按钮，会弹出"渲染"对话框，如图 12 – 12 所示。

1. 区域

勾选后可进行局部渲染，如图 12 – 13 所示。

红框内为选中的渲染区域，可以用局部渲染的方式节约渲染时间。

图　12 – 12　　　　　　　　　　　图　12 – 13

2. 质量设置

可以从"绘图""中""高""最佳"几种模式中进行选择。其中，"绘图"的渲染质量最差，但是渲染速度最快；"最佳"的渲染质量最高，但是渲染速度最慢，需要自行取舍。

一般来说，在调整渲染效果的过程中，质量设置为"绘图"模式，出正式图时采用"高"模式即可。

3. 输出设置

分辨率可以设置为"屏幕"或者"打印机"，"打印机"有不同的分辨率参数可以选择。通过分辨率的设置可以调整输出照片的尺寸。一般来说，打印出来的效果图需要达到 300DPI，所以勾选"打印机"，将参数设置为"300DPI"，如图 12 – 14 所示。

一般来说，在调整渲染效果的过程中，输出设置为"屏幕分辨率"，出正式图时再将分辨率调成"打印机"（300DPI）即可。

4. 照明及背景设置

室内渲染模拟白天场景，照明方案共有 3 种情况：①室内：

图　12 – 14

仅日光；②室内：仅人造光；③室内：日光及人造光。其他默认照明方案适用于建筑项目，而不是室内项目。

背景有几种样式可供选择，如"天空：多云""透明度""图像"等。

1）模拟"仅日光"场景。将照明方案调整至"室内：仅日光"。因为在日光情况下，窗外会被照亮，所以需要选择一种背景，如"天空：无云"。然后单击"渲染"面板最上方左侧的"渲染"，此时计算机将进行渲染计算。

如果画面显示过亮或者过暗，可以进行调整。渲染完成之后，效果如图12－15所示。

图　12－15

单击"图像"下方的"调整曝光"按钮，弹出"曝光控制"对话框，如图12－16所示。

①曝光值：可以调暗或调亮。现在的值偏暗。

②高亮显示：可以对效果图的亮部进行明暗调整。

③阴影：可以对效果图的暗部进行明暗调整。

④饱和度：可以改变画面色彩的浓淡。

⑤白点：即白平衡，可以控制画面的冷暖。

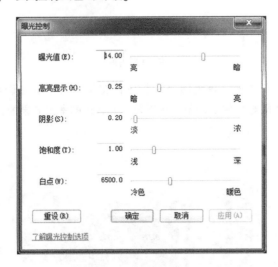

图　12－16

通过对"曝光值""高亮显示""阴影"等的调整，可以得到未开灯时的室内效果图。通过设置背景样式，可使渲染的效果图有不同的窗外背景。当背景样式设置为"透明度"时，可以将生成的PNG格式效果图在Photoshop软件中打开，合成更好的背景，效果图将更加真实，如图12－17所示。

图　12 – 17

2）模拟"仅人造光"场景。将照明方案调整至"室内：仅人造光"。在无日光的情况下，窗外背景为黑色，无须选择背景。单击"渲染"按钮，效果如图 12 – 18 所示。

图　12 – 18

图中曝光过度，此时可单击"调整曝光"按钮，在弹出的"曝光调整"对话框中，通过对"曝光值""高亮显示""阴影"等的调整，可以得到无日光的室内效果图，如图 12 – 19 所示。

图　12 – 19

单击"人造灯光",打开"人造灯光"对话框,可以对人造灯光进行分组。每个灯具的亮度可以进行单独或者分组调整。

目前灯具未分组,如图 12 – 20 所示。添加"卫生间""洗手间""走道""房间"4 个组,如图 12 – 21 所示。

图　12 – 20　　　　　　　　　　　　　　　　图　12 – 21

将卫生间内的灯具亮度调整成 0.8,效果如图 12 – 22 所示。将洗手间及卫生间的灯具亮度全部调成 0.2,效果如图 12 – 23 所示。可以看出卫生间的灯光弱了很多。用这种方法可以调整每组灯具的亮度。

图　12 – 22

图 12 – 23

3）模拟"日光及人造光"场景：将照明方案调整至"室内：日光及人造光"。因为在日光情况下，窗外会被照亮，所以需要选择一种背景，如"天空：无云"。

与"仅人造光"模式相同，打开"人造灯光"对话框，可以对人造灯光进行分组，以及调节灯具亮度。

生成满意的效果图后，要对其进行保存。单击"渲染"对话框中的"保存到项目中"，可以将生成的效果图保存在"项目浏览器"内，如图 12 – 24 所示。

图 12 – 24

修改三维效果图 1 的名称为"客房标准间效果图 – 卫生间及走道"，单击"确定"按钮，在"项目浏览器"的效果图列表内即可找到该图，如图 12 – 25 所示。

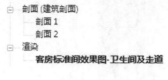

图 12 – 25

当然，也可以激活图像内的导出命令，将效果图生成 JPG、PNG 等格式，导出至 Photoshop 或其他平面合成软件中进行进一步的处理。

5. 显示设置

该选项可用于切换三维视图的显示模式。单击"显示渲染"，三维视图将显示渲染效果，如图 12 – 26所示；单击"显示模型"按钮，则显示模型效果，如图 12 – 27 所示。

图　12－26

图　12－27

12.2.3　云渲染

使用云渲染是为了节约计算机内存。Revit 软件就提供了这种选择。

单击功能区"视图"面板中的"在云中渲染"按钮，此时会跳出一个对话框。在此对话框中可以选择对已设置好的三维视图进行在线渲染。第一步，选择一个三维视图进行渲染。第二步，登录并单击"远程渲染"按钮，渲染好了之后会有邮件提醒。第三步，在"视图"面板中选择"渲染照片库"，即可查看或者下载云渲染出的效果图。

12.2.4　V-Ray for Revit 3.7

V-Ray 是效果最好的渲染器之一。V-Ray 渲染器从 3.0 版以后，加强了各个平台之间的联系。各个版本的 V-Ray（不管是 V-Ray for SketchUp，V-Ray for 3ds Max，V-Ray for Rhino，还是 V-Ray for Revit）都有着类似的工作流程，降低了使用难度。有了 V-Ray for Revit 插件之后，制作逼真的效果图不再需要导出到 3ds Max、赋予构件材质、创建灯光模拟真实场景渲染效果图，而是直接在 Revit中进行渲染，便捷度大大提升。

1. 功能说明

打开 V-Ray for Revit 面板，如图 12－28 所示，功能区从左至右分别如下：

图　12－28

①View：Current View（当前窗口）。单击可以选择模型中已经设置好的三维视图，选中的视图为 V-Ray 将渲染的视图。

②Render：Render Production（渲染产品）。单击即可开始渲染。下拉菜单中有"Render Interactive"（交互渲染），即修改任何模型中的内容（如灯光、材质、模型等）会自动开始实时渲染；"Export V-Ray Scene"（导出 V-Ray 场景），可以导出文件到其他软件中进行渲染；"Render in V-Ray Cloud"可以上传到 V-Ray 进行云渲染，不占用计算机内存。案例中将在本地渲染，选择默认的"Render Production"即可。

③Render：Show/Hide Frame Buffer（展示/隐藏帧缓存器）。可用于展示或者隐藏渲染效果图的窗口。

④Quality（质量）。通过下拉菜单可以修改效果图的品质。一般效果调整过程中的草图用默认的"Low"即可，正式图选择"Medium"或者"High"，也可根据自身需求选择"Very High"。

⑤Resolution（分辨率）。草图选择较低的分辨率，正视图选择 300DPI 或者更高的分辨率。

⑥Lighting：Artificial Lights On/Off（灯光开启/关闭）。用于开关室内光源。

⑦Lighting：V-Ray Sun（V-Ray 太阳）；V-Ray Dome Light（V-Ray 环境光）；No Light（无室外光）。用于调节室外光源。

⑧Asset Browser（资源管理器）。V-Ray 材质调整面板。

⑨Camera：Exposure（相机：曝光度）。"相机"面板可用于换 VR 相机，制作 VR 全景图。

⑩Settings（设置面板）。用于调节 V-Ray 参数。此部分较为复杂，一般出图不太容易用到。

2. 渲染无灯效果

用 V-Ray 渲染器重新渲染 12.2 节中的三维视图。首先尝试不开灯光的效果。在"Lighting（照明）"面板中选择"Artificial Lights Off（人造灯光关闭）"模式，"选中 V-Ray Sun"，单击"Render Production（渲染产品）"，渲染出来的效果图非常暗非常蓝，如图 12－29 所示。

图　12－29

单击"Camera：Exposure"，弹出"V-Ray Camera（V-Ray 照相机）"对话框，如图 12 – 30 所示。将"Exposure Settings（曝光设置）"参数调到"Bright Interior（明亮室内）"状态，"White Balance（白平衡）"调至"Daylight（白天）"，画面会暖一点。

再次单击"Render Production"得到渲染图，如图 12 – 31 所示。

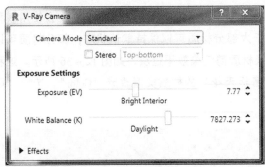

图　12 – 30　　　　　　　　　　　　　图　12 – 31

3. 渲染开灯效果

在"Lighting（照明）"面板中选择"Artificial Lights On"，室外模拟夜晚场景，所以选择"No light（无光）"。单击"Render Production（渲染产品）"，渲染出来的效果图曝光明显过度，画面偏黄，这是因为相机参数依然是上一次的参数，如图 12 – 32 所示。

将"Camera：Exposure（相机：曝光度）"参数调成"Sunshine"，"White Balance（白平衡）"调成"Fluorescent Lighting（日光灯）"，如图 12 – 33 所示。

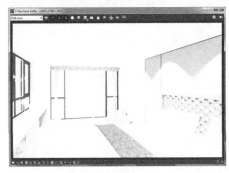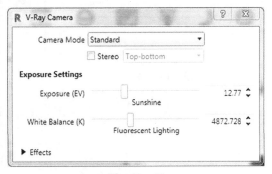

图　12 – 32　　　　　　　　　　　图　12 – 33

再次单击"Render Production（渲染产品）"。单击 V-Ray 面板左下角第一个按键："Show Corrections Control（开启调整）"，可以对图片的曝光度、亮部、暗部、白平衡等进行调节。得到效果图，如图 12 – 34 所示。

图　12 – 34

4. V-Ray 材质处理

单击"Asset Browser",弹出"V-Ray Asset Browser(V-Ray 资源管理器)"对话框,如图 12 – 35 所示。

(1) Material Map(材质) 在"Material Map"面板中可调节构件材质,V-Ray 会使用模型中已经设置好的材质,自动生成 V-Ray 材质。对于大部分材质可以保持默认状态,部分材质可以调用 V-Ray 材质。案例中,石膏板天花在没有替换材质前渲染效果过灰,如图 12 – 36 所示。这种情况下需要调整石膏板天花材质的颜色。将"石膏板天花"的材质类型改成"Color",选择"暖白色",再次渲染,如图 12 – 37 所示。

图　12 – 35　　　　　　　　　　　图　12 – 36

图　12 – 37

除了自动生成的材质以外，V-Ray 渲染器还集成了大量制作精良的材质，使用时需要将其调出。下面以玻璃和木材编辑为例进行说明。

打开"Asset Browser（资源管理器）"，输入"玻璃"，将第一个玻璃材料替换成 V-Ray Material。在弹出的对话框中找到"Glass"，如图 12-38 所示，单击"Open"后，资源管理器中的玻璃材质就被替换成了 V-Ray 材质，如图 12-39 所示。渲染效果如图 12-40 所示。

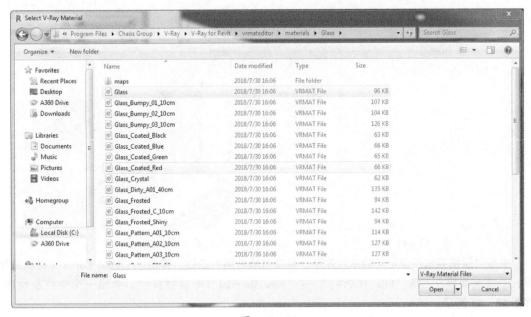

图　12-38

图　12-39

图　12-40

单击"Glass"右侧的按钮，弹出"VRmat Editor（材质编辑器）"，可以进一步修改玻璃材质，如图 12-41 所示。

在"V-Ray Asset Browser"中输入"木"，找到最后一个饰面木板，为其添加一个木材材质：Laminate A02 120cm 层压板材质。渲染效果如图 12-42 所示。

图 12 -41   图 12 -42

    有些时候需要添加自定义的木纹效果。单击材质右侧的按钮，弹出"VRMat Editor（材质编辑器）"。单击面板左上角"File（文件）"→"New Material（新建材料）"，弹出一个中性灰材质，如图 12 -43 所示。

    在"Diffuse Color（漫反射）"中添加"Bitmap（贴图）"。找到浅色木饰面，并添加。将"Reflection（反射值）"调大一点，将"Reflection Glossiness（反射平滑度）"调小一点。在"Bump（凹凸通道）"中同样添加一张浅色木饰面贴图，如图 12 -44 所示。材质球编辑完成后，单击面板左上角"File（文件）"→"Save（保存）"，将材质球保存并在"Asset Browser"中选择应用。

图 12 -43   图 12 -44

注意：VRag for Revit 中材质编辑器是一个软件。"除了在材质浏览器"中单击"编辑"按钮可以打开"材质编辑器"外，在 C 盘中找到"urmateditor"单击鼠标右键也可以打开材质编辑器，如图 12－45 所示。在"材质编辑器"修改材质，均需保存应用。

不锈钢材质：把"漫反射"调为 240，"反射值"调为 240，"折射率"调为 20，"光泽度"调为 0.98，效果如图 12－46 所示。

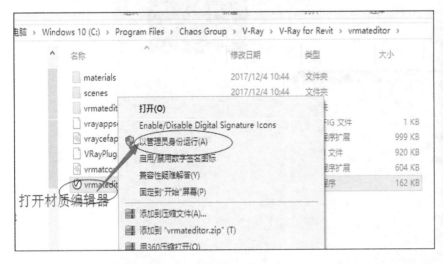

图　12－45　　　　　　　　　　　　　　　　　　图　12－46

如果这些参数不是很熟悉，也可以选择已经定义好的模板，只要稍微加些参数，就可以达到较好的效果，如图 12－47 所示。

图　12－47

　　三维投射材质：是指在 X、Y、Z 三个轴上贴上贴图，使其更加真实。尝试制作一个茶几木纹贴图，每个轴上用不同的纹理，在"漫反射通道"中添加"TriPlanar"贴图，如图 12-48 所示。

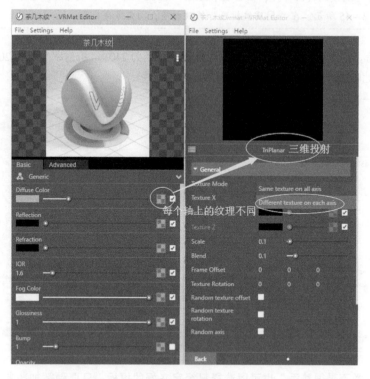

图　12-48

　　分别在 X、Y、Z 通道中添加贴图，如图 12-49 ~ 图 12-51 所示。

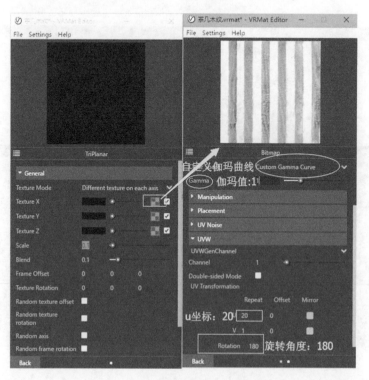

图　12-49

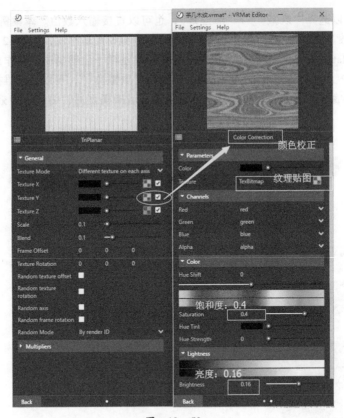

图 12-50

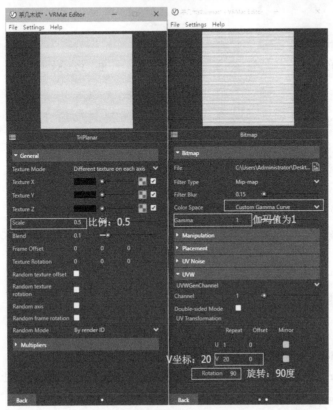

图 12-51

"反射值"可以选择"衰减"→"菲涅耳"，也可以直接输入数值。本案例中直接输入数值，设为 120，"光泽度"设为 0.85，通过上方预览框可以看到材质球样式，如图 12 - 52 所示。

（2）Global Materials（全局材质） 可用于将某种特性赋予全部材质，制作白模，或者模拟木头模型效果。选中"Opaque Material Override（不透明材质替换）"，可以将三维视图中所有的非透明材质换成同一种颜色，如图 12 - 53 中替换成白色。渲染模型后，得到白模效果，如图 12 - 54 所示。

图 12 - 52

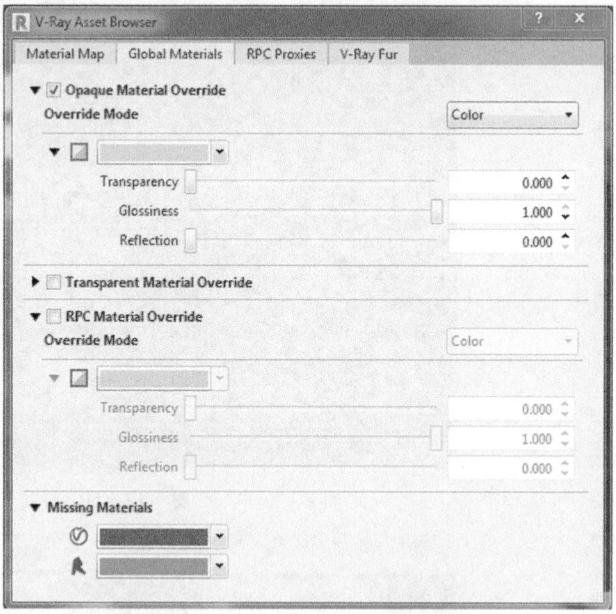

图 12 - 53

图 12 - 54

（3）RPC Proxies V-Ray 材质 通过此列表可替换 RPC 构件的材质。

（4）V-Ray Fur（V-Ray 毛发动态材质） 切换到"V-Ray Fur"面板，如图 12 - 55 所示，列表中列举了所有材质。这里以地毯为例，设置毛发效果参数，如图 12 - 56 所示。

图　12 – 55　　　　　　　　　　　　　　　图　12 – 56

使用默认效果渲染，效果如图 12 – 57 所示。

由于默认参数中，"Length（长度）"值为 100mm，地毯上的绒毛过长，将其改成 10mm 更接近真实情况。再次渲染，效果如图 12 – 58 所示。

图　12 – 57　　　　　　　　　　　　　　　图　12 – 58

现在的绒毛有点过少，可以将"Strands per m^2（每平方米线头数量）"提高到 20000。继续渲染，效果如图 12 – 59 所示。

图　12 – 59

材质面板中其他参数同样可以用于调整 V-Ray 生成的毛发效果。

5. 灯光处理

V-Ray 面板中没有具体调整灯光的面板。人造灯光亮度的调整需要借助 Revit 自身的"渲染"面板，进入目标三维视图中，或者使用自发光材质。这里为了场景的真实，不使用自发光材质。

先用 V-Ray 渲染器渲染一张效果图。进入"View（视图）"→"Render（渲染）"→"Artificial Lights"面板，弹出"Artificial Lights（人工照明）"对话框，将卫生间灯具调整为 0，洗手间调成 0.8。回到 V-Ray 进行渲染，可以看到效果图中卫生间的灯不亮了，洗手台空间的灯光变暗，如图 12 – 60 和图 12 – 61 所示。

图　12 – 60　　　　　　　　　　　　　　图　12 – 61

值得注意的是，对某个三维视图的灯光进行调整不会影响到其他三维视图的灯光。因此，调整完上述视图的灯光后，切换到另一个视图中去，卫生间的灯光还是保持默认开启的状态。

使用 V-Ray 制作的效果如图 12 – 62 所示。

图　12 – 62

12.3 漫游动画

制作漫游动画，首先需要找到并打开"项目浏览器"→"视图列表"→"楼层平面"→"原始地面"。只有切换到平面视图，才能添加漫游。单击"视图"面板→三维视图工具下拉列表，选择"漫游"，在平面中单击一系列的点，形成漫游路径，如图 12 –63 所示。

生成漫游路径后，在"项目浏览器"面板中可找到漫游视图，进入漫游视图，通过选中边框图点调节视图大小，得到合适的画面。如图 12 –64所示。

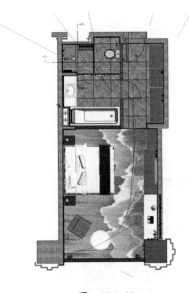

图　12 –63

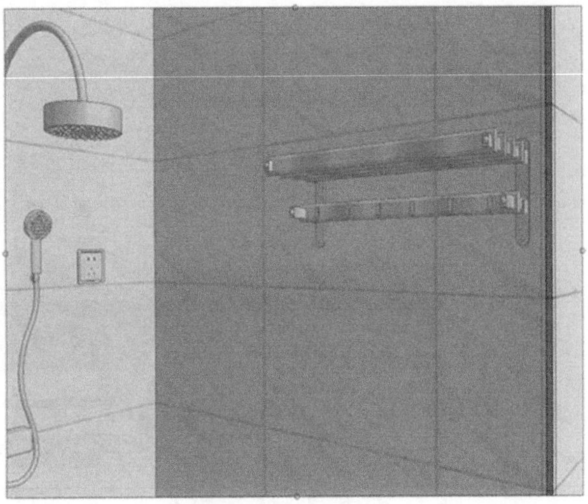

图　12 –64

漫游路径制作完成之后，单击屏幕左上角"文件"面板→"导出"，找到图像及动画，选中"漫游"，弹出对话框，如图 12 –65 所示。单击"确定"按钮后弹出"保存"对话框，保存到需要的路径下，如图 12 –66 所示。格式为 AVI 的漫游动画文件就制作出来了，如图 12 –67 所示。

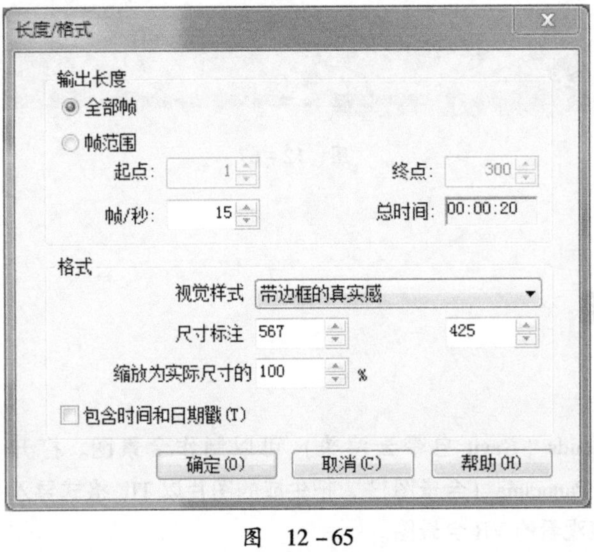

图　12 –65

图　12 - 66

图　12 - 67

12.4　VR 应用

1. 云渲染

使用 Render in Clouds（Revit 自带云渲染）可以制作全景图。打开"云渲染"面板，将
"Output Type"改成"Panorama（全景图）"，把生成的图片以 TIF 格式导入 VR 生成软件中，即可
制作出可以用 VR 眼镜观看的 VR 全景图。

2. V-Ray

打开"V-Ray"面板，单击"Camera：Exposure（相机：曝光度）"，弹出"V-Ray Camera（V-Ray相机）"对话框。将"Camera Mode"由"Standard（标准相机）"改成"VR Spherical Panorama（VR 球形全景相机）"或者"VR Cubemap（VR 立方体相机）"，如图 12 – 68 所示。

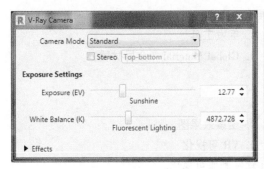
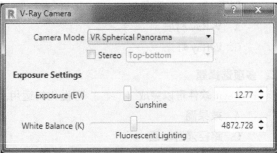

图　12 – 68

以"VR 球形全景相机"为例，单击"渲染"按钮，效果如图 12 – 69 所示。

图　12 – 69

将渲染出的全景图以 TIF 格式导入 VR 生成软件中，即可制作出可以用 VR 眼镜观看的 VR 全景图。

　注意：用 Revit 的 Enscape 或 Lumion 插件，或 Fuzor 等软件同样可以生成 VR 效果图。

~~~ 本章练习题 ~~~

一、单项选择题

1. 以下（　　）视图中可以添加相机及路径漫游。

    A. 立面图　　　　　　B. 平面图　　　　　　C. 渲染图　　　　　　D. 绘图视图

2. Revit 软件中共提供了（　　）种渲染外观属性。

    A. 5　　　　　　　　B. 8　　　　　　　　C. 11　　　　　　　　D. 14

3. 以下（　　）是 Revit 自带"Mental Ray"渲染器在出效果图时可能使用的参数。

    A. Draft + Screen   B. Draft + 300DPI

    C. High + 300DPI   D. High + Screen

4. Revit 软件中自定义创建材质库的后缀名是（　　）。

    A. ADSKLIB   B. IFC   C. XMIND   D. GBXML

5. 以下（　　）不是 V-Ray for Revit 3.7 插件具有的内容。

    A. V-Ray 材质   B. 毛发工具

    C. V-Ray 灯光   D. Global Material（全局材质）

二、多项选择题

1. Revit 软件可以完成（　　）可视化的运用。

    A. 效果图   B. 全景效果图

    C. 路径漫游动画   D. VR 可视化

2. 以下（　　）软件或插件经常用来辅助 Revit 软件制作可视化。

    A. Rhino   B. Fuzor   C. V-Ray   D. Lumion

3. 以下（　　）是 Revit 自带渲染器"Background（背景）"中的选项。

    A. Cloudy（多云）   B. Very Few Clouds（少云）

    C. Transparent（透明）   D. Sunny（阳光）

4. V-Ray for Revit 插件可用于制作（　　）。

    A. 效果图   B. 全景效果图

    C. 路径漫游动画   D. VR 可视化

5. Revit 自带渲染器"Artificial Lights（人造灯光）"可以调节以下（　　）内容。

    A. 灯具色温   B. 灯具显示亮度

    C. 灯具分组   D. 灯具真实亮度

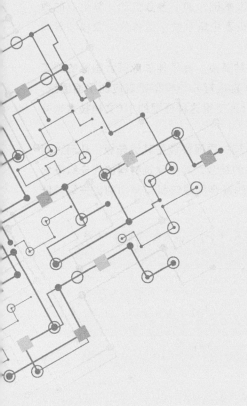

模块四

PART 04

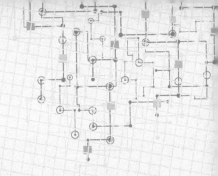

第 13 章　ArchiCAD 装饰装修 BIM 解决方案

13.1　ArchiCAD 装饰装修 BIM 概述

　　ArchiCAD 是功能强大的建模与出图工具，它以 3D 为发展基础，加上参数自动计算生成的数据，在设计运用上可带来较高的效益，是唯一可在苹果计算机麦金塔系统中运作的对象模型导向（object-model-oriented）系统。

　　在图纸文档方面，ArchiCAD 主要体现了"快速、合规"的特点。除了能生成符合国标的施工图外，在做完概念设计、方案设计以后，还可以用 ArchiCAD 直接打开与模型相对应的平面图纸，进行尺寸标注、添加标签等施工图深化工作。另外，很多设计师使用这种透视的 3D 文档技术来补充施工图里面难以表现的隐蔽部分。

　　施工模型与工程相结合，用户可以通过 ArchiCAD 中的建筑材质属性调整其优先级，从而达到施工模型水准。建筑材料是一个"超级属性"，它是多重属性的结合，其中建筑材料的优先级概念（图 13-1）更是使得模型达到真实施工的水平。优先级较高的复合层建筑材料将切割优先级较低的复合层建筑材料。

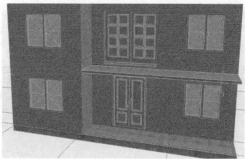

图　13-1

　　基于 ArchiCAD 平台完成的装饰装修项目主要可以分为 4 个阶段，分别是规划阶段、设计阶段、施工阶段和运维阶段。规划阶段主要针对项目的前期部署工作，制定协同方的实施标准和模型建立的标准；设计阶段主要在方案优化、参数化设计、施工图等方面进行项目实施；施工阶段主要在施工深化管理、成本管控、竣工交付等方面进行相关的工作跟进；运维阶段主要对模型的材料、产品信息在项目使用过程中的售后维保进行深度应用，较好地实现 BIM 的应用价值。

13.1.1　技术特点

1. 自由设计

ArchiCAD 丰富的造型能力让设计师可以自由释放创作性，软件扩展了其 BIM 工具的设计能力，包括新的壳结构、变形体工具，并支持各类风格的建筑外观与室内空间造型。

ArchiCAD 的 3D 辅助线和编辑平面革新了 3D 空间的定义，为空间设计提供真实的透视图及 3D 环境。在 3D 空间中准确、便捷地建模，是 ArchiCAD 的一大优势。

2. 快速生成图纸文档

快速准确地生成符合标准的图纸和文档，是 ArchiCAD 的又一大优势。Graphisoft 的理念即"模型、图纸和工程量出自一个中央数据模型"，因此，ArchiCAD 可以非常快捷、方便、准确地得到各种工程量方面的计算，如图 13 - 2 所示。

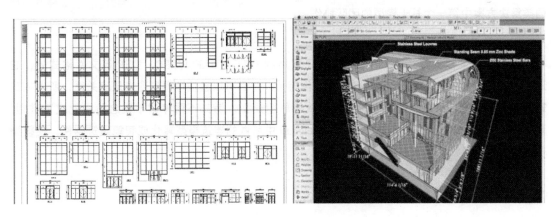

图　13 - 2

3. 直观性

ArchiCAD 的重要特点是易学易用，符合设计师的思维方式和操作习惯。具备 CAD 操作基础的设计师，只需要经过几天的基础培训，就可以开始一个实际项目。这既节约了时间，也为设计单位降低了 BIM 实施的人力成本。

4. 高性能、高效

在 BIM 软件的性能和速度方面，ArchiCAD 不仅可以设计大体量的模型，还可以将模型做得比较详细，起到辅助设计、辅助施工的作用。此外，ArchiCAD 对硬件配置的要求远远低于其他 BIM 软件，不需要花费大量资金进行硬件升级，即可快速开展 BIM 实施工作。

5. 完善的工作流

➢ 自由设计：建模的自由度和丰富的细节，为设计师创造作品提供了便利。

➢ 增强的 2D 绘制：确保了施工图的绘制和生成工作。

➢ 交互式元素清单：可以修改清单设置，定制企业标准清单列表，自动生成工程量统计等。

➢ 导入/导出 IFC 模型：可使用不同的 IFC 转换器，有针对性地进行模型传输，与其他专业进行顺畅的协作。

➢ 图库部件：独有的 GDL 语言，提供丰富的参数化对象图库；在线图库部件搜索和共享功能，无限扩充了图库对象的范围。

➤ 实时/异地协同工作：BIM 协同的先行者。

6. 自动分析和模拟

随着经济的发展，人类的进步，可持续发展的建筑设计日益成为行业的主流。在设计前期能够得到详实的数据，进行定量的分析，对于建筑设计过程越来越重要了。CAD 绘制的二维图纸无法进行智能化分析和模拟，只有包含了建筑信息的建筑信息模型才能便捷地将数据导入相关的分析软件中，从而获得真实可信的数据分析成果。现有的分析包括绿色建筑能量分析、热量分析、管道碰撞分析以及安全分析等。

7. 团队协同设计

在建筑设计的协同工作方面，ArchiCAD 可以利用强大的 Teamwork 功能将一个工作组的成员通过局域网联系起来。基于新一代团队工作技术的 BIM 服务器，彻底革新了 BIM 协同工作方案，是同类解决方案中第一个基于模型的团队协作。

8. 宽泛的平台接口

ArchiCAD 可以支持多种文件格式。除了常用的 DWG、DXF、JPEG、TIFF 等文件格式外，它还支持 3DS 模型文件格式。Sketchuf 由于操作简单，并且可以较快地得到建筑尺度关系，所以在建筑师中广受好评，但如何更好地利用其所做的草图模型，使其不再停留于概念阶段就成了难题。现在 ArchiCAD 提供了一个解决方案，将 Sketchup 中所做的建筑模型转化成智能建筑构件，使模型得以再次利用。

13.1.2 导出导入文件

对于不同绘图设计文件格式，ArchiCAD 都能提供对应的转换器，更有效地依照用户需求进行数据的读取与跨平台的使用。而对于不同 BIM 软件间的信息交换，ArchiCAD 也提供对应的 IFC 转换系统，减少数据转换时的损失，详见表 13 – 1 和表 13 – 2。

表 13 – 1　ArchiCAD 导出文件类型

编号	文件类型	后缀名	编号	文件类型	后缀名
1	PDF 文件	*.pdf	9	DWF	*.dwf
2	Windows Enhanced Metafile	*.emf	10	DXF	*.dxf
3	Windows Metafile	*.wmf	11	DWG	*.dwg
4	BMP 文件	*.bmp	12	MicroStation 设计文件	*.dgn
5	GIF 文件	*.gif	13	IFC 文件	*.ifc
6	JPEG 文件	*.jpg	14	IFC XML 文件	*.ifcxml
7	PNG 文件	*.png	15	IFC 压缩文件	*.ifczip
8	TIFF 文件	*.tiff	16	IFC XML 压缩文件	*.ifczip

表 13 – 2　ArchiCAD 导入文件类型

编号	文件类型	后缀名	编号	文件类型	后缀名
1	PDF 文件	*.pdf	10	DXF	*.dxf
2	Windows Enhanced Metafile	*.emf	11	DWG	*.dwg
3	Windows Metafile	*.wmf	12	MicroStation 设计文件	*.dgn
4	BMP	*.bmp	13	IFC 文件	*.ifc
5	GIF	*.gif	14	IFC XML 文件	*.ifcxml
6	JPEG	*.jpg	15	IFC 压缩文件	*.ifczip
7	PNG	*.png	16	IFCXML 压缩文件	*.ifczip
8	TIFF	*.tiff	17	点云文件	*.pts/ *.fls
9	DWF	*.dwf			

13.2　ArchiCAD 在装饰装修中的 BIM 应用

13.2.1　项目概况

本项目为某写字楼内部改造装饰装修工程，总面积为 10000㎡，实际装修面积约为 8000㎡。施工时间为 2014 年 12 月 17 日至 2015 年 4 月 11 日，总工期为 116 天。主要施工分项为原有面层拆除，墙面、顶面、地面装饰装修及电气、暖通部分改造等。

13.2.2　应用标准

1. 企业级应用标准

企业级应用标准主要包括企业 BIM 应用目标、企业内部 BIM 组织框架及各部门职责、信息模型概况、建模标准、BIM 资源标准、BIM 行为标准、BIM 交付标准等内容。

2. 项目级应用标准

项目级应用标准以企业级标准框架和项目特点为基础制定，主要包括项目应用目标、项目实施组织框架、项目应用流程、信息交互格式和实施保障措施。标准主要规范了建模的技术路线，BIM 团队的工作流程和相关人员的职责等工作内容，从而使相关 BIM 模型和数据可以按要求完成并交付，协助项目组更好地完成工作任务。项目实施团队构架如图 13 – 3 所示。

3. 标准实施

（1）团队组建　BIM 服务器以文档管理、任务协同、BIM 协作、团队沟通为核心，主要分为项目管理、用户管理、角色管理、图库管理 4 个模块，将各专业及用户管理进行整合，协同设计。各专业人员可在同一平台上进行同步设计，及时交流，发现并纠正问题。BIM 服务器可帮助行业用户实现项目过程的数据管理及项目团队的高效协作，如图 13 – 4 所示。

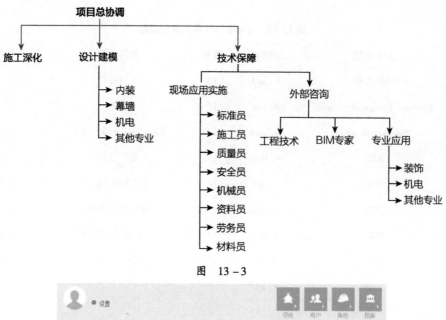

图　13-3

图　13-4

①项目管理。通过项目管理模块，可设定参与此项目的人员及项目的名称，也可进行移动、导出等相关操作，有利于服务器上项目操作人员的管理，防止无关人员对项目进行操作，如图13-5所示。

图　13-5

②用户管理。通过用户管理，可以查看该用户的工作区域、工作性质，以及参与的项目，有利于项目人员的活动管理，如图 13 – 6 所示。

图　13 – 6

③角色管理。通过角色管理模块，可对项目参与人员设定相关的软件操作权限，防止模型被随意修改，减少模型的错误事故发生，如图 13 – 7 所示。

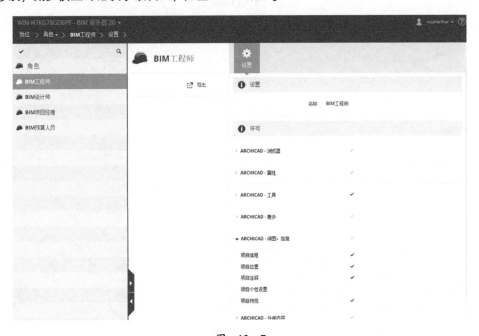

图　13 – 7

④图库管理。通过该模块可对项目所用的图库构件进行整理存档，与以往的拷贝方式相比，更具时效性。项目建模人员可快速调用项目的图库构件进行模型的搭建，如图 13 – 8 所示。

通过 BIM 服务器，设计人员可进行实时沟通，模型可实时更新，节省时间。项目中，每个模型构件的修改权限均默认为只对搭建人员开放，在没有释放权限的情况下他人无法修改，以确保模型的准确性以及模型事故的可追溯性，如图 13 – 9 和图 13 – 10 所示。

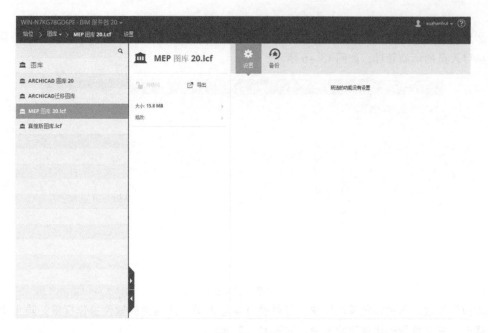

图 13-8

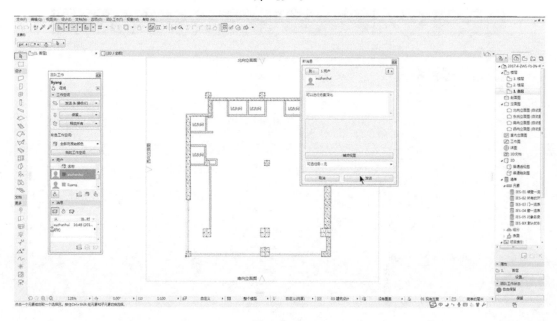

图 13-9

（2）测量精确 精确的工程测量对于 BIM 模型的精准极为关键，尤其装饰装修业，更是对现场与 BIM 模型的一致性要求严格。由于本项目空间形态较为方正，因此主要运用激光测距仪、卷尺、扫描仪和数码设备，通过中心辐射法、直线测量构件定位法、悬挑构件高度定位测量等方法来完成测量。

（3）建立标准化模型 BIM 模型创建是 BIM 应用管理的基础，项目采用 ArchiCAD 建立装饰 BIM 模型。ArchiCAD 的整体操作界面简约，在设计优化过程中，通过 ArchiCAD 进行快速体块推敲，直观体现方案的可行性和美观性。本项目在方案设计阶段，就提出了"模型精细程度要高，

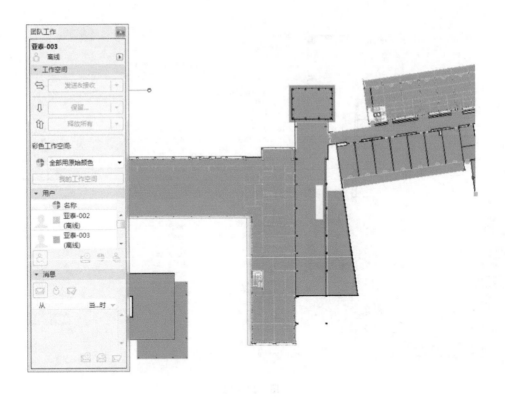

图　13 – 10

生成的数据要全面、精准" 的要求。设计团队除了表现形式外，还要保证模型数据符合项目需求。通过不断调整建模思路和技术路线，最终模型整体达到要求，如图 13 – 11 所示。

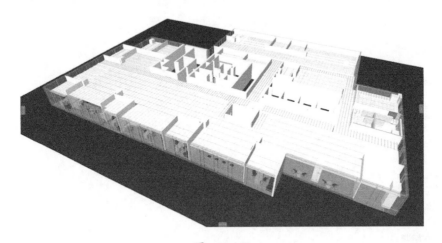

图　13 – 11

（4）命名标准化　BIM 模型构件的命名，对后期项目数据管理、协同工作流程、最终交付的模型成果密切相关，因此应按相应的命名标准执行，如图 13 – 12 所示。

（5）碰撞检查　在模型的搭建过程中，可通过软件对模型进行实时的碰撞检查，将碰撞问题及时沟通解决，保证施工图精确指导施工，如图 13 – 13 所示。

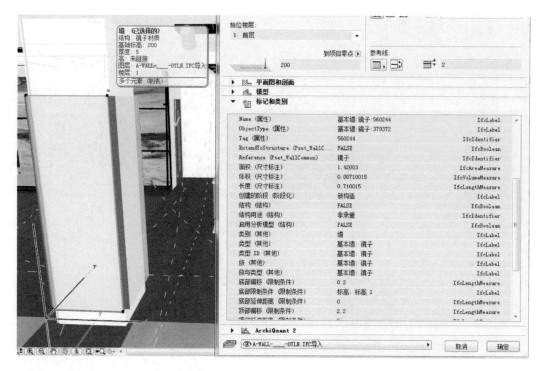

图 13-12

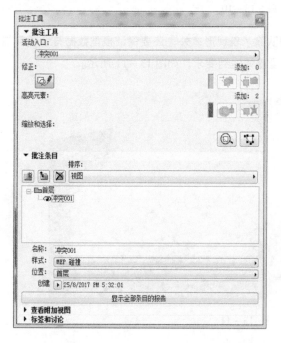
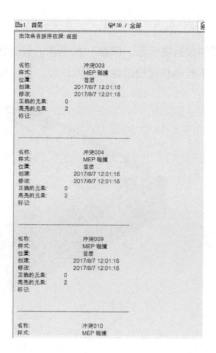

图 13-13

(6) 深化设计出图 在项目施工图出图过程中，通过 ArchiCAD 的出图布图功能，可以设置三维出图模式，这种模式能够代替传统的二维 CAD 工具出图模式。三维模型具有一致性和完整性，由于软件的参数化功能，任何一处修改均可同步变更于平、立、剖视图和明细表上，减少错误率，在提高设计效率的基础上，实现了模型的精细化制作，如图 13-14 所示。

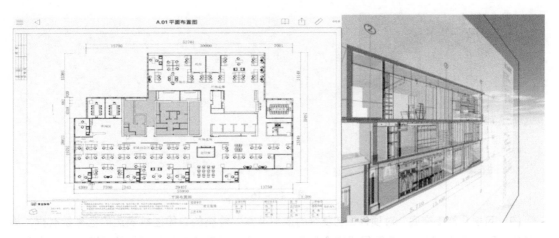

图 13－14

（7）工程量输出　装饰装修工程的室内设计个性化突出，涉及的材料种类繁多。通过传统手工算量的方式计算工程量，不仅工作量大、耗时长，而且容易出现错算、漏算等计算失误情况，导致项目施工提料不准确，造成浪费，增加成本。通过 BIM 技术，可以一键导出所需主要材料的工程量，数据准确及时，为项目顺利施工提供了重要保障，如图 13－15 所示。

计划工程量清单					实际工程量清单				
IFC 类型 产品名称	计划施工 时间（文字）	构件成本（文字）	数量	长度（A）	IFC 类型 产品名称	计划施工 时间（文字）	构件成本（文字）	数量	长度（A）
一层 灰色防水泥砖	10.21	210	64	600	一层 灰色防水泥砖	10.21	210	64	600
一层 灰色防水泥砖	10.21	210	8	489	一层 灰色防水泥砖	10.21	210	4	87
一层 灰色防水泥砖	10.21	210	6	180	一层 黑色地砖	10.22	300	31	600
一层 灰色防水泥砖	10.21	210	4	87	一层 黑色地砖	10.22	300	4	1000
一层 黑色地砖	10.22	300	31	600	一层 黑色地砖	10.22	300	2	424
一层 黑色地砖	10.22	300	4	1000	一层 黑色地砖	10.22	300	38	600
一层 黑色地砖	10.22	300	2	424	一层 黑色地砖	10.21	300	5	292
一层 黑色地砖	10.22	300	1	598	一层 黑色地砖	10.21	300	4	1000
一层 黑色地砖	10.22	300	1	542	一层 黑色地砖	10.21	300	4	28
一层 黑色地砖	10.22	300	1	152	一层 黑色地砖	10.21	300	3	334
一层 黑色地砖	10.22	300	1	148	一层 黑色地砖	10.21	300	3	110
一层 黑色地砖	10.22	300	1	147	一层 黑色地砖	10.21	300	1	432
一层 黑色地砖	10.22	300	1	128	一层 黑色地砖	10.21	300	4	410
一层 黑色地砖	10.22	300	1	118	一层 黑色地砖	10.21	300	1	150

图 13－15

（8）制造加工　将重点布置区域（大型玻璃）的模型拆解，通过和厂家的技术人员共同研究及对玻璃开孔的受力计算后，确定了开孔形式和开孔密度，指导制造加工，并对现场施工人员进行三维指导，确保现场安装质量，实现成品、半成品的现场装配式生产，如图 13－16 所示。

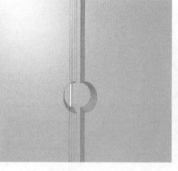

图 13 - 16

（9）可视化施工交底　对项目工艺复杂的造型节点，传统的二维图纸表达的信息量有限，施工操作人员一般对设计师的意图很难完全理解，从而容易导致施工的错误，常需要返工，由此造成损失。运用 BIM 模型，可以完成三维形式的可视化交底，指导施工操作人员现场施工，不容易出现错误，还提高了效率，实现对工艺标准、质量的有效管控。

（10）施工进度管理　应用 BIM 模型对装饰装修项目进行进度管理，主要是指可视化展示项目施工进度，将装饰工程项目分成不同的进度区域，通过不同的色块来区分施工分项的进度，直观体现各区域的进度情况。在施工过程中，将区域模型发给相关方进行辅助进度管理，及时调整进度计划安排。如图 13 - 17 所示，近处的吊顶和墙面为绿色，代表正常进度；远处的墙体为红色，代表滞后进度；地面色块为黄色，代表提前进度。另外，在施工阶段，通过 ArchiCAD 配套的 BIMx 移动端设备，可对现场施工项进行即时信息查询，辅助现场管理应用。

图 13 - 17

13.2.3　实现价值

基于 ArchiCAD 平台的装饰 BIM 设计全流程，使设计师可以把时间和精力集中在设计上。多年来，设计师一直以平面图纸的方法来表达他们的设计，他们只能通过草图设计来想象空间，再根据草图绘制平、立、剖面图。这种思考方式严重妨碍了设计质量的提高，制约了设计师的空间想象能力。由于 ArchiCAD 可建造建筑信息模型，因此当模型构建完成时，图纸基本也就绘制完成了。

在装饰工程中，业主虽为消费者，但却处于劣势。因为绝大多数消费者对家装一窍不通，因此经常在不知不觉中，就走进了施工企业设置的重重陷阱。

①报低价再增项。家装的材料费、施工费、管理费、税金、利润等都应该明确，但因为没有严格的造价预算程序，所以施工期间施工企业可能会私自增项。

②漏项不报。利用客户不懂装修，在施工报价单上有意漏项，到施工期间再增项，增加报价。

③隐蔽工程无法了解。方案中的隐蔽工程与实际使用的不符，特别是基材采用伪劣材料，以降低成本，或有意加大材料损耗。

④效果图与实际情况差距甚大。

基于 ArchiCAD 平台的装饰 BIM 设计全流程可以解决这些问题。在装饰装修工程中，业主大多虽不懂设计，但也会有自己的想法，只是由于沟通的问题难以达到理想的效果。ArchiCAD 通过 BIMx 超级模型漫游，让非专业人士可以轻松地表达自己的想法。设计师可以从大量的信息中进行选择，并和他们的 BIMx 超级模型一起发布；业主可以通过网络查找到建筑公共数据库等，进行快速流畅的调查和沟通；客户或承包人等非专业人士还可以从 BIMx 快速获取打印权，而无须使用 ArchiCAD。

BIM 项目要明确实施目标、实施团队、模型细度等条件。装饰装修 BIM 项目实施对模型的细度和准确度要求都比较高，尺寸数据的准确性是对后续各阶段应用非常关键的先行条件，为了保证在施工时不出差错，无论是设计阶段还是施工阶段，对现场数据都需要进行二次检测。建模内容应根据不同的阶段和管控需求来制定，对于与施工关系不大的内容要善于取舍。最后，在项目实施过程中，要针对项目特点和需求来制定实施应用点，不建议为了应用而应用，以免变成项目的负担。

本章练习题

一、单项选择题

1. 以下软件中属于 BIM 建模软件的是（　　）。
　 A. AutoCAD　　　　B. ArchiCAD　　　　C. Navisworks　　　　D. Lumion

2. 下列不属于 ArchiCAD 的特点的是（　　）。
　 A. 自由设计　　　　　　　　　　B. 自动分析和模拟
　 C. 一键生成图纸　　　　　　　　D. 宽泛的平台接口

二、多项选择题

1. BIM 施工方仿真可有助于项目管理方了解整个施工过程中的（　　）。
　 A. 时间节点　　　　　　　　　　B. 空间节点
　 C. 安装工序　　　　　　　　　　D. 安装难点

2. 在项目全生命周期内，可以通过在模型中操作信息和在信息中操作模型，从而提高工作效率和降低风险的参与方有（　　）。
　 A. 设计方　　　B. 运维管理方　　　C. 施工方　　　D. 政府主管部门

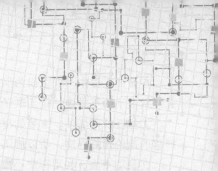

第 14 章　SketchUp 装饰装修 BIM 解决方案

14.1　SketchUp 装饰装修 BIM 概述

　　SketchUp 是一套直接面向设计方案创作过程，而不只是面向渲染成品或施工图纸的设计工具。其创作过程不仅能够充分表达设计师的思想，而且满足与客户即时交流的需要，与设计师手工绘制草图的过程很相似，同时其成品可以通过二次开发的内置渲染器或其他着色、后期、渲染软件，生成商业效果图，如图 14 – 1 所示。这样，设计师可以最大限度地减少重复劳动和控制设计成果的准确性。

　　SketchUp 简单易学，它可以迅速地建构、显示、编辑三维建筑模型，同时可以导出透视图、DWG 或 DXF 格式的 2D 向量文件等尺寸正确的平

图　14 – 1

面图形，在广大国家和地区都得到了良好的反响。SketchUp 有以下几个特点。

　　1）独特简洁的界面，可以让设计师短期内掌握；方便的推拉功能，使设计师通过一个图形就可以方便地生成 3D 几何体，无须进行复杂的三维建模。

　　2）适用范围广。SketchUp 可以应用于建筑、规划、园林、景观、室内以及工业设计等领域，尤其在装饰装修领域内（图 14 – 2），具有极强的艺术表现力和精细的三维空间表达水平。

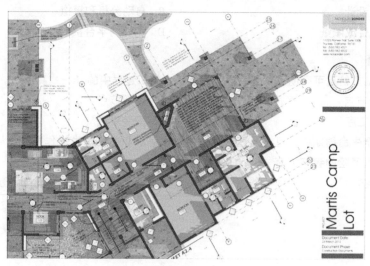

图　14 – 2

3）可快速生成任何位置的剖面，使设计者清楚地了解建筑的内部结构；可以快速导入
AutoCAD 进行处理，并利用 Layout 导出施工图，如图 14 - 3 所示。

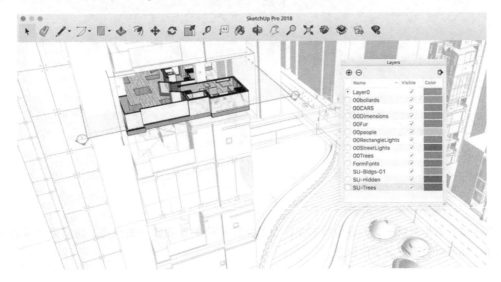

图　14 - 3

4）与 AutoCAD，Revit，3ds Max，Lumion，ArchiCAD，Tekla 等软件可以无缝对接，快速导入
和导出 IFC，DWG，DXF，JPG，3DS 格式文件，实现从方案构思、效果图与施工图绘制到预算报
表的完美结合。

5）SketchUp 模型库 3DWarehouse 带有大量的门、窗、柱、家具等组件库和室内设计所需的带
厂家信息的材质库，为设计师提供免费下载服务，如图 14 - 4 所示。

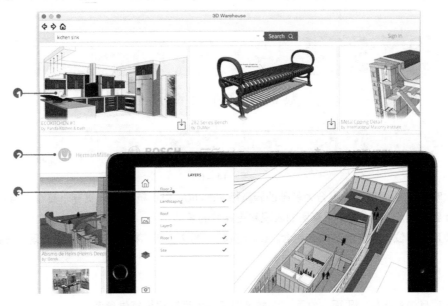

图　14 - 4

6）具有支持云端设计和浏览模型功能的 SketchUp Web 版，与常规 SketchUp 的不同点在于：
前者可由网页直接进入并运行，云端存取，无插件。

SketchUp Web 版的用户界面和菜单与本地版 SketchUp 略有不同，如图 14 – 5 所示。

图　14 – 5

SketchUp 每年更新一次，各个版本在界面上均保持简单直观的一贯风格，所以无论从哪个版本入手，都可以快速进入工作状态。

14.2　SketchUp 在装饰装修中的 BIM 应用

14.2.1　SketchUp BIM 精装模型实施流程

下面以某五星级宾馆客房项目为例简要说明 SketchUp BIM 精装模型的实施流程。

本项目采用 BIM 精装平台工具为数晓 BIM 平台提供的数晓 BIM 协同设计云平台，如图 14 – 6 所示。

图　14 – 6

以数晓 BIM 协同设计云平台为基础的轻量级 SketchUp BIM 精装流程贯穿于整个项目周期（从方案设计到后期施工），旨在更真实的表现和更高效的管理。

以项目为单位，整个流程内容包含：CAD 资料、图文资料、精装模型、效果表现、三维节点 5 个部分。

1. CAD 资料

包含项目中的结构、平面、立面、大样等图纸，为后期建模提供参考。

2. 图文资料

包含项目方案使用材料、家具参考等图文说明，为后期建模提供参考。

3. 精装模型

依照 CAD 资料和图文资料建立 SketchUp 模型，包含硬装模型、软装模型、管线模型。

（1）硬装模型　分为图层规范、材质规范和建模规范 3 部分。

1）图层规范

① A 结构——00 参考图：将导入的 CAD 文件归入此层。原 CAD 图层混乱，归入此层统一管理。

② A 结构——01 顶面：建筑顶板。

③ A 结构——02 地面：建筑底板。

④ A 结构——03 承重墙：建筑承重部分，包括剪力墙和承重墙。

⑤ A 结构——04 非承重墙：包含原结构非承重部分和后期加装隔墙部分。

⑥ A 结构——05 梁：建筑梁结构部分。

⑦ A 结构——06 楼梯：建筑楼梯基础部分。

⑧ B 室内——01 门：包含门和门套部分。

⑨ B 室内——02 窗：包含窗和窗台板部分。

⑩ B 室内——03 栏杆。

⑪ B 室内——04 楼梯：包含楼梯踏步和扶手部分。

⑫ B 室内——05 吊顶：吊顶完成面。

⑬ B 室内——06 风口：包含空调出风口和回风口。

⑭ B 室内——07 造型墙：墙体完成面。

⑮ B 室内——08 踢脚线。

⑯ B 室内——09 地坪：地面完成面。

⑰ B 室内——10 固定家具：包括但不限于衣柜、橱柜、玄关柜、台盆柜，主要是硬装部分。

⑱ B 室内——11 移动家具：包括但不限于床、椅子、沙发，主要是软装部分。

⑲ B 室内——12 插座开关。

⑳ B 室内——13 灯具：包括但不限于筒灯、壁灯、吊灯、台灯。

㉑ B 室内——14 电器：包括但不限于电视机、空调、洗衣机，不包含厨房电器。

㉒ B 室内——15 卫浴：包括但不限于马桶、淋浴、浴缸。

㉓ B 室内——16 厨具：包括但不限于电冰箱、燃气灶、吸油烟机，主要是厨房中的电器。

㉔ B 室内——17 饰品：包括挂画、摆件等起装饰点缀作用的模型，以及毛巾、牙刷等小件物品。

㉕ C 管线——01 强弱电：包括天花照明、地面照明、动力、电话、网络等管线。

㉖ C 管线——02 给排水：包括生活给水系统、生活排水系统和消防系统。

㉗ C 管线——03 暖通：包括采暖、通风、空气调节等管线。

2）材质规范

① 通用材质：主要为结构部分，参考"数晓 BIM 协同云平台"→"16—BIM 精装类"→"03. 通用材质"。

② 参考材质：参照方案白皮书，材质命名以材料编号为准（如"WD-02""ST-04"），如图 14 –7 所示。

3）建模规范

① 前期准备：在空白 SketchUp 文件中导入 BIM 模板文件。

② 建立结构部分：根据 CAD 结构图纸绘制建筑顶板、建筑底板、承重墙、非承重墙和梁 5 个部分，如图 14 –8 所示。若无指定材质，则承重墙和梁使用通用材质 beam. jpg，其他部位使用通用材质 wall. jpg。

图 14-7

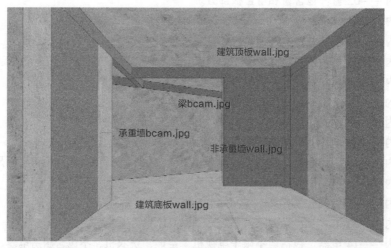

图 14-8

③ 建立室内模型：按门或门套分隔空间，名称为如"主卧""主卧洗手间""主卧淋浴间"等。空间内包含地坪、造型墙、踢脚线、顶面、家具等，如图 14-9 所示。

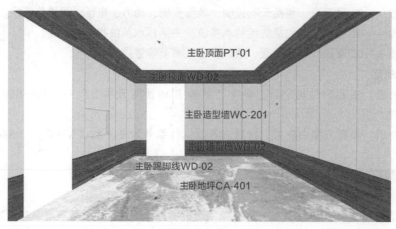

图 14-9

　　a. 地坪——空间按材质创建组件，名称为"空间＋地坪＋材质"，如"主卧地坪 CA-401" "主卧淋浴间地坪 ST-04. 1"。模型归到相应图层。

　　b. 踢脚线——规范同上，如"主卧踢脚线 WD-02"。

　　c. 造型墙——规范同上，如"主卧造型墙 PT-01""主卧造型墙 WC-201"。

　　d. 顶面——规范同上，如"主卧顶面 WD-02""主卧顶面 PT-01"。

　　e. 家具——按照 CAD 图纸建模，材质以参考资料为准。

　　（2）软装模型　根据参考资料建立软装模型库，模型命名方式同家具编号。

　　（3）管线模型　根据参考资料建立相关模型，如图 14 – 10 和图 14 – 11 所示。

图　14 – 10　　　　　　　　　　图　14 – 11

4. 效果表现

包含平面效果图、360 全景图、VR 虚拟现实场景。

5. 三维节点

　　① 根据 CAD 大样图建立三维节点模型，部分节点构件参考"BIM 协同云平台"→"16—BIM 精装类"→"03. 通用三维节点构件"。

　　② 三维节点的命名以 CAD 大样图为准。

　　③ 部分通用节点的做法参考"BIM 协同云平台"→"16—BIM 精装类"→"03. 通用三维节点模型"。

14.2.2　SketchUp BIM 精装实例

　　本项目全程采用 SketchUp 工具建模，Layout 建模出图，采用系统自带的统计功能进行算量，依据工程量清单进行造价和预算控制，如图 14 – 12 和图 14 – 13 所示。

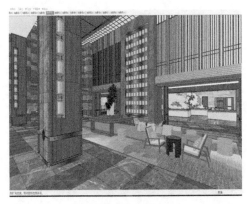

图　14 – 12　　　　　　　　　　图　14 – 13

❧❧❧ 本章练习题 ❧❧❧

一、单项选择题

1. SketchUp 软件最大的特点是（　　）。

    A. 简单好上手   B. 复杂难操作

    C. 需要长期的培训   D. 全英文软件

2. SketchUp BIM 精装最大的优势是（　　）。

    A. 简单直观   B. 操作及标准复杂

    C. 流程简易且所见即所得   D. 只针对建筑设计

二、多项选择题

1. SketchUp BIM 精装体系搭建的平台模式主要针对各类（　　）实现多风格、多价格维度的产品体系。

    A. 商业室内空间   B. 高级宾馆楼堂会所

    C. 地产精装户型   D. 建筑幕墙

2. 以数晓 BIM 协同云平台为基础的轻量级 SketchUp BIM 精装流程包含（　　）。

    A. CAD 资料   B. 图文资料   C. 精装模型   D. 效果表现

3. SketchUp 在 BIM 模型上的新版本的亮点是（　　）的功能和工业基础分类（　　）格式的（　　）功能。

    A. RVT   B. 分类器   C. IFC   D. 导出

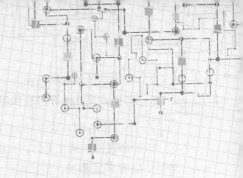

第 15 章　班筑装饰装修 BIM 解决方案

15.1　班筑装饰装修 BIM 概述

15.1.1　班筑家装 Remiz 的产品特点

班筑家装 Remiz 是一款基于 AutoCAD 开发的家装 BIM 软件，可进行三维高效建模，支持模型的二维或三维展示，可生成效果图、工程量清单、预算表等，大大提高了工程师的工作效率。此外，Remiz 支持企业级工程数据和权限管理，3ds Max 里的模型可以导入班筑软件中。Remiz 有以下特点。

1. 基于 BIM

1）专业齐全，包括建筑、硬装、软装、水暖电。

2）模型承载几何信息、属性信息，并支持扩展信息。

3）直观显示三维效果，展示构件的空间关系。

2. 建模高效技术

1）符合 CAD 的操作习惯，简单易学。

2）构件库内容丰富，可直接调用。

3. 快速出图

1）根据 BIM 模型可自动生成平、剖面图纸。

2）标注功能强大，可读取 BIM 构件的属性，并自动标注。

3）修改 BIM 模型，相关图纸可自动同步修改，避免重复工作。

4. 连接云服务器，一键生成效果图

1）根据 BIM 模型，可自动生成效果图。

2）可云端生成效果图，一键分享，可随时随地查看。

5. 可视化计算

根据 1:1 家装 BIM 模型采用布尔运算，提高工作效率，减少人工出错，保证结果准确无误。运用 BIM 数据智能匹配技术将工程量与企业定额关联起来，自动生成预决算数据。多种报表统计方式，可满足不同的数据要求。

6. 利于面砖排布

1）支持多种面砖排布方式。

2）可自动计算铺贴损耗。

3）可生成面砖统计报表和面砖编码，方便现场铺贴。

7. 可任意剖切，生成立面

设计师在绘制施工图时，立面图的绘制占用了很大一部分时间。通过班筑精装软件，可以任意剖切精装 BIM 模型，剖切部分可转化为 CAD 立面图纸。

15.1.2　班筑 BIM 管理系统平台

班筑 BIM 管理系统平台的整体架构如图 15 - 1 所示，其作用如下。

1）提高家装 BIM 数据库建立企业数据的能力。

2）全过程打通，提高企业的整体运营效率。

3）制定精准的进度计划，提高企业的交付能力。

4）高效的资源分析，增强企业的资源调配能力。

5）资料数据云端管理，提高企业的数据管理能力。

6）质量、安全、进度问题协同管理。

7）多项目监控，提高企业的工作效率。

8）项目看板，让企业拥有预测未来的能力。

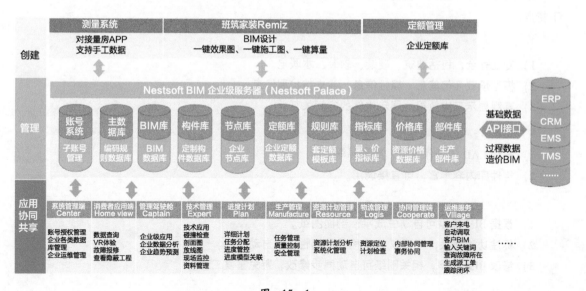

图　15 - 1

15.2　班筑在装饰装修中的 BIM 应用

15.2.1　项目概况

本项目为某小区两室两厅工程。从设计师的角度出发，运用 Remiz 软件将该户型打造成现代中式风格，如图 15 - 2 所示。设计背景：户主为作家，爱好健身，目前单身。

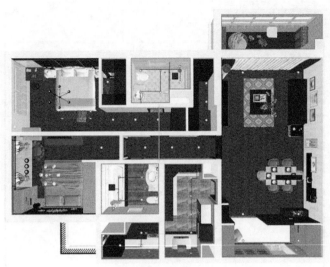

图　15 - 2

15.2.2　Remiz 建模

1）安装好 Remiz 之后，通过双击快捷图标 启动 Remiz，或者在 Windows 开始菜单栏中找到 Remiz 程序。

2）启动 Remiz 之后，可以看到 Remiz 的启动界面。

3）新建工程。先对项目的编码、名称、地址等工程概况进行编辑，再根据图纸要求设置楼层净高，如图 15 - 3 和图 15 - 4 所示。

图　15 - 3

4）界面：Remiz 是基于 AutoCAD 开发的，因此可以在 Remiz 界面和 AutoCAD 界面之间一键转换。

5）导入 CAD 图：单击 "工具" 菜单栏下的 "调入 CAD 图"，选择要导入的图纸，如图 15 - 5 所示。

图 15-4

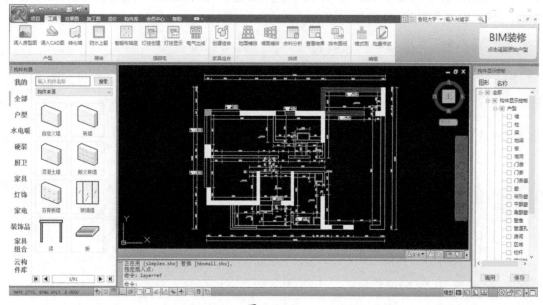

图 15-5

6）在导入图纸的基础上布置墙体。在"构件布置"工具栏中，单击"户型"，选择"墙"构件，选择对应属性的墙体（如砖墙），修改参数（墙厚、墙高、底标高等），如图15-6和图15-7所示。设置完成之后，单击CAD图纸进行布置，如图15-8所示。

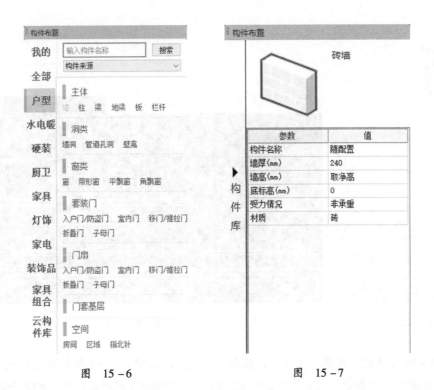

图　15 - 6　　　　　　　　　　　　　图　15 - 7

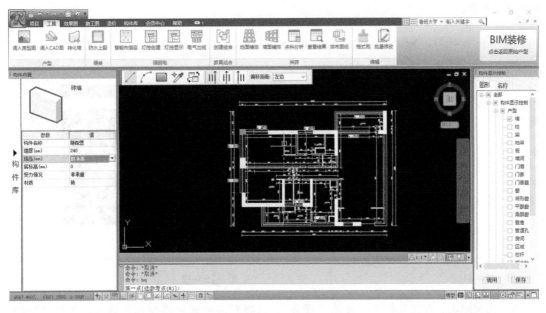

图　15 - 8

7）布置门窗。在工具栏中单击"户型"，选择"套装门"，再选择现代中式风格的类型，进行参数设置，如图 15 - 9 所示。设置完成之后，选择墙体进行布置：单击"功能"按钮，选择门套将要生成的墙体位置，或者手动输入距离墙中线距离，即可生成门套或者门，如图 15 - 10 所示。

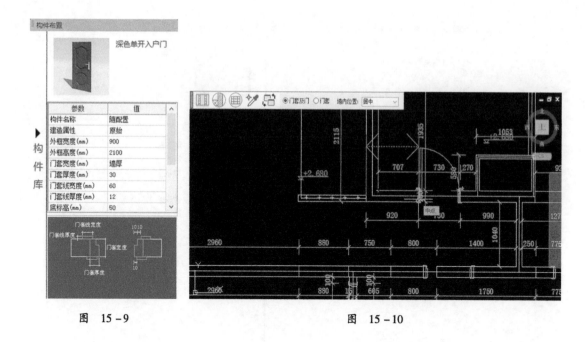

图　15－9　　　　　　　　　　　　　　　　　　图　15－10

8）定义房间属性。单击"户型"，找到"房间"，选择对应的房间属性点选布置，如图15－11和图15－12所示。定义房间属性的主要作用：方便接下来布置墙砖、地砖等硬装时以房间为单位布置。

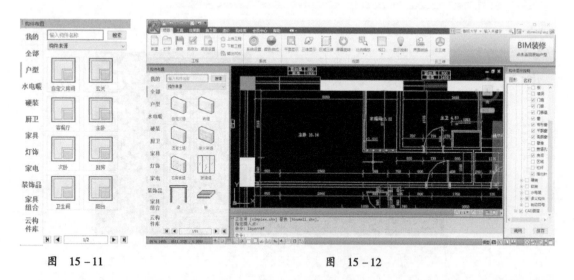

图　15－11　　　　　　　　　　　　　　　　　　图　15－12

9）布置地面。在工具栏中，单击"硬装"，选择对应中式风格材质的地面，包括"地砖""木质地板""满铺地毯""石材/大理石"等。定义地面的部分属性，包括："构件名称""厚度""底标高""材质""品牌""规格""型号""类型""铺设方向"等，如图15－13所示。设置完成之后，选房布置：单击"功能"按钮，选择定义好的房间，按〈Enter〉键或者右击确定选择，则地面随选房布置。软件会默认选择房间的左上角为默认起铺点，瓷砖与石材默认为连续直铺，地板默认为错位铺排，如图15－14所示。

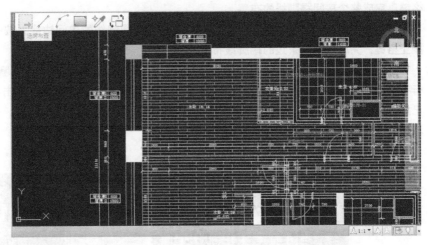

图 15-13 图 15-14

单击菜单栏中的"地面铺排",进入铺排模式。选择需要应用的铺排方式（连续直铺、错位直铺、工字铺排、旋转直铺、人字铺）；对砖尺寸、旋转角度、砖缝颜色及宽度进行设置；选择需要应用拼砖模板的区域，设定起铺点（按〈Tab〉键可切换插入点），单击完成模板应用。此外，也可以布置波打线、水刀拼花、花砖等。布置完成，退出铺排模式，如图 15-15 所示。

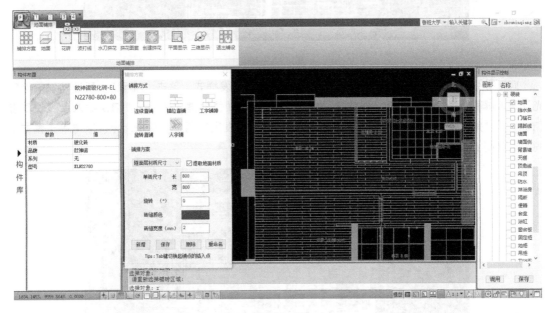

图 15-15

10）布置防水。在工具栏中选择"防水"，再选择防水的样式。在参数设置中对"防水厚度""底标高""材质"进行设置。设置完成之后进行选房布置：单击"功能"按钮，选择已经定义好的房间，按〈Enter〉键或者右击确定选择，则防水随选房布置。鼠标左键双击防水，可以对其属性进行修改。

11）布置踢脚线。选择现代中式风格的踢脚线断面。布置踢脚线前，在属性参数栏中对其属性参数进行设置。踢脚线一般用选房布置、选边布置。

①选房布置：单击"功能"按钮，选择需要布置踢脚线的房间，按〈Enter〉键、右击或按空

格键，完成整个房间踢脚线的布置。

②选边布置：单击"功能"按钮，选择需要布置踢脚线的房间边线，按〈Enter〉键、右击或按空格键，完成房间一条边的踢脚线布置。

12）墙面布置。选择对应风格的墙面材质，包括"乳胶漆""墙砖""墙纸""石材"等，进行参数设置："厚度""顶标高""底标高"。设置完成之后，选房布置：单击"功能"按钮，选择已经定义好的房间，按〈Enter〉键或者右击确定选择，则墙面随选房布置，软件会默认选择房间墙面左下角为起铺点，默认铺排方式为连续直铺。

13）同理布置完其余硬装，如图 15－16 所示。

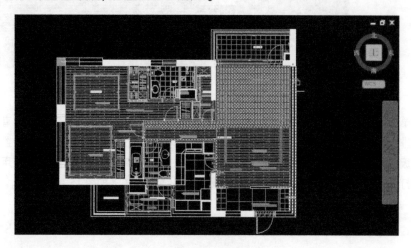

图　15－16

14）软装布置。以沙发为例，选择现代中式风格的沙发样式，单击"布置"。所选沙发随十字光标进入屏幕。通过"x 镜像（快捷键〈X〉）""y 镜像（快捷键〈Y〉）""切换插入点（快捷键〈Tab〉）""角度（输入旋转角度）"可对所需要布置的沙发进行调整。桌椅、床、家电等布置方法同上，如图 15－17 所示。

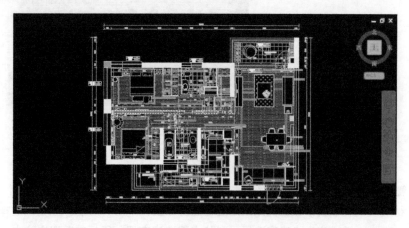

图　15－17

15）水电暖布置。以给水管为例，选择水管类型（包括冷水管、热水管、排水管等），进行绘制。绘制方式有直线绘制、弧线绘制、布置立管。

①直线绘制：单击"功能"按钮，通过设置绘制点的标高与鼠标点选平面位置确定水管起点和终点的空间位置。当修改标高后，可选择 3 种方式生成水管（起点自动生成立管、终点自动生

成立管、斜管)。

②弧线绘制：单击"功能"按钮，通过设置绘制点的标高与鼠标点选平面位置确定水管起点和终点的空间位置，第三点在弧上，弧线可调整。

③布置立管：输入起点标高、终点标高，单击选择立管位置，完成布置。

其余水管以及电、暖通等专业构件的绘制方法同上，如图 15 – 18 所示。

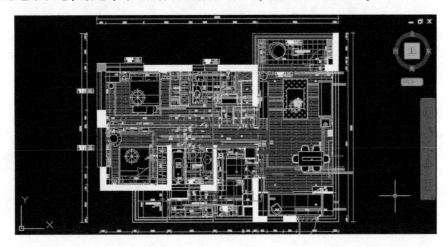

图　15 – 18

16）云构件库。单击"云构件库"，打开班筑公共库页面，可下载云构件至本地使用。有企业权限的用户可以建立企业私有云构件库，供企业内部账号下载使用。此外，平台支持用户上传自定义构件至云端，如图 15 – 19 所示。

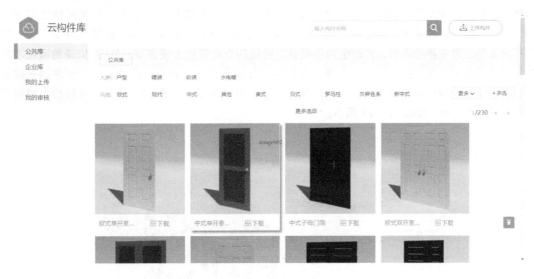

图　15 – 19

15.2.3　应用价值

1. 系统平台

模型可输出 PDS 格式的文件，然后上传到系统端进行数据应用。系统端有 4 种：Luban Govern、Luban Works、Luban Explorer、My Luban。

（1）Luban Govern 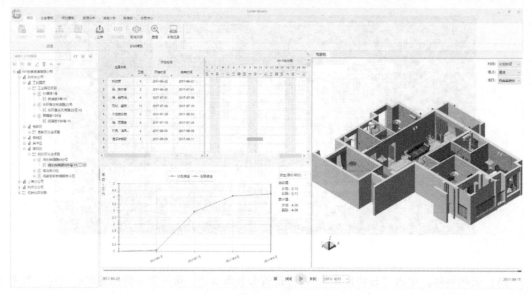 通过将进度计划与 BIM 模型关联起来，强大的数据支撑可以帮助管理人员对人工、材料和机具进行准确预估，为项目的进度把控、成本控制等工作起到保驾护航的作用。自动分析工程中的人、材、机数量，建立共享数据平台，用于材料采购、计划审批、施工管理等，提高各部门间的协同效率。多维度、多层级数据库快速响应企业需求，实时统计汇总企业资金、资源数据，为企业决策提供依据，如图 15-20 所示。

图 15-20

（2）Luban Works 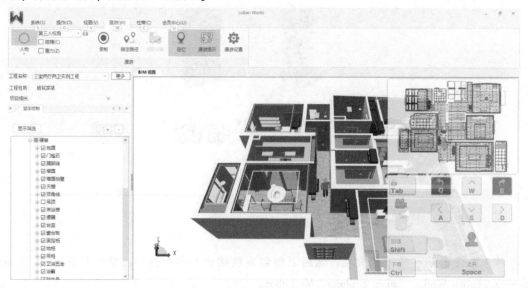 对多专业 BIM 模型进行三维空间碰撞检查，对因二维图纸造成的问题发出预警，第一时间发现和解决设计问题。通过各种规范化的检查规则，确保分析出的碰撞结果与现场施工时所产生的施工冲突相符，通过对碰撞点结果的分析，在实际施工前预先解决问题，节省不必要的工时变更与浪费，同时使内部设备、管线的查看更加方便直观。3D 虚拟漫游通过不同的漫游模式及视角的切换，让用户在操作过程中有如身临其境的感觉。依据真实、形象的三维模型进行协调，检查设计的合理性，查看建筑内外部的任意位置，了解实际情况。可模拟人物行走路线，并保存路径，如图 15-21 所示。

图 15-21

（3）Luban Explorer **E**　项目数据可实时查询，变更、材料、节点、施工方案、验收报告等资料可快速浏览，云端存储安全可靠。质量、安全问题通过手机拍照或录音取证，PC 端可同步查看整改情况。工程实际进度每天录入汇总，管理人员可随时随地查看现场进度，如图 15 – 22所示。

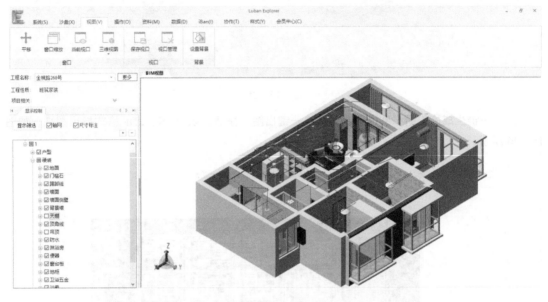

图　15 – 22

（4）My Luban 　用户可根据自己的需求来选择需要查看的施工段内容，可以对加载的三维模型进行旋转、缩放等操作，快速得到自己需要的构件。另外，支持对模型进行隐藏或显示，用户可选择隐藏有遮挡效果的面类构件，如板、装饰等类型的构件，如图 15 – 23所示。

2. 班筑家装

（1）一键生成效果图　单击菜单栏中"生成效果图"或"查看效果图"等按钮，可以生成3D 全景漫游，漫游效果以二维码形式分享给好友，如图 15 – 24 和图 15 – 25 所示。

图　15 – 23　　　　　　　　　　　　　図　15 – 24

图 15-25

（2）一键生成施工图 单击菜单栏中"一键出图"按钮，以 DWG、PDF 格式导出图纸，如图 15-26 所示。

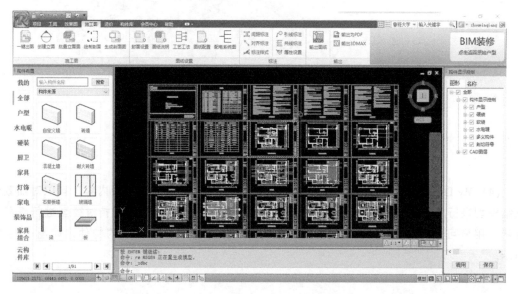

图 15-26

（3）一键生成工程量 单击菜单栏中"报价计算"按钮，可生成工程量清单，如图 15-27 所示。

图 15-27

⌘⌘⌘⌘　本章练习题　⌘⌘⌘⌘

一、单项选择题

1. 下列不属于班筑软件的特点的是 (　　　)。

    A. 基于 BIM 的 3D 精装模型

    B. 快速出图

    C. 支持多种面砖排布方式，自动计算铺贴损耗

    D. 操作及标准复杂

2. 下列关于班筑 BIM 模型的说法中错误的是 (　　　)。

    A. 根据 1:1 家装 BIM 模型采用布尔运算，提高工作效率，减少人工出错，保证结果准确无误

    B. 运用 BIM 数据智能匹配技术将工程量与企业定额关联起来，自动生成预决算数据

    C. 根据 BIM 模型，自动生成效果图

    D. 利用 BIM 模型进行施工模拟

3. 在班筑软件中，将模型上传到系统端，要输出什么格式 (　　　)。

    A. PDS
    B. DHZ

    C. RVT
    D. DWG

二、多项选择题

1. 以下属于家装 BIM 系统端的是 (　　　)。

    A. Luban Govern
    B. Luban Works

    C. Luban Explorer
    D. Luban MEP

2. 以下属于班筑软件的优势的是 (　　　)。

    A. 与 CAD 界面一键切换

    B. 连接云服务器，一键生成效果图

    C. 三维实体可视化计算，一键生成预决算

    D. 快速出图

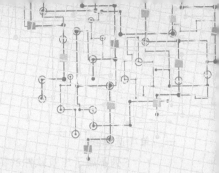

第 16 章　Rhino 装饰装修 BIM 解决方案

16.1　Rhino 装饰装修 BIM 概述

16.1.1　Rhino 软件简介

Rhino 全称 Rhinoceros，中文名称为犀牛。Rhino 早些年一直应用于工业设计专业，主要用于产品外观造型建模，但随着程序相关插件的开发，其应用范围越来越广。Rhino 配合 Grasshopper 参数化建模插件，可以快速做出各种曲面优美的建筑造型，其简单的操作方法、可视化的操作界面深受广大设计师的欢迎。

市面上建模软件有很多，如 Revit、SketchUp、Rhino（插件 Grasshopper）等，其优劣对比如表 16-1 所示。

表 16-1　软件的优劣对比

软件	SketchUp	Revit	Rhino	Grasshopper
优势	简单易学，建模速度快，线条样式清晰	国内主流的 BIM 软件，协同功能强，可添加参数，族的概念引入对建筑领域针对性强，可出图	简便快捷，曲面造型能力强，完美支持点云导入	参数化功能强，提供了强大的数据分析模块，为模型排版分割下单、点数据导入导出提供了方便
劣势	曲面造型功能不足，信息参数功能不足	曲面功能造型不足，建模方式比较死板	对建筑领域缺少参数化模块	比较难学

Rhino 是一款内存占用相对较小的建模软件，对系统配置的要求也不高（一般的笔记本电脑都可以打开 Rhino 软件，但是如果打开的 Rhino 模型比较大，则对计算机的 CPU 和内存要求高一些）。Rhino 的操作界面简洁，运行速度很快，建模功能也非常强大。在 Rhino 中可以输出 OBJ、DXF、IGES、STL、3DM 等不同格式的文件，可以与现有的大部分三维软件完成对接。Rhino 建模的核心技术是 NURBS（曲面技术）。

16.1.2　Rhino 的主要功能

Rhino 可以在 Windows 系统中建立、编辑、分析和转换 NURBS 曲线、曲面和实体，不受复杂度、阶数以及尺寸的限制。此外，Rhino 也支持多边形网格和点云。

（1）用户界面　Rhino 的工作界面主要由：标题栏、菜单栏、命令栏、工具栏、工作视窗、状态栏和图形面板 7 个部分组成，如图 16－1 所示。

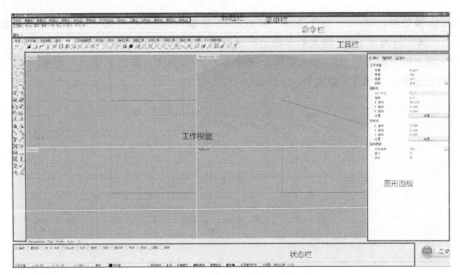

图　16－1

工作界面可快速将数据表示成图形，3D 制图法、无限制的图形视见区、工作中的透视视窗、指定的视区、制图设计界面、设计图符界面和工具栏界面等使计算机操作更加直观，使初学者更容易理解。

（2）建模辅助　UNDO 和 REDO、精确尺寸输入，模型捕捉，网格点的捕捉、正交，创建平面、层、背景位图，物体的隐藏和显示，物体的锁定和解除。

（3）创建曲线　控制和编辑点、操纵条、光滑处理、修改角度、增/减结、增加扭结、重建、匹配、简单化、过折线、建立周期、调整冲突点、修改角度、修正裂缝、手画曲线、圆、弧、椭圆、矩形、多边形、螺旋线圆锥、TrueType 文本、点插值或从其他模型创建曲线。

（4）创建曲面　三点或四点生成面、三条线或四条线生成面、二维曲线成面、矩形成面、挤压成面、多边形成面、沿路径成面、旋转、线旋转、混合补丁、点格、高区、倒角、平行和 TrueType 文本。

（5）编辑曲面　控制点、操纵条、修改角度、增/减结、匹配、延伸、合并、连接、剪切、重建、缩减、建立周期、布尔运算（合并、相异、交叉）。

（6）创建实体　正方体、球体、圆柱体、管体、圆锥体、椭体、圆凸体、挤压二位曲面、挤压面、面连接和 TrueType 文本。

（7）编辑实体　倒角、抽面、布尔运算（合并、相异、交叉）。

（8）创建多面曲面　NURBS 成面、封闭折线成面、平面、圆柱体、球体、圆锥体。

（9）编辑多边曲面　炸开、连接、焊接、统一规范、应用到面。

（10）编辑工具　剪切、拷贝、粘贴、删除、删除重复、移动旋转、镜像、缩放、拉伸、对齐、陈列、合并、切分、炸开、延伸、倒角、斜切面、偏移、扭曲、弯曲、渐变、平行、混合、磨光、平滑等。

（11）分析　点、长度、距离、角度、半径、周长、普通方向、面积、面积矩心、体积、体积矩心、曲化图形、几何连续、偏移、光边界、最近点等。

（12）渲染　平影渲染、光滑影渲染、材质、阴影和自定义分辨率渲染。

（13）文件支持　支持 DWG、DXF、3DS、LWO、STL、OBJ、AI、RIB、POV、UDO、VRML、TGA、AMO、IGES、AG、RAW 等格式。

16.1.3 数据交互

把 Rhino 模型导入 Revit，首先是为了弥补 Revit 建模的局限性，因为 Revit 的曲面造型能力远不如 Rhino；其次是利用 Revit 强大的参数功能给模型添加需要的参数。

首先，将 Rhino 模型导出为 SAT 文件。选中要导出的物件，单击"文件"按钮，在下拉菜单里单击"导出选取的物件"，如图 16-2 所示。

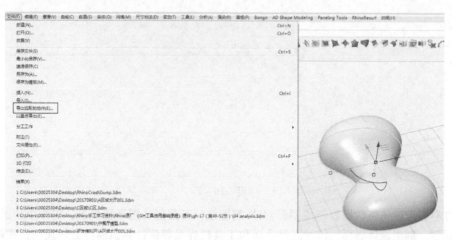

图　16-2

在弹出"导出"对话框中，选择要导出的模型放置的位置，为导出文件命名。在"保存类型"的下拉菜单中，找到并选择 SAT 格式，最后单击"保存"按钮，如图 16-3 所示。

图　16-3

以"公制体量"为族样板新建族文件。

进入族编辑环境，单击"插入"选项卡下的"导入 CAD"按钮，会弹出一个"导入文件"对话框。单击下面的"文件类型"下拉菜单，将文件格式改为"＊.sat"。找到上面保存的 Rhino 导出的 SAT 文件，将"导入单位"改为"毫米"单击"打开"按钮。

导入 SAT 文件后，在视图里可以看见一个面模型。保存体量族并载入项目里，将该体量族放置在项目视图中。单击"建筑"选项卡里的"墙"下拉菜单，选中"面墙"，在"属性"栏里选中一种墙体类型，单击体量族，则该墙体类型将附着于该体量，并形成一面弧形的墙，如图 16－4 所示。利用这种方式可在 Revit 里搭建非线性构件，如墙体、屋顶等。

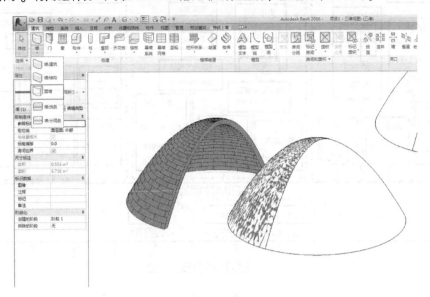

图　16－4

16.2　Rhino 在装饰装修中的 BIM 应用

16.2.1　项目概况

本项目为某综合大厦。考虑到办公楼的整体装修风格为工业风，比较干净利索，因此大堂设计时考虑气势宏伟大气，大堂内的功能性设施要与大堂的整体风格相协调。针对这些施工及管理挑战，建设方引入 BIM 技术，在设计阶段基于 BIM 模型进行大量模拟分析，达到精细化设计要求。施工阶段进行专业间碰撞检查、施工模拟分析以及增加工厂预制，生成的模型和信息为后期运营维护提供帮助。

16.2.2　应用标准

本项目的管理模式定位为"建设单位为主导，参建单位共同参与的基于 BIM 技术的精益化管理模式"，即建设方主导项目各阶段的 BIM 应用，装饰单位负责工作范围内的 BIM 应用与实施。

装饰单位需负责其标段范围内的 BIM 模型的创建、维护和应用工作，如碰撞检查、施工模拟等，并受总包单位的管理和协调。项目结束时，装饰单位应提交真实准确的竣工 BIM 模型、BIM 应用资料和相关数据等，供业主及总包单位审核和集成。装饰单位需参加两周一次定期举行的各方 BIM 工作会议，讨论并解决模型创建、模型生成 BIM 成果、模型指导施工等过程中出现的各种沟通及技术问题。

装饰 BIM 工作的开展应基于项目统一工作平台 Autodesk Vault Professional，装饰 BIM 环境中的模型创建、维护、更新后，需实时整合到总平台中。经过施工过程中的不断总结和完善，形成 BIM 技术框架，如图 16－5 所示。

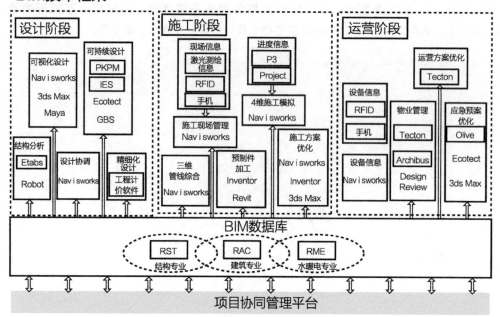

图 16-5

1. 装饰模型的创建与整合

（1）模型创建　本项目一层办公大堂的天花部分设计理念是营造出一个形体如天幕般的空间，把自然的天空引进大堂，增加整体空间的纵深感，如图16-6所示。

图 16-6

从平面形态分析可以看出，所有的板块都是类三角形，并且圈与圈之间的关系都是同心圆；从空间形态上分析，它的整体则是一个盆形结构。建模工作中，首先要从 BIM 数据共享平台 Autodesk Vault Professional 上下载其他专业的 BIM 模型，室内设计模型需要在结构模型的基础上建立，才能保证尺寸的准确性。因为所有的三角板块都处在间距500mm 的同心圆中，存在很强的数学逻辑关系，因此可以用结合 Rhino 和 Grasshopper 参数化建模的方式完成，如图16-7和图16-8所示。

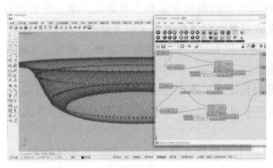

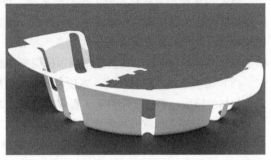

图　16 - 7　　　　　　　　　　　　　　　　　　图　16 - 8

（2）综合碰撞检查　BIM 模型初步创建后，还需要在 Navisworks 等平台上进行进一步的检查和调整，力求达到模型和现场的高度统一。碰撞检查大体上可分为两种：模型与模型的碰撞检查，模型与现场的碰撞检查。

首先，将室内装饰的各区域模型整合在一起，对装饰 BIM 模型进行整体检查，检查各区域之间装饰模型的对接、收口等有无问题。该步骤能暴露出二维深化图纸无法发现的偏差和缺漏，如图 16 -9 所示。

其次，将装饰 BIM 模型和其他相关专业的 BIM 模型（如幕墙、机电、钢结构等）进行碰撞检查。各专业设计图之间难免会出现尺寸、位置等方面的冲突问题，如通过对二维图纸进行对比来检查，则工作量极为庞大，并且难以发现所有问题。而通过 BIM 模型的综合碰撞，则能快捷方便地发现碰撞问题，并实时调整，如图 16 - 10 所示。

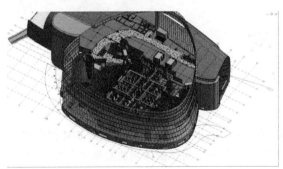

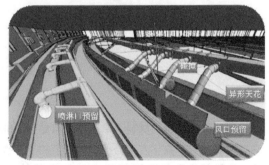

图　16 -9　　　　　　　　　　　　　　　　　　图　16 - 10

接着还需要将初步碰撞调整的模型和现场点云进行匹配测试，将 BIM 模型 1:1 模拟装配到现场中，提前发现传统施工时只有在过程中才能发现的问题，避免以后返工，如图 16 - 11 所示。

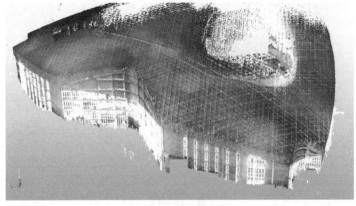

图　16 - 11

通过 BIM 模型可视化的施工模拟和复核，可在设计阶段提前考虑施工的解决方案，并通过进一步的优化确保可实施性，对业主、设计方、施工方以及运营方都带来了巨大便利。模型与模型、模型与点云之间的碰撞测试是多次重复、穿插进行的，只有经过多次复核、调整、优化，才能将模型变得完善和精细，才能真正做到以模型指导施工。

（3）出图下单、过程把控　本项目的装饰面层材料众多，收口繁杂，且含有大量的异形造型，这给材料的排版、下单工作带来了极大的困难。怎样才能高效、精准地进行材料的梳理下单工作，是 BIM 工作开展之初就开始考虑的问题。

在优化后的 BIM 模型中进行面层材料的梳理排版十分快捷方便，且能实时把控整体效果。因为模型中已整合其他区域的模型单元，因此在排版下单时即可综合考虑现场情况，协调确定施工顺序、起始位置等。

例如，对办公大堂的地面拼花石材，在考虑整体拼花的同时，也要考虑与扶梯、核心筒等区域的交接。下单时在办公大堂的模型中进行综合排版，优化方案，确定起铺点，如图 16-12 和图 16-13 所示。

图　16-12

图　16-13

对于异形区域的材料下单工作，可结合 Rhino 和 Grasshopper 进行。这类区域的 BIM 模型在构建时就采用了参数化方式，不仅大大节约了建模时间，而且一旦有机形体间的数学关系建立起来，每一个局部参数的变动就能自动改变整体，提高方案修改调整的效率。异形板下单时可用 Grasshopper 对每块板进行编号，并导出 DWG 图纸，供生产加工企业使用，在保证精确度的前提下，大大减少了工作量，如图 16-14 和图 16-15 所示。

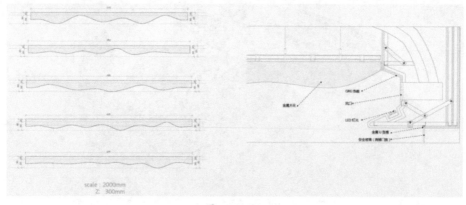

图　16-14

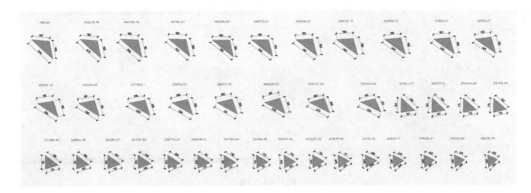

图 16 – 15

2. 现场施工

在装饰 BIM 施工时，运用数字化施工技术，可精准快捷地将模型数据反馈到施工现场。

经过综合碰撞调整后的 BIM 模型可满足现场施工。在模型中提取所需的面线数据、点位数据（见图 16 – 16）、控制分区数据等，通过全站仪（见图 16 – 17）进行取点、放点，实现 BIM 模型中的点位坐标与施工现场位置的精确转换，达到模型与现场的高度一致，实现精细化施工，如图 16 – 18 所示。

除了面线施放、安装定点外，还需实行过程检验把控，通过全站仪、扫描仪采集现场数据，与 BIM 模型、图纸进行比对，实时发现并消除偏差，保证装饰效果，如图 16 – 19 所示。

图 16 – 16

图 16 – 17

图 16 – 18

 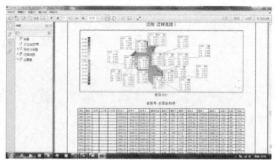

图 16 – 19

16.2.3 装饰 BIM 的优势

通过近几年的项目实践和应用，结合项目制定的 BIM 标准流程和数据标准，装饰 BIM 的应用在本项目设计及施工过程中体现了巨大的优势，大致有以下几点：

① 利用模型可对各界面收口、曲面异形等进行精确的深化和尺寸定位。

② 模拟施工，提前发现并解决深化设计的不足。

③ 最大程度上实现模块化，对整体施工用料有初步统计。

④ 结合数字化施工，把控施工精确度，保证施工质量和效果，提高施工效率。

⑤ 改变传统的各专业链式合作，为专业间的交流沟通提供统一、高效的平台，大大减少了沟通成本，提高了沟通效率。

❧ 本章练习题 ❧

一、单项选择题

1. 为指导施工，BIM 模型创建后需进行（　　）。
   A. 贴图渲染　　　　　B. 删减细节　　　　　　C. 碰撞检查　　　　　D. 3D 打印

2. Rhino 建模的核心是（　　）。
   A. NURBS 曲面　　　B. MESH 曲面　　　　　C. 网格曲面　　　　　D. 光滑曲面

3. 将 Rhino 模型导入 Revit 时，建议模型导出格式为（　　）。
   A. 3DS　　　　　　　B. SAT　　　　　　　　C. DWG　　　　　　　D. FBX

二、多项选择题

1. 项目 BIM 技术框架涉及（　　）。
   A. 规划阶段　　　　　B. 设计阶段　　　　　　C. 施工阶段　　　　　D. 运营阶段

2. BIM 模型的碰撞检查包含（　　）。
   A. 装饰模型间的碰撞　　　　　　　　　　B. 装饰模型与其他专业模型的碰撞
   C. BIM 模型与点云模型的碰撞　　　　　D. BIM 模型与设计图纸的碰撞

3. BIM 模型可实现（　　）几个方面的功能。
   A. 数字化材料下单　　　　　　　　　　B. 安装信息提取
   C. 多专业碰撞　　　　　　　　　　　　D. 运维信息管理

参 考 文 献

[1] 黄艳. 初探中国当代建筑装饰行业的市场发展 [D]. 南京：南京林业大学，2004.

[2] 毛颖，田雷，陈照平. 建筑装饰工程招投标与合同管理 [M]. 2 版. 北京：北京理工大学出版社，2015.

[3] 中国建筑装饰协会. 中国建筑装饰行业年鉴 2016/2017 [M]. 北京：中国建筑工业出版社，2018.

[4] 何关培. BIM 和 BIM 相关软件 [J]. 土木建筑工程信息技术，2010，02（4）110－117.

[5] 江文. BIM 技术在公共建筑运营维护阶段的应用研究 [D]. 大连：大连理工大学，2016.

[6] 中华人民共和国住房和城乡建设部. 建筑信息模型施工应用标准：GB/T 51235—2017 [S]. 北京：中国建筑工业出版社，2017.

[7] 中华人民共和国住房和城乡建设部. 建筑信息模型应用统一标准：GB/T 51212—2016 [S]. 北京：中国建筑工业出版社，2017.

[8] 中国建筑装饰协会. 建筑装饰装修工程 BIM 实施标准：T/CBDA 3—2016 [S]. 北京：中国建筑工业出版社，2016.

[9] 中国建筑装饰协会. 建筑幕墙工程 BIM 实施标准：T/CBDA 7—2016 [S]. 北京：中国建筑工业出版社，2017.

[10] 郑开峰. 浅析 BIM 技术在精装修施工中的应用 [J]. 建筑工程技术与设计，2016（30）.

[11] 罗兰，卢志宏. BIM 装饰专业基础知识 [M]. 北京：中国建筑工业出版社，2018.

[12] 全国一级建造师执业资格考试用书编写委员会. 建筑工程管理与务实 [M]. 北京：中国建筑工业出版社，2018.

[13] 张磊，杨琳. BIM 技术室内设计 [M]. 北京：中国水利水电出版社，2016.

[14] 拉森，孙思瑶. 海口塔 BIM 应用：从立面到结构 [J]. 城市环境设计，2012（8）：210－219.

[15] 刘艳艳. 中国建筑装饰行业电子商务模式研究 [D]. 北京：北京交通大学，2009.

[16] 李秀荣. 哈尔滨市特色建筑的装饰设计案例分析 [D]. 哈尔滨：东北林业大学，2007.

[17] 王珏. 中国建筑装饰市场的市场研究 [D]. 天津：天津大学，2010.